养殖致富攻略·疑难问题精解

养猪疑难问题精解

YANGZHU YINAN WENTI JINGJIE

李兴如　史雄如　杨菊琴　编著

中国农业出版社

北　京

本书有关用药的声明

兽医科学是一门不断发展的学问。标准用药安全注意事项必须遵守，但随着最新研究及临床经验的发展，知识也在不断更新，因此治疗方法及用药也必须或有必要做相应的调整。建议读者在使用每一种药物之前，参阅厂家提供的产品说明以确认推荐的药物用量、用药方法、所需用药的时间及禁忌等。兽医有责任根据经验和对患病动物的了解决定用药量及选择最佳治疗方案。出版社和作者对任何在治疗中所发生的对患病动物和（或）财产所造成的伤害或损害，不承担任何责任。

中国农业出版社有限公司

猪肉是我国人民主要的食用肉类，猪肉的生产、供应、价格与整个社会经济及国人的生活水平息息相关。近年来，由于猪肉价格的剧烈波动，已引起全社会广泛关注，并引起各级政府的高度重视，所以稳定生猪生产是国家的重要战略。而稳定生猪生产的一个关键措施就是提高养猪业的生产效能，提高效能的关键就是掌握养猪技术及管理技能。

一直以来，人们受传统养猪方式的影响，把养猪看成是一项门槛低的产业，所以有许多外行人或没有掌握养猪技术的人从事养猪产业，其中有许多人赔钱，或最终倒闭，甚至有些人倾家荡产。沉痛的教训使养猪人清醒地认识到，养猪不懂技术不行，在当前行业竞争如此激烈的情况下，养猪没有较高的技术是很可能要失败的。养猪户迫切需要在较短时间内掌握实用、有效且全面的养猪新技术。为了满足广大养猪户的需求，我们特整理了此养猪生产锦囊妙计。

我们是在基层从事猪饲养管理及猪病防治的专业工作者，四十多年来不断总结、研究、探索，目睹了养猪产业的发展历程，见证了人们养猪致富的整个过程，熟悉养猪生产中会出现哪些问题，同时也深谙养猪户的养猪技术瓶颈。

总体来说，养猪户多数是非专业人员，难以理解那些系统阐述养猪理论知识及深奥兽医知识的书籍，且这些书籍中的许多知识对他们没有太大的实际意义。养猪户需要的是省时省力、就事论事、易于掌握的指导性书籍。为了满足广大养猪户的迫切需求，我们将几十年的临床经验与当前养猪业发展的先进技术相结合，以问答的形式编撰此书，奉献给广大读者。

在对本书进行资料收集、技术验证的过程中，得到了陕西省子长市兴旺动物门诊部李少伟、李少博的大力协助，在此表示感谢！

编　者

2020 年 12 月

目录
CONTENTS

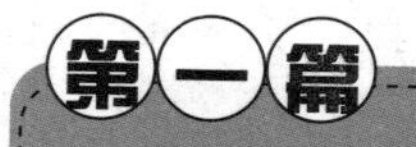

第一篇 高效养猪技术

1 为什么养“半周岁猪”是白养一场？

目前，在农村养猪，饲养半年期以上，甚至一年期以上才出栏的很多，一些较大规模的养猪场也常常养6个月以上才出栏，许多人还以为自己养猪速度很快，其实，这种养猪法在目前的情况下是无利可图的，是白养一场。这种非快速养猪法无利可图的道理如下：

（1）维持消耗大。猪采食摄取的养分首先用于维持生命活动需要，叫维持需要。其次才用于长肉，猪多活一天，就要多一天的维持消耗，体重100千克的猪，养半年，用于维持的养分比创产值（长肉）消耗的养分高2倍多。饲养期短用于维持消耗的营养就少，效益就高。

（2）不能充分利用生长高峰期。猪不同月龄其生长发育速度不同，在4月龄以后生长发育速度就开始降低，养半年以上才出栏的猪，猪的生长高峰期在后2个月就已过，育肥期超过猪的生长高峰期，饲养效益当然不会高。月龄越大生长速度越慢，饲料报酬越低。

（3）饲养期长，费工费时，多饲养一天，多一天辛苦，多一些消耗。

（4）猪在小月龄时主要长瘦肉（蛋白质），而大月龄时则重点长肥肉（脂肪），所以，饲养期长的猪，肥肉长得多，而增重1千克肥肉比瘦肉多需养分2～2.5倍。市场价格却恰恰相反，瘦肉的价格远高于肥肉，人们对瘦肉的需求量远高于肥肉。因为吃肥肉不利于人体的健康，易引起人体高血脂、动脉硬化，引发心血管疾病。

（5）猪的适宜屠宰体重是90～100千克，超过这个体重时，每日用于维持的消耗就明显增大，所以，饲养大肥猪是不划算的。

综上所述，养猪要赚钱必须采取快速育肥法，使猪在5月龄以内（以仔猪出窝时算起）育肥出栏。饲养期愈短效益愈好，当然要使猪短期育肥出栏，就必须选用优良瘦肉型品种，采用配合饲料喂猪，保证良好的圈舍环境，正确饲养。这样虽然投资大，但是比传统的吊架子育肥合算。

2 怎样养猪才能盈利？

搞好养猪，一方面是个技术问题，另一方面也是个经营问题，不掌握经营之道，是很难收到好的效益的。在此谈谈养猪的经营之道。

（1）掌握规律适时进猪　养猪是风险较大的行业，要赚钱就要瞅准时机，否则盲目进猪是很容易赔本的。笔者多年观察总结得出，养猪业的行情是有规律可循的，过去是5年左右一个高、低价周期，现在是3年左右一个周期，即养猪行情到达高峰时，大约维持1年左右，而后由于利益刺激，吸引人们大量养猪，使养猪行情逐渐下滑，1年左右降到最低，再持续1年左右，因许多养猪场下马，养猪行情又开始逐渐上升。养猪者掌握了这个规律，就可利用这个规律来适时进猪。

另外，仔猪数量、行情与养猪效益也有紧密的关系。仔猪的数量决定下一时期肥猪的饲养量，正常情况下，仔猪数量多，肥猪的出栏就增加，肥猪的出栏多，猪肉价格可能就会下跌，养猪效益可能变差。当然仔猪数量多时，价格就低。所以，我们在进猪时，不要在仔猪价廉时大量进猪，虽然这时购买仔猪的成本低，但因社会上猪的饲养量大很难赚钱。反过来，当仔猪价格高时，有两种情况，一种是前一段时期养猪行情好，进猪的多；另一种情况是仔猪供应数量少。所以，当仔猪价格高，且上一年养猪行情不好时进猪最好。

另外，就是当养猪行情不好，仔猪生产过剩，仔猪价格下跌时，此时可留部分优良仔猪作种母猪用。因为此时许多饲养户开始大量捕杀成年母猪，此时你留下的小母猪，至市场仔猪数量下降、仔猪价格上涨时，正好开始产仔，这时正好能赶上个好行情。

（2）饲喂良种　猪品种是决定养猪效益的一个重要因素，养不良品种的猪饲养技术再高也难赚钱。在品种上，首先应确定饲养瘦肉型猪种，因为瘦肉型猪生长发育快、饲料报酬高，且瘦肉产品符合当前及今后的市场需求。目前，在我国各地猪肉市场上，肥肉和瘦肉分类销售，瘦肉的价格远高于肥肉的价格。适宜我国多数地方饲养的瘦肉型猪品种有杜洛克猪、约克夏猪、长白猪等，育肥应选用杂种猪，即两个品种交配所产的后代。杂种猪有杂交优势，生长发育快。但留作种用的母猪及公猪要用纯种猪，尤其是种公猪一定要选留纯种猪，禁用杂种猪。另外，在一个猪场内应注意避免近亲交配。一些地方饲养的血统不清的脂肪型猪种绝不能留作种用，这种猪的饲料报酬不及良种瘦肉型猪的一半。此外，应当注意不要一味追求高纯的瘦肉型猪种，要根据自己的饲养水平决定饲养品种，有些特别优良的纯种对饲养管理水平要求较高，如果不能满足其营养需求，生长速度反倒不及其他一般品种。

（3）修建合理的圈舍　圈舍是猪的生活环境，直接影响猪的生长发育，长期以来，有许多养猪户忽视猪舍对猪生长发育的影响作用，随意搭建猪舍，冬不防寒，夏不避暑，圈舍地面是泥土坑，不做任何硬化处理，长期不清除圈内的粪尿。这样未硬化的圈舍地面尿水下渗严重，圈内严重潮湿，猪粪尿长期堆积在猪舍内，其发酵产生大量氨气等有害气体，微生物大量繁衍，猪长期生活在臭气冲天、潮湿泥泞的环境中，冬天冻得打战，夏天臭气熏得气喘。猪生活在如此恶劣的环境中怎么会快长呢？过热、过冷、过湿、过呛的环境对猪的健康有很大的危害。好的圈舍应做到干燥、通风、向阳、保暖、大小适中、能与外界隔开。具体应做到以下几点。

1）干燥　猪是喜欢干燥的动物，潮湿的圈舍对猪有很大的危害性。近年来，各地推广冬季塑料大棚养猪，为了提高舍内温度，常长时间封闭圈舍，致使舍内水分不能散发，加上不能及时清除猪排出的尿液，致使猪舍内湿度特别大，猪在如此潮湿的环境中是难以快长的，且会降低其抵抗力，容易生病，易发生寄生虫病、皮肤湿疹、气喘病等。所以，应保持猪舍干燥，做到及时清除舍内粪尿、污水，定时通风换气。

2）保暖　猪因皮薄，毛短、毛稀，所以，是很怕冷的动物。在寒冷的环境下，它不但生长发育迟缓，而且抵抗力很低。猪患病多与受凉有关，所以，应保持猪舍温暖，一般舍内温度应保持在20～25℃。保温可通过搭盖塑料大棚、生火炉、棚上搭盖草帘、生地灶、加大猪舍内猪群密度、向阳通光等措施解决。

3）保证光照　万物生长靠太阳，猪也不例外，太阳是最廉价清洁的能源。近年来，各地推广的一种密封式猪舍，其猪舍四壁及顶棚与太阳光隔绝，猪在整天照不到阳光的环境下生活，其生长发育很慢，且抵抗力变差，所以猪舍一定要能照到阳光，起码有部分能照到阳光。阳光既可升温，促进猪新陈代谢，又可促进维生素D的形成，促进猪体对钙的吸收，尤其冬季利用塑料大棚的透光性，提高舍内温度，是最廉价有效的升温促长方法。种用公猪及母猪缺乏光照，会严重影响其性欲、发情、排卵及繁殖。

4）通风　通风是针对那些密闭式猪舍而言，一些在密闭式猪舍内养猪的饲养户，在冬季为了提高舍内温度，常长时间封闭猪舍，猪舍内不通风，使舍内空气很不新鲜，舍内氨气、硫化氢等有害气体浓度很大，这对猪的健康很不利，易引发呼吸道疾病，如气管炎、肺炎、气喘病、咳嗽等。另外，空气不新鲜，适宜于空气中有害微生物繁殖，也易引起猪发病，所以应保持猪舍良好的通风状态，使猪舍内空气新鲜。新鲜空气既有益于猪的生长发育，又可起到减少疾病的作用。流通的新鲜空气进入猪舍后，猪舍内的空气质量改变，就减少了病原微生物的生长繁殖，通风可间接起到杀灭病原微生物的消毒作用，这种利用空气来消毒是最廉价、最有效、最安全的消毒防疫措施。通风可用自然通风（打开窗户及猪舍顶窗）或机械通风。

5）大小适中 猪舍大小与猪的健康及生长发育也有很大的关系，尤其密闭式猪舍的大小更为重要。猪舍面积过大，一方面浪费土地，浪费建筑材料；另一方面，面积过大舍内饲养的猪的密度相对小，在冬天猪舍升温就难，因为猪舍内饲养的猪多，猪体散热就多，舍内温度就容易升高。猪舍的大小不仅指地面面积的大小，还包括舍内空间体积的大小，也就是说猪舍内空间体积也不能过小或过大。猪舍内体积过小，舍内空气极易变差，因为空间小，有害气体的浓度极易升高，对猪很不利。舍内体积的大小由墙壁高度来决定，一般墙高以2～2.5 米为宜，每头育肥猪占地面积以 1～1.2 米^2 为宜，面积大的猪舍，应分隔成能养 10 头左右猪的小舍。

6）猪舍应与外界隔离开来 猪舍四周应建围墙，使猪舍与外界隔离，这样有利于疫病防治，可避免闲杂人及其他动物随意进入猪舍，也可避免外来的工具、物品随意进入猪舍带入病原菌，起到预防传染病的作用。

（4）牢记防疫注射 目前由于生猪及畜产品流动性大，致使猪的疫病流行十分严重，尤其猪口蹄疫、猪圆环病毒病等传染病流行十分猖獗，所以要想养好猪，必须抓好防疫工作。一旦猪病流行暴发，将导致一个猪场顷刻间倒闭，使一个农户倾家荡产。像猪瘟这样的传染病一旦发生则无法医治，且发病率和死亡率都很高。多年来，各地在这方面的教训是十分惨痛的。所以，我们必须高度重视防疫工作，时刻不能忽视。

（5）适度规模 目前养猪效益普遍较低，每头猪的收益都不大，在盈利的情况下，每头猪的收益也只有 100 元左右，最好的年份也只有 200 元，这样的收益养猪少就赚不了钱。只有饲养一定数量的猪，百头以上才可能有较好的收入，同时只有一定规模的饲养量，人们才可专心于养猪事业上，其防疫措施、饲养技术、设备、品种、辅助设施等才可能走向正规，才能保障养猪业的健康快速发展。尤其要考虑自己的资金情况，以资金定规模，避免因资金链断裂而造成严重损失。

（6）采取直线快速育肥法　前面已经讲过，养猪不采取短期快速育肥法，而采取传统的吊架子育肥法是无利可图的，所以要想养猪赚钱，必须采取快速肥育法，使猪在短期内出栏。使猪在短期内育肥出栏，就必须用配合饲料喂猪，可自配全价的配合料，也可用饲料厂家生产的浓缩料，或用饲料厂家生产的预混料。虽然用配合饲料喂猪成本比较高，资金投入大，但只要选准了好的饲料，喂猪效益高。用配合饲料喂猪，猪能在短期内肥育而出栏，饲养期可缩短一半。因为，不用配合饲料，所提供的饲料不是按猪的营养需要搭配的，其中有些营养过剩，被白白地浪费掉了，而有些机体必需的营养又缺乏或不足，这样猪的生长速度就不快，饲料报酬也不高。配合饲料是生产厂根据猪的生理代谢所需营养配制的，可避免某些营养过剩而浪费，也不会出现某些营养缺乏而影响猪的生长发育。这些自配饲料是达不到的。

3 怎样挑选育肥仔猪？

我们在选择育肥仔猪时，首先应注意是否为优良品种，是否是杂种，此外，还应注意个体的选择，因为在同一品种内不同个体其生长发育速度也不一样。有些人常忽视仔猪挑选的问题，常不愿意多花钱买好的仔猪，他们认为小猪喂一段时间就长大了，饲喂花不了多少费用，其实这种想法是错误的。因为，猪苗的大小不仅仅是在幼猪阶段差那么几斤，而对一生的生长发育有很大的影响，猪苗的发育好坏与一生的生长速度有很显著的相关，即仔猪体重大，一生的生长速度就快；相反，仔猪体重小，一生的生长速度就慢。所以，在市场选购猪苗时，应选择群体中个体大的，选择一窝中出生头数多、且成活率高的猪群，选择日龄小而个体大的仔猪。在外貌选择上参考以下标准。

头部：大小应与身体相称（长白猪的头比其他品种猪的头稍小）。额部要求平坦略突，嘴形应圆而略扁，唇薄，上、下唇齐平，鼻孔宜大，耳朵大而薄、下垂，是长白猪后代的特征。

前躯：肩部应宽而平坦，肩胛倾斜，肩高、胸宽、腿长的猪有利于肥育。肩宽不可超过臂部宽度，肩部狭窄，显示营养不良。肩胛部要求平而宽，无凹陷。胸部深显示心肺功能佳。前肢站立须端正，行走有力。

中躯：中躯部应平宽而直长，腰部要平直，与背、臂衔接良好，腹部应平直、紧凑、无下垂。

后躯：要求臀部长、宽、平，忌凹屁股。大腿应厚、宽、长、圆，肌肉丰满，前肢间距离宜宽大，后肢宜直而高，蹄间宽，膝头不内靠。尾根应粗，尾巴上卷或左右摆动为健康的表现。

在全身状态方面，仔猪应精神活泼，被毛光亮，表皮无斑点、无脱毛、无污粪，叫声洪亮，肚腹饱满。

最后提示一点，选购仔猪不应一味追求低价，因为投入与以后获得的收益是成正比的。

4 为什么养育肥猪一定要养杂种仔猪？

养育肥猪应养杂种仔猪，不要养纯种猪，否则是难以获利的。那么什么叫杂种猪呢？杂种猪就是两个不同品种的猪交配产下的后代。杂种猪具有明显的杂种优势，具有生命力强、发病率低、初生重大、成活率高、生长快、耐粗饲、省饲料等特点，在同样的饲养管理条件下，杂种猪可增产10%～15%，生长速度可提高15%左右。杂种猪的生产性能远高于其父本和母本，即使很优良的猪种，其纯种猪（本品种交配所产的后代）育肥效果都不及杂种猪，所以纯种猪不要作育肥用。但繁殖用种母猪和种公猪应养纯种的优良品种，一般母猪用本地土种猪，公猪用外来优良品种。一般公猪、母猪的性状、产地、血统等差异越大，其后代的杂交优势越明显。杂种猪分二元杂交和三元杂交两种。二元杂交即两个品种的猪交配生产仔猪的方式，如生产中常用的本地母猪与长白公猪交配，或长白猪与杜洛克猪交配；三元杂交，即在两品种交配所产的仔猪中挑选优良的母猪，与另一个优良品种的公猪交配，这样所产的后代为三元猪。如用本地母猪与长白猪交配，所产的后代母猪再与约克夏公猪交配。所产的后代用于育肥。由于三元杂交可利用母本的杂种优势，所以效果优于二元杂交。

5 为什么养脂用型猪是不适时宜？

脂用型品种猪的组织成分主要是脂肪，而动物生长脂肪所消耗的食物营养是肌肉（瘦肉）的2～2.5倍，这样，生产的脂肪型猪肉所花费的成本是瘦肉的2倍多，可肥猪肉的市场价格却比瘦猪肉还低。虽然有不少人喜欢吃香猪肉，但大多数的人是不愿吃肥猪肉的，因为许多人懂得吃肥猪肉对人体是不利的，会引起人心脑血管疾病。另外，脂用型猪生长发育速度慢，达到同样的体重脂用型猪要比肉用型猪至少多饲养2个月，意味着养殖户要多投入2个月的人力、物力。综上所述，养猪应饲养肉用型猪，少选用脂用型猪种。

6 猪日喂多少次合适？

有人测试过，将饲粮一次饲喂和分5次饲喂，猪的日增重无明显差异，日喂3次以上和日喂2～3次日增重和饲料报酬无大的区别，即分餐喂不能使猪长得快。生产中有些人采取多餐饲喂甚至不限餐自由采食，这种做法很不好，这种喂法不利于猪的生长发育，因为分餐或不限餐饲喂使猪常没有饥饿感，长期无饥饿感猪就不会有渴求食物的欲望，时间一久就会出现消化不良、食欲不振，胃肠道对食物就不能充分消化吸收。其次，多餐饲喂猪每餐就吃得少了，这些少的营养仅供猪维持消耗以后，就没有多少剩余用于猪增重；相反，当日喂餐数少时，猪每餐吃得多，吃得多每餐摄取得营养用于维持以外还有大量的营养可用于增重。再次，多次饲喂增加了劳动强度，并浪费时间。生产实践证实，猪日喂2～3餐为宜。

7 给猪喂哪种形态的料好？

同样的饲料采用不同的形态，饲喂效果大不一样，最好的形态是用颗粒饲料喂猪。颗粒饲料便于投食，损耗少，不易发霉，猪喜食，并能提高消化利用率；但是其加工费用高，需要专门的颗粒加工机械。高效实用的饲喂法是湿拌料饲喂，即料和水以1∶1搅拌饲喂。其加水适宜的标准是，用手紧抓一把拌好的料，手指缝中不滴水且饲料可握成小团时，则加水正好。若滴水说明加水多了，不成团则说明加水少了。在农村有许多养猪户采用兑大量水的稀喂法或干粉料喂法，这两种喂法都不合理。稀喂法有以下弊端：①稀喂猪食量大，进食时胃内容物增加引起胃壁扩张，因饲料水分多，排泄快，采食后不久胃内容物又减少，时间一久，胃壁就会变厚硬化，消化吸收功能减退。②饲料水分多会冲淡胃肠内的消化液，减弱消化作用。③猪采食过程中要多摄入大量的水分，水分摄入多，排尿就多，排尿带走的热量也就多，消耗就大。④稀食营养浓度低，猪虽然每顿都吃饱了，但营养往往满足不了生长的需要，使猪增重很慢。用干粉料喂猪，其消化难度较大，猪对其消化利用率差。所以还是用湿拌料喂猪最好。即在喂前，冬季2小时前、夏季1小时前将饲料用水拌好浸泡后饲喂，拌水量以饲料用手捏见水但不滴为宜，喂后再给猪供足饮水，让猪自由饮用。这样猪会按需饮水，不会摄入多余的水分，也不会缺水。

8 猪每餐喂多少好？

猪每餐喂量的大小与饲料效率的发挥有紧密的关系。喂得过少，一方面营养满足不了猪生长的需要，另一方面猪会长期有饥饿感，猪因饥饿会躁动不安，影响休息；喂得过多，又会超过猪胃的负担，引起猪胃肠消化功能紊乱，出现消化不良，对饲料养分不能充分消化吸收，出现浪费。那么猪喂多少饲料合适呢？这不是一个固定的量，因为大猪和小猪的喂量肯定不同，喂量的总原则是既不过量剩余，又不至于因量少而使猪严重饥饿。把握的方法是，每餐喂完猪后，食槽内既不剩料，也不至于使猪将槽内料舔得特别干净，猪还抬头望食桶，还有十分想食的欲望。还有，在下一顿喂料时，见猪十分饥饿的样子，狼吞虎咽抢食时，说明上一餐喂量少了，应增加喂量。若猪吃完食，已离开食槽，但槽内还有剩料，说明喂食量大了，下回应减少喂量。

9 给猪驱虫有什么意义，怎样正确驱虫？

猪群中十有八九都有寄生虫感染，尤其是蛔虫感染率很高，危害很大。但寄生虫病是慢性消耗性疾病，它的危害是隐蔽性的，其引起的损失常不引起人们的重视，这是养猪业中的一大损失。寄生虫可导致猪生长发育迟缓、贫血、免疫力下降，接种疫苗后产生抗体水平低，还易引起肺炎、肠胃炎、皮炎等。所以养猪要高度重视驱虫。可怎样驱虫效果最好呢？应做到以下几点。

（1）空腹用药　给猪服驱虫药时，最好是在早晨猪空腹时服用，这样一方面猪饥饿容易将拌有驱虫药的食物吞食；另一方面驱虫药进入胃肠后和虫子直接接触，容易将虫子毒死而驱除。

（2）泻下　对一些排便干硬、便秘的猪，在服驱虫药前或同时应服泻药。因为，对于便秘的猪，当驱虫药进入胃肠道内将虫子麻醉后，较难随粪便排出体外，这时停留在体内的虫子过后又会苏醒而复活，这样就白服驱虫药了。泻下药一般用中性的盐类泻药，如硫酸钠、硫酸镁，也可用大黄末。

（3）驱虫次数　多数人认为，猪一生中驱一次虫就行了。那是错误的，猪应每隔45天左右驱一次虫，因为猪驱虫后还会被感染，蛔虫卵在土壤中普遍存在，过45天左右虫卵又可发育为成虫危害猪体，所以应定期给猪驱虫，尤其是土圈饲养的猪更应该多次驱虫。要特别注意驱虫后看不到猪排出成虫并不是驱虫药无效，而排出的是尚未发育为成虫的虫卵，用肉眼看不到。

（4）重视仔猪阶段的驱虫　许多人常在猪达到架子猪阶段才驱虫，认为小猪体内还没有寄生虫，小猪不需要驱虫。恰恰相反，仔猪阶段最易感染寄生虫，且这时虫子对猪体的危害最大，所以应特别重视仔猪阶段的驱虫，仔猪刚断奶就应该驱虫一次。

（5）驱虫药品的选择　驱虫药种类繁多，我们应该选择高效、低毒、广谱的驱虫类药。目前生产中应用较理想的驱虫药为伊维菌素和阿维菌素。这类药驱虫谱广，不但能驱除体内寄生虫，还能驱杀体外的寄生虫，如虱子、疥癣，其毒性小、安全，没有异味，容易喂服。同时驱虫药也应该按种类交替使用，因为驱虫药作用各有不同，有些药有驱丝虫的作用，有些药有驱绦虫的作用，有些药有驱体表寄生虫的作用。

（6）清洁圈舍　有一些养殖户只重视驱除猪体内的寄生虫，而不采取清扫猪舍的措施。猪服了驱虫药后，粪便内就会排出虫体及虫卵，这些排出的虫卵会污染猪舍，若不及时清除这时排出的粪便，猪就很容易再被感染。所以猪服了驱虫药后，应将服药后两天内排出的粪便及时清除，并将粪便堆积发酵，靠生物发酵将粪便中的虫卵杀死，并用消毒液彻底消毒猪舍。

（7）接种疫苗前进行一次驱虫　这样有助于猪获得坚强的免疫力。

10 猪健胃有什么意义，怎样给猪健胃？

给猪健胃也是快速育肥猪的一个重要环节，定期给猪健胃可保持猪有高效的消化吸收机制，长期保证食物的充分消化吸收利用。即使吃食正常的猪，定期健胃对促进其生长都有重要意义。据介绍定期健胃可使饲料报酬提高10%左右，尤其在农村经常见到一些猪采食较少，养猪户不重视医治，以为那些猪天生的胃口小，不认为是一种病，常任其自然发展。尤其在规模化养猪场，猪只的活动范围很小，由于活动量少，猪只胃肠消化功能减弱。这是养猪业中的一大失误，其实，它是因饲喂及管理方法不当引起猪的一种慢性消化不良性疾病。虽然它不危及猪的生命，但对猪的生长发育有很大的影响。因为这种猪食欲差，常吃半饱，对饲料又挑剔，只吃一些好的饲料；食入的饲料也不能充分消化利用，这样许多营养就白白地随粪便排出而浪费了，这样的猪怎么会长得快呢？养这样的猪肯定要赔钱的。另外，一些严重消化不良的猪，长期不医治的话，会形成僵猪，养僵猪是注定要赔钱的。所以应定期给猪进行健胃。

健胃的做法是：当猪吃食还好时，可每月健胃一次，服健胃药2～3次便可；若猪发生消化不良、食欲不振时，应及时服健胃助消化药，并且应服用数天，直至吃食改善。可喂服大黄末、山楂末、人工盐、龙胆、苏打粉、多酶片等，每日2次，连服5天左右。对便秘者服用泻下药，如番泻叶、硫酸钠（镁）、大剂量人工盐、大黄末。腹泻者服用止泻剂，如碳酸铋、焦山楂、参苓白术散、土霉素等。

11 猪的饲养密度多大合适？

饲养密度是指每头猪所占有的猪舍面积。饲养密度的大小直接影响猪舍温度、湿度及空气的新鲜度，也影响猪的采食、饮水、排粪尿、活动、休息等行为。夏季饲养密度过大，猪体散热多，不利于防暑。冬季适当增大饲养密度，有利于提高猪舍温度。春秋季节饲养密度过大时，会因猪体散发水分多，增加细菌的繁殖，有害气体也会增多，使环境恶化。同时，饲养密度大时，还影响猪的均匀采食，猪休息时间缩短，强欺弱的机会增多，使猪长得大小不齐，影响饲料报酬。此外，猪舍密度过大会使猪烦躁而相互咬架。但密度过小会造成圈舍利用率低，浪费设施。

一个猪舍内养多少头猪好呢？每头猪该占多少面积呢？一般来说，哺乳母猪每头应占面积为3.3米^2，断乳仔猪每头为0.3米^2，青年猪每头为0.6米^2，育肥猪每头为1米^2，种母猪每头为1.5米^{2}左右，种公猪每头为2米^{2}左右（不包括运动场地）。

这是各种不同猪每头所占猪床的面积大小，但不是说猪场面积大，猪群体就可以大，群体的头数也要控制。母猪和公猪要单圈饲养，育肥猪群体不可超过15头，仔猪群不可超过25头，一个猪棚内总数不能超过100头。群体过大易发生咬架、采食不均，影响猪只休息和生长。且猪群过大不利于疫病防控，一旦有猪只发病很易引起大群流行。

12 喂猪为什么要坚持“四定”？

在饲喂猪时应坚持做到四定，即定时、定量、定质和定温，坚持这“四定”有如下意义。

（1）定时 喂猪绝不能今天迟喂，明天早喂，或者今天喂两顿，明天喂三顿，每天应该有一定的固定次数和固定时间，这样会使猪形成习惯，一到时间就想去吃食，同时胃肠道也可有规律地分泌消化液，形成一种生理性的条件反射，这样猪的消化吸收作用增强，吃得也香，而且不易患胃肠病。

如果喂食时间不固定，忽迟忽早，猪胃肠无法适应，就容易引起消化功能紊乱，食欲变差。有许多消化不良、厌食的猪就是因为这样的原因而发病的。所以，喂猪应该规定每餐的饲喂时间，不能随意改变，要天天按时饲喂。

另外，在规定时间喂猪时，猪群里常会有一些爱闹的猪，一到喂食时就乱叫，甚至爬在圈口等食吃，应当在喂食时先喂这些猪，以免引起母猪流产及引起整舍猪群混乱、踩踏等。

（2）定量 喂猪饱一顿、饥一顿，同样会使猪食欲不振、采食减少、消化不良、增重缓慢。所以对猪的采食量基本摸清楚以后，应该规定一个大体的喂量。但同一群甚至同一头猪的食量大小，往往因气候、饲料口味、饲喂技术等而有差异。一般以喂后槽内不剩食也不舔槽，猪比较安静地休息则认为是吃饱了。如果槽内有剩食，说明喂量大了，下次可以少喂点；如果猪吃得很干净，舔食槽边，并且下次喂食时饥饿得很厉害，说明喂量小了，下次可以多喂点。经过几次试喂后，达到既不剩食，也不舔食为宜。

此外，猪的食欲一般是傍晚最旺，早晨次之，午间最差，依这一规律在晚上多喂，中午少喂，喂食量随着猪长大逐渐增加。严禁饲喂量猛增。

（3）定质 饲料的种类及配合比例不宜做大的突然变更。变换饲料时，应该新旧饲料搭配逐渐过渡，让猪的消化功能有一个适应过程。突然变更，容易使猪食量下降或者暴食，对猪的健康及生长不利。群众说猪吃“死食”，意思是说猪习惯于认定一种口味的饲料，如有改变就会影响猪的口味及采食。

（4）定温 饲料的温度与猪的健康和增重也有很大的关系。

食温太低，特别是冬季喂冰冻饲料，往往易使猪流产或引起胃肠炎，而且消耗饲料养分，影响饲料报酬。因为猪体的体温主要靠饲料中碳水化合物和脂肪氧化后产生的热能来维持，如果食物温度太低，猪吃下后就要消耗很多体热把冰冷的食物升高到与体温相同的温度，这样就白白浪费了很多营养。因此，在北方寒冷的冬季要避免用冰冻饲料喂猪，尽可能给猪喂温热的食物，并饮温水，温度以 30℃左右为宜，当然也应该避免过热而烫伤猪。冬季可安装太阳能热水器供水，投资相对小，使用方便、节约能源。

13 怎样调教猪到固定地点排便、采食和睡觉？

为了搞好猪舍的清洁卫生，给猪创造一个适宜、舒适的生长生活环境，我们应该做好猪的调教工作，让猪养成在猪舍内的固定地点排便、采食和睡觉的三定位习惯。这样可以避免养成猪在睡觉的地方排便，甚至在食槽内排便的恶习，如此，既可以减轻清洁圈舍的劳动量，又可以保持圈舍干燥。如果养不成三定位的习惯，许多猪就会在躺卧休息的地方排尿、排粪，甚至有些猪在食槽内排粪尿，这是影响很大的事。

要做好调教工作，首先要摸清猪大小便的规律性，一般来说，猪多习惯在喂食前后和刚睡觉起来的时候排便，因此，在喂食稍后，应该坚持把猪赶到固定地点排粪尿。在冬季天冷时，猪懒、不爱活动，为了防止猪尿到窝内，可以每天夜里让饲养员用一定的呼唤声把猪轰到固定地点排便。开始训练时可在圈内撒一些食物，引诱猪起来吃食而排便，经过一段时间，猪只一听到呼唤声，就会自动起来，到固定地点排粪尿。

刚进圈的猪，更要注意调教。方法是把新圈打扫干净，在猪床垫少量垫草，食槽内放些食物，在指定排便地点洒些水，并堆放些猪粪，然后再把猪放进猪圈内。这样，猪便会在有垫草的地方休息，在有粪尿和水的地方排便，在食槽上吃食，在这样的布置下猪很快就会形成三定位的习惯。猪一旦形成习惯，一般就不会改变。

另外，在开始训练时，如果有些猪不能在固定地点排便，应注意及时把拉在地面的粪便铲除，经常保持非排粪地点清洁，这样便会纠正这些猪的不良习惯。

14 怎样给猪合理分群？

为了有效地利用猪舍建筑面积，提高劳动效率，降低养猪成本，对相同类别的猪可以采取群饲的方法。但不同大小的猪不能混群饲养，否则易发生强欺弱、大欺小的现象，由此导致弱小猪只的生长发育迟缓，甚至形成僵猪，会影响整个猪群的饲养效益。所以，养猪必须注意合理分群。公猪实行单圈饲养，要避免公、母猪同圈饲养，造成种公猪配种能力的降低。母猪在怀孕前期可以每圈养 2～3 头，但临产前 2～4 周必须实行单圈饲养。就是在怀孕前期，也要注意把怀孕期接近的母猪并在一个圈内，以便饲养管理。至于后备猪及育肥猪则应按各个不同的发育阶段，把体质、体重、脾性、吃食快慢等接近的猪合群饲喂。群体分好后就不能随意改变，否则新猪进入猪群后易引起咬架现象，即使同圈的猪只离开猪群数天后，再放入原群都会发生群起而攻咬的现象，因此严禁随意将猪调出原群。

15 怎样给猪群防寒、防暑？

只有在适宜的温度条件下才能使仔猪多成活，育肥猪增重快、饲料报酬高。我国地域辽阔，南北气候相差悬殊，因地制宜，做好猪群的防寒、防暑工作，对提高养猪生产效益有十分重要的意义。我们可采取以下措施进行防寒、防暑。育肥猪的适宜温度是 18～25℃，哺乳仔猪的适宜温度是 25～30℃。

做好保温工作绝不能采取单一的措施，应当把猪舍保温与防潮结合起来。试验证明，潮湿空气的导热性约为干燥空气的 10 倍，所以猪舍里的湿度越大，猪体散失的热量就越大，猪就越觉得寒冷，把猪舍保温、防潮结合起来，并加强饲养管理，这样可以降低寒冷带来的损失。

在入冬前，可在猪舍的北墙外堆草，这样可以增强墙的防风保温性，夜间在猪床前面的屋檐下覆盖草帘来保温。猪舍内部则采取猪床加铺垫草、木板或者干土，为仔猪制作暖窝等办法来保温。为了防止猪舍内潮湿，应在中午气温高时打开窗户排出潮湿气体，如果天气阴冷或者室外湿度大，也可以在猪舍走道或地面撒布炉灰等来吸收湿气，同时应及时清理圈舍内的水、尿液、粪便，以减少舍内的水分。可在猪舍内安装暖气片、电热板、保温灯、电热器、地暖和火炉等，既保温又除湿。猪舍内温度低时，舍内的湿度就会大，加温便可使其湿度也降低。猪舍内应在中高段悬挂温度计以观察掌握猪舍内的温度。

在饲养方面，用增加饲喂次数，提高猪食稠度，减少猪排尿，适当增加精料喂量，坚持喂一顿夜食，保证冬季不断青，饲料搭配多样化等措施来增强猪的体质，提高猪的抗寒能力。

在管理方面，一般采取加强运动，让猪多晒太阳；定时轰猪，防止尿窝，常换垫草等方法来增强猪的抗寒能力和保持猪床的干燥，并且保证冬天给猪饮温水。

猪群在夏天炎热季节要注意降温防暑。做到在猪舍前搭凉棚遮阳，经常供给清凉饮水，最热的天气在猪舍地面洒凉水降温。在南方各地还采取向猪体泼水降温，先用凉水泼洒猪体下部，再洒全身，要注意避免用凉水突然泼洒猪的头部，使头部血管收缩，引起猪休克（死亡）。也可在猪舍内设浴池让猪洗澡。设水浴池时，猪会自动进池内洗澡降温。也可在猪舍内安装通风机、换气扇、水帘等降温设施。

16 猪垫料饲养有什么意义，怎样用垫料法养猪？

在养猪生产中，使用垫料对改善猪舍环境具有很重要的意义，是控制猪舍环境十分重要的一项辅助措施。

垫草也叫垫料或褥草，一般铺设在猪床上。可改变猪床冷、硬、潮的状况，使猪躺卧休息时温暖舒适。猪喜欢在有垫料的床位上躺卧休息。

（1）垫料的作用

1）保温　垫料的导热性较差，冬季在导热性高的地面上铺以垫料，可以显著减少猪体的传导散热，达到保温的目的。如垫15厘米厚的垫料，猪躺卧处可升温到20℃左右，垫料铺垫的愈厚，效果愈好。因此，在寒冷条件下，实行垫料养猪是防寒保暖的重要手段。

2）吸湿　垫料的吸水能力一般为200%，高的可达400%。只要勤垫勤换，就可以保持地面干燥，并有利于降低空气的湿度。

3）吸收有害气体　垫料可以直接吸收空气中的有害气体，使有害气体的浓度下降。

4）猪躺卧舒适　猪舍地面一般硬度较大，容易引起仔猪碰伤和褥疮，铺上垫料后，垫料弹性大，柔软舒适，利于猪休息和生长。

5）保持猪体清洁　铺用垫料可使猪免受粪尿污染，有利于猪体卫生。

（2）垫料的种类　垫料应具备导热性低、吸水力强、柔软、无毒、对皮肤无刺激性等特点。同时，还应该考虑其有无肥料价值，来源是否充足，成本是否低廉等。

1）秸秆类　常用的有稻草、麦秸、豆秸、谷草、玉米秸秆等。稻草的吸水能力为324%，麦秸为230%。二者都很柔软，并且价廉易得。为了提高其吸水性，最好铡短后再用，特别是仔猪，以防裹缠仔猪出现意外。

2）野草、树叶　野草、树叶的吸水性在200%～300%，树叶柔软适用，野草则往往夹杂较硬的枝条，还可能夹杂有毒有害植物，使用时应注意。

3）锯末　锯末的吸水性很强，约为420%，而且导热性低、柔软。缺点是肥料价值低，而且有时含有油脂，容易充塞毛层，污染被毛，刺激皮肤。更严重的是充塞于蹄内，引起蹄病，使用时应慎重。

4）干土　干土的导热性低，吸收水分、湿气和有害气体的能力很强，取用方便，所以北方农村使用更为广泛。但是，干土容易污染猪的被毛和皮肤，使舍内粉尘大。

垫料可根据当地资源条件选用，无论什么垫料都比不用垫料要好。

（3）垫料的使用方法　垫料的使用方法有两种，即常换法和厚垫法。

1）常换法　常换法是及时将污湿垫料捡出去换上新垫料。采用这种方法，舍内比较干净，但用草量大、费工费时。

2）厚垫法　厚垫法是每天增铺新料而不将污湿部分捡出去，这样愈垫愈厚，直到春季天暖后一次性清除出去。通常的做法是第一次铺草 20 厘米，待猪将草压实后，再铺 20 厘米厚的垫料，同时在垫料四周钉上高 40 厘米的挡草板，以防垫料散落。

厚垫法的优点是，垫料内有微生物长期进行生物发热，有利于防寒越冬。据测定，当垫料厚度达到 27 厘米时，每平方米面积每小时可释放 96.14 千焦热量。厚垫法只需在一个生产阶段结束后集中清除，因此，省时省力。猪只在厚垫料上活动踩得很实，易于发生嫌气性分解，有助于粪尿的腐熟，形成高质量的肥料。

厚垫法的缺点是，垫料内有害气体含量较高，如果处理不当，容易造成不良影响，而且垫料内温度较高，有利于寄生虫和微生物生存和繁殖，猪只直接在垫料上生活，容易感染疾病。

另外，由于一种垫料不能完全满足猪舍的保温防潮要求，生产上常采用混合铺设垫料的方法。例如，在猪舍的水泥地面或土地面上先铺上一层沙土，再铺麦秸等垫料；也可以把碎草和沙土混在一起铺垫，或在猪躺卧区垫木板，这些都比单一铺垫效果好。

铺垫厚度依具体情况而定。天气冷，地面湿度大，可铺厚些；猪月龄和体重小，也可铺厚些。一般以草厚 20 厘米，沙土 3 厘米为宜。即使夏天天气温暖时，在猪床上加垫料对猪都有好处。

17 猪场建设中常存在哪些问题？怎样改进？

目前，各地养猪场建设的猪舍普遍存在以下问题，应注意纠正。

①墙壁低矮，猪舍空间小。许多人在修建猪舍时只注意面积大小，而不管空间大小，认为面积够就行，猪舍墙高低无所谓，这是错误的，因为猪舍不但要有合适的面积，还要有宽畅的空间，空间过小，猪舍内的空气就不会清洁，有害气体浓度就容易增加，导致猪舍环境恶劣，所以建猪舍时，不但要考虑面积，还要考虑容积，猪舍墙壁不能低于 2 米。

②距河道、村庄、公路太近。养猪是产生大量污染物的产业，所以在建场选址时必须考虑远离河道、村庄、公路，国家对此有严格规定，猪舍要远离河道 800 米以上，且不能向河道排污，要远离村庄、公路，达不到这些环保要求会有拆除、关闭的风险，这样会带来巨大的损失。

③通风设计空缺或不合理。猪舍内必须考虑通风问题。当前全球性气温升高，北方地区夏季气温都高达 30～40℃，猪舍内无通风条件猪是很难适应的，故通风必须要引起人们的高度重视，在猪舍设计中要合理安排通风，应在猪舍的墙壁低处留进气口，舍顶部留有排气口，且间隔数米留一进、排气口，这样可根据气候调节进、排气口的大小。

④地面水泥板。目前各地养猪场猪舍内大多地面都是水泥混制，这种水泥混凝土地面对猪健康和生长不利，因为水泥地面冬季温度很低，猪长期躺卧易受寒，且对猪的肌肉组织有损害，会降低肉的品质；夏季水泥板上温度骤升，尤其阳光照射后温度更高，使猪高热难耐。对此猪舍应在水泥混制硬化后，在猪躺卧休息的地方安置木板或砖，这样猪休息舒服，利于健康生长。

⑤无运动场地。适当的运动是种猪饲管理非常重要的事，许多人也懂得此道理，但就是做不到，很多猪场设计时没有安排运动的场地，无运动场地就无法让猪定期运动，这对种猪的生产性能有严重的影响。所以在猪舍设计时一定在棚外安排运动场地，场地与猪舍有专用通道相连，且不与外界场地相通，以阻隔猪跑到外面。

⑥顶棚封盖，无阳光照射。目前许多猪场猪棚都是用塑钢板盖

顶，猪棚顶部全封闭，完全无阳光照射，猪舍内一年四季是无光照的暗室，得不到阳光照射对猪的健康及生长不利。阳光照射能预防钙质的缺乏，能消毒杀菌，能提高猪舍内温度，能使圈舍干燥，长期无阳光照射可导致种猪繁殖性能下降，母猪不发情，不排卵；公猪不配种，精子品质差。因此，猪舍顶棚一定要设计可通透的空间，可设计成部分塑钢板，部分塑料膜盖顶。

⑦猪棚过大，不予分隔。有许多猪舍修建的每一个棚面积很大，棚内不进行分隔，这种大面积猪棚不合理，因为这样会使单个猪棚内养猪数量过多。大量的猪圈于一个棚内有许多弊端，其一，不利于疾病的预防，一头猪发病，就很容易传染给其他猪；其二，不利于环境的安静，猪多了自然噪声就多，而且有一头或数头猪发病就会导致全群猪跟着乱动；其三，猪数量过多舍内的空气就会不良，因为排出的二氧化碳多，消耗的氧气多，排出的粪尿多。所以，对于场地大的猪棚，应进行分隔，一般每棚能圈养 100 头左右便可。当然猪舍也不可太小，太小了限制猪的数量，猪养的太少冬季舍内温度难以升高，猪易受冷，且饲喂管理费时费力。

⑧猪舍建在低洼潮湿处。猪是喜欢干燥的动物，长期生活在潮湿的地方猪的生长发育迟缓，疾病多，往往有些人忽视了猪的这一特性，也不掌握当地地理情况，常把猪场建在低洼潮湿的地方，这种猪舍难以保持干燥，舍内长年潮湿，这对猪有很大的不良影响。对此在猪场选址时，一定要避开潮湿低洼地带，选择地势高燥的地方。因此必须对当地地理状况有所了解。

18 给猪舍通风换气有什么意义？

通风换气是控制猪舍环境的一个重要手段。通风换气的目的有两个，一是在气温高的情况下，通过加大气流使猪感到舒适，以缓和高温对猪的不良影响；二是在猪舍封闭的情况下，引进舍外新鲜空气，排出舍内污浊空气和湿气，以改善猪舍的空气环境，并减少空气中微生物的含量，起到消毒防病的作用。

通风分为自然通风和机械通风两种。自然通风不需要专门设备，不需动力、能源，而且管理简便，所以在实际应用上，开放舍和半开放舍以自然通风为主，在夏季炎热时辅以机械通风。在密闭猪舍中，以机械通风为主，在这里重点介绍自然通风。

自然通风靠风力（即风压）和温差（即热压）来实现。只要外面刮风，或者舍内外存在温差，猪舍就可以进行自然通风。

风压是指大气流动时作用于建筑物表面的压力。当风吹向建筑物时，迎风面形成正压，背风面形成负压，气流由正压区开口流入，由负压区开口排出，即形成风压作用的自然通风。在猪舍两侧墙壁上设置窗口，在有风的情况下，就会产生对流通风。

热压是由舍内不同部位的空气因温度不匀发生比重（密度）差异而形成的。当舍外温度较低的空气进入舍内，遇到由猪体、取暖设备、电器设备、电器照明等散放的热能，受热变轻而上升，在舍内近屋顶、天棚处形成较高的压力区，继而从各种孔隙逸出舍外，猪舍下部空气不断变热上升，形成较低的压力区，舍外较冷的空气不断渗入，如此反复，即形成热压作用的自然通风。

有风时热压和风压共同起通风作用，无风时仅热压起通风作用。因此，要保证猪舍通风良好，就必须在设计中组织和利用好风压和热压。

（1）寒冷情况下猪舍的自然通风　在寒冷的天气为了保温往往会忽略通风，这对猪的健康生长危害很大。猪舍进气—排气管道是由垂直设在屋脊两侧的排出管和水平设在纵墙上部的进气管组成。排气管下端从天棚开始，上端升出屋脊 0.5～0.7 米，位置在猪舍粪水沟上方，沿屋脊两侧交错垂直安装在屋顶上，以利于排出舍内的余热、有害气体和水汽。管内设调节板，以控制风量。排气管断面为正方形，一般大小为 50 厘米×50 厘米～70 厘米×70 厘米，两个排气管的距离为 8～12 厘米。

为了能充分利用风压和热压来加强通风效果，防止雨雪自排气管进入舍内，在排气管上端应设置风帽。其形式有伞形、百叶窗式等。

进气管一般距天棚 40～50 厘米，大小为 20 厘米×20 厘米～

25 厘米×25 厘米，舍外端应安装调节板，以便将气流挡向上方，防止冷空气直接吹到猪体，并用以调节进口的大小、控制风量，在必要时关闭。进气管之间的距离为 2～4 米。在特别寒冷的地区，冬季受风一侧的壁墙应少设进气管。

在冬季，自然通风排出污染空气主要靠热压，在不采暖的情况下，舍内余热有限，故只适用于冬季舍外气温不低于－12～14℃的地区。因此，要保证在更加寒冷的地区有效进行自然通风，必须做到猪舍的隔热性能良好，必要时补充供热，特别是产仔舍。

（2）炎热情况下猪舍的自然通风　我国南方大部分地区是湿热气候。在夏天猪舍外气温经常高达 35～38℃，接近猪的皮肤温度，故对流散热极为困难；由于周围环境（猪舍的墙壁、地面、舍内设备等）的表面温度同气温相近，因而通过皮肤辐射散热也不可行；由于空气湿度常保持在 70％～95％，蒸发散热也很困难，因此在这种炎热情况下，组织好自然通风意义重大。

自然通风主要依赖于对流通风，即穿堂风。

为保证猪舍通风顺利进行，必须从场地选择、猪舍布局和方向，以及猪舍设计方面加以充分考虑。

首先，一定要选择通风良好的地方。猪舍布局必须为通风创造条件，要充分利用有利的地形、地势，猪舍与其他建筑物之间有足够的通风距离，要互不影响通风，要选择良好的方向，一般以南向稍偏东或偏西为好。因为，在我国南方炎热地区，夏季的主导风多为南风或东南风，同时这个朝向也可以避免强烈的太阳辐射。

对流通风时，通风面积越大，猪舍跨度越小，则穿堂风越大。据实际测量，9 米跨度时，几乎全部是穿堂风；而当 27 米跨度时，穿堂风大约只有一半，其余一半由天窗排出。

由于通风面积越大，通风量越大，所以在南方夏季炎热地区采用开放式猪舍有利通风。但是在多数地区，由于夏热冬冷，故而夏季降温防暑和冬季保温必须兼顾。全开放式猪舍对气候的适应性很小，夏季有大量太阳辐射热侵入，而到冬天又不易保温，故不宜采用。而组装式猪舍，冬天可以装成严密的保温舍，夏天又可以卸下一部分构件，形成通风良好的开放式猪舍，有较大实用价值。

进气口和出气口的位置对通风效果影响很大。进气口与出气口之间距离越大，越有利于通风，所以进气口设置越低越好，南方一些地区设地脚窗，就是这个道理。而排气口越高越好，如此设置可加大热压，这在天气炎热情况下有利于通风。

进气口设在低处，而且要设在迎风面，均匀布置，这样既利于通风，又可以直接在猪体周围形成凉爽舒适的气流。

排气口要设在高处，但一定要设在背风面，这样才能抵消风压对热压的干扰。但是，尽管排气口设在高处有利，但若要设在墙上，会受风压的干扰，所以要设在屋顶，即采取设置通风屋脊或天窗的办法，就可以抵消或者缓和风压的干扰。因为排气口设在屋顶上，并高出屋脊 50～70 厘米，不仅不受风面的影响，而且经常处在负压状态，既利于通风，又利于将积聚在屋顶下方的热及时带走。排气口对着进气口即气流方向或加大排气口面积，都有利于加大舍内气流速度。

另一个简便高效的通风方法是，在猪舍顶部安装百叶换风机，这种设施既不影响保温，也不需要动力，在微风状态下就可换气。

19 什么叫猪的维持消耗？

维持消耗即维持生命活动的营养消耗，也叫非生产消耗。猪食入的营养物质用于两个方面，一方面用于维持生命活动，另一方面用于生产即长肉、繁殖等。首先是用于维持生命活动所需，其次才是用于长肉、繁殖。用于生命活动（如体温、呼吸、心跳、运动等）所需要的营养物质即维持消耗。很显然，维持消耗这部分不创造产值。很显然，猪用于维持消耗越高，养猪效益越低。掌握此概念的意义是，在养猪生产中，各个环节上力争降低猪的维持消耗，维持消耗可人为控制，不是固定不变的。以较少的饲料创造较大的产值，这样才能提高养猪效益。下面谈谈猪的主要维持消耗。

（1）生命期　猪每活一天，就要有一天的生命活动，有生命活动就要有食物提供的营养来支付需要，这样，生命期越长，支付的营养就越多。所以，我们在养猪生产中要尽量减少猪的饲养期，力争使猪早肥育、早出栏。早一天出栏，少一天非生产消耗。8 个月出栏的猪比 4 个月出栏的猪维持消耗要多一倍。

（2）维持体温恒定　猪是恒温动物，不论在什么季节、什么环境下，体温都要保持在 39℃左右，这样才能保证其机体的正常新陈代谢及生命活动。而要保证机体恒定的温度，必须由食物提供的营养物质代谢产生热量来维持。所以，当外界环境恶劣，如气温过低或者过高，都会使猪体为维持体温恒定而耗费的营养增多。如舍温过低时，猪要动用大量营养产热来维持体温；当气温过高时，猪体为防止体温升高，通过加强散热活动来增大热量的散发，如加快呼吸、加快心跳、多饮水、多排尿等，这些活动的加强都使养分消耗增加。所以说，我们养猪要力争使猪舍温度适宜，夏季应采取各种措施降低舍内温度，冬季气候寒冷时，应想法提高舍内温度。有些人错误地认为猪不怕冻，冬天猪冻不坏。是啊，猪在冬天一般是冻不坏的，但这种寒冷环境下猪长势很慢，猪要为抵御寒冷而消耗大量的营养，甚至所摄取的食物营养只能维持生存，饲喂的饲料白白浪费，故而冬天养猪要采取防寒保温措施，以降低猪的维持消耗。

（3）活动量　动物体活动量越大其维持消耗越大，因为机体的每一个活动都要有能量作动力，就像汽车运动要靠燃油一样，所以我们饲养育肥猪一定要使其安静、少动，尽量减少其随意活动，对一些好动的猪应及时调治。

猪用于维持消耗的方面很多，主要有以上三点，我们在养猪生产中重点注意降低这三个方面的维持消耗，这样才可使养猪有效益。

20 用配合饲料喂猪有什么意义？

要想让长得快、饲料报酬高，必须根据猪生长发育所需要的营养供给饲料。配合饲料就是根据猪的营养需要，用多种饲料原料按一定比例搭配成的饲料。猪生长肌肉组织需要几十种营养成分，缺乏任何一种都不行，如果缺乏其中的一种营养，那么饲料中供给的其他营养成分的利用率降低，饲料报酬也就低。当我们供给的饲料营养符合猪生长发育需要时，所有营养成分均衡且充足，饲料中的养分便可被充分利用，这样猪长得就快，饲料报酬就高。我们所见用的任何一种可喂猪的饲料原料，如玉米、高粱等都不可能含有完全符合猪生长所需的所有营养，它们各有特点，有的能量含量高，有的主要含有蛋白质，有的主要含有钙、磷，所以，只有根据各种饲料原料所含的营养成分，按照猪的营养需要以一定的比例搭配使用，才能使猪长得快。

就一般养猪户而言，要自己给猪配制符合猪营养需要的全价饲料很困难。一般养猪场很难把猪需要的含有各种营养成分的饲料原料备齐，尤其是微量元素和维生素，并且一般猪场也没有营养成分分析设备。所以，解决此问题较理想的办法是用饲料厂家生产的浓缩饲料配制后喂猪。浓缩饲料是饲料厂家根据猪的营养需要配制的、不含能量的非全价饲料，养猪户买回这种饲料（也叫浓缩料），然后再配以自己生产的玉米、麸皮等能量饲料便成为全价饲料。用这种饲料喂猪既能保证营养全面，又可利用农户自己的玉米、麸皮等原料，降低饲料成本。用浓缩饲料配制后喂猪既快速（饲养期一般为 120 天左右）经济，又简单方便。所以，用浓缩配合饲料养猪是农村养猪户的发展方向。

21 为什么要提倡生饲喂猪？

目前在农村还有许多养猪户保留熟饲养猪的习惯，这是一种极不合理的养猪法，因为熟饲养猪：其一，增加燃料开支，目前在能源紧张的情况下更是一项必须重视的问题。其二，破坏养分，浪费饲料。饲料中的许多营养成分，尤其是维生素及一些生物活性因子，一旦受热或高温处理便被破坏。其三，长期熟饲的猪抵抗力差。熟饲的猪因长期食用熟的食物，其食物中的维生素及一些生命活性物质、消化酶和一些代谢酶类被破坏，机体长期得不到这些参与生命活动的重要物质，猪的免疫力会下降。其四，熟饲易引起一些中毒，像白菜、甘蓝等青菜在加热熟制的过程中，由于方法不当，在锅内焖煮的时间长了，很容易产生亚硝酸盐，猪食用后易发生中毒，并且中毒一般是无法挽救的，大多数猪只在中毒后短时间内就死亡。生喂不会发生这种中毒现象。但有些饲料还应熟饲，如薯类及一些蛋白质类饲料，如黄豆、黑豆、红小豆等豆类，还有豆饼、豆腐渣、棉籽饼、菜籽饼等应熟喂。因为这类饲料中含有胰蛋白酶抑制因子，这种成分影响蛋白质的消化利用，但它经加热后就可被破坏。另外，像薯类饲料，如马铃薯及马铃薯渣、甘薯等喂猪时也要熟喂，因为这类饲料生喂易引起猪只中毒，且消化利用率差。其五，熟饲增加了饲养员的劳动强度，增加了人工投入。其六，熟饲增加锅、刀具等设备投资。

22 人吃了用猪饲料（饲料厂生产）饲喂的猪肉，是否对健康不利？

当前，在广大中国民众中广泛有一种看法，认为目前养猪场用猪饲料饲喂的猪肉不好吃，吃了对人体不利，对人体健康有害，甚至我们许多养猪户都这样认为，这是一种错误认识，与事实完全相反。其道理如下。人们产生这种看法的理由是这种猪肉味道没有不用饲料仅用粮食饲喂的猪肉味道好，这种猪饲喂时间短，是饲喂了厂家生产的含添加剂的饲料，所以就断然认为这种猪肉吃了对人体健康有害。事实根本不是人们想象的那样。猪的生长发育需要六大营养成分，即碳水化合物（能量）、蛋白质、脂肪、矿物元素、维生素及水。这六大营养缺一不可，就像人们盖楼房一样，需要砖、水泥、沙子、石子、钢筋、水这六种材料，缺乏任何一种材料就不能施工，而农户养猪大多都只具有自产的玉米、高粱或麸皮、谷等这些能量原料及水，而其他蛋白质、矿物元素、维生素等营养原料都缺乏，即使有也不会合理按需搭配，鉴于养殖业中普遍存在的这种状况，产生了饲料工业。饲料厂家就是根据猪在生长发育过程中对营养的需要，加工配制成一种半成品或成品饲料，也叫浓缩料和全价料，浓缩料具备了猪需要的蛋白质、维生素、矿物元素、脂肪，就是不含能量成分，这种饲料到养猪户后，按其比例加入玉米、麸皮等能量饲料就成全价饲料，用这样搭配成的食物喂猪，猪的长势远高于养猪户自己供给猪食物的饲喂方式，而猪体包含的营养物质并无缺失，所以用饲料厂家所生产的饲料喂猪，长成的猪肉对人体健康无害。有些人认为猪肉长得快，就断定是加了不利于人健康的添加剂。商家作假是为了赢利，在猪饲料中添加不利于人的添加剂不但不会加快猪的生长，而且对猪的健康不利，进而危害人体健康。一般的饲料厂家是不会在饲料里面添加那些不符合猪需要和不符合饲料要求的东西的。因为添加那些东西不会给自己带来利益，还会在检测中带来祸害，有报道称给猪喂瘦肉精等危害人的添加剂，只是极少数人所为，我们不能拿个别否定全部。

23 如何掌握猪的粗饲料喂量?

猪是单胃动物，不像牛、羊是复胃动物，它消化饲料粗纤维的能力很低（牛、羊有很强的消化利用粗饲料的能力），所以只能以喂粮食为主，喂大量的粗纤维饲料猪很难消化利用。给猪喂大量的粗纤维饲料不但不能提供养分，反而会促进肠蠕动，使排泄加快，降低肠道对营养物质的吸收，造成营养浪费。有些人为了降低养猪的饲料成本，利用廉价的粗饲草如一些农作物秸秆、粗硬牧草、秕壳、秸秆、树叶、谷糠、谷壳、稻壳等不做任何处理来喂猪，不但不能降低成本，反而消耗养分，影响猪的健康。

近年来，一些多功能饲草饲料粉碎机问世，一些人将农作物秸秆，如玉米秸秆、高粱秸秆等粉碎成末用来喂猪，那是错误的。猪根本没有利用农作物秸秆的能力，虽然秸秆粉碎成了细粉末，但它只是物理形态发生了变化，由长秆形变成了细粉状，但其化学结构并未发生变化，它还是粗纤维物质，其中的许多成分都已木质化了，猪根本无消化木质素的能力。养猪应严格控制粗饲料的喂量，尤其是仔猪更应限制粗饲料的喂量，不能超过4%～8%。长期给仔猪饲喂大量粗纤维饲料还会形成僵猪。当然，事物都是一分为二的，成年猪应适当补喂少量的粗饲料，这不但可降低饲料成本，还有利于猪的消化，因为粗饲料可刺激胃肠蠕动。粗饲料的喂量应控制在4%以内。

24 为什么猪饲料要多样搭配？

饲料的多样搭配包括青、粗、精饲料的合理搭配，碳水化合物、蛋白质、矿物质和维生素饲料的合理搭配，以及同类饲料的多种搭配三个方面。总之，饲料中所含原料的品种越多，搭配得越合理，喂猪的效果越好。

就青、粗、精三种饲料来说，青绿多汁饲料的特点是含水分多、体积大、能量少，但适口性好、易于消化，且含有多种维生素、矿物质和质量较好的蛋白质，是猪的优良饲料；粗料的特点是体积大、含粗纤维较多、质地粗硬，猪吃多了不易消化，营养价值较低，但在饲料中少量搭配，可增大饲料体积，让猪有饱食感；精料的特点是体积小、营养价值高、易于消化，但矿物质、维生素缺乏。在这三种饲料中，如果单用某种饲料喂猪，易造成猪吃不饱或营养不足，或吃多了却还有饿的感觉，所以，只有把青、粗、精三种饲料合理搭配起来，才能保持饲料营养的平衡，才能提高饲料的适口性，让猪既吃饱又吃好，使饲料发挥最高的效率。

就碳水化合物、蛋白质、矿物质和维生素营养成分来说，这些都是猪所必需的营养物质，缺一不可。但几乎没有任何一种饲料原料能全部满足猪对以上营养物质的需要，虽然每种饲料原料都含有多种营养物质，但往往是有些营养物质含量高，有些营养物质含量少，有些营养物质缺乏。若单纯用某种或某几种饲料原料来喂猪，不仅猪长不好，还浪费饲料。因此，必须根据各阶段猪的营养需要，实行多种饲料原料搭配和合理搭配。

就是在同一类饲料原料中，也必须实行多样配合。例如，同样是蛋白质补充饲料，各种饲料原料中的蛋白质品质也是不一样的。饲料原料的种类越多，蛋白质营养价值就越高。

因此，在养猪生产中，无论是青、粗、精各类饲料也好，蛋白质补充饲料也好，或其他添加剂饲料也好，都要实行多品种搭配，没有条件的要创造条件，争取饲料合理搭配。

怎样合理搭配饲料呢？我们进行饲料配合时除考虑多样搭配、营养全面外，还必须考虑饲料的体积、适口性及是否容易消化。

体积合适，就是说猪能吃得下、吃得饱。配合饲料时，如粗饲料过多，青饲料和精饲料过少，就会造成饲料体积大、营养少，猪的胃肠容积有限，吃不下那么多，营养就得不到满足。相反，如饲料中精料多、青料少、没有粗料，猪吃后可能营养够了，但达不到饱的感觉，猪会不安静，影响生长。

至于适口性和是否易消化的问题，这与配合饲料内粗纤维的含量有很大的关系。粗纤维含量过高，粗纤维木质化严重，不仅猪不爱吃，而且还会严重影响饲料的消化吸收。因此，在配合猪饲料时，应尽量设法多用青料少用粗料。若用粗料要品质好、花样多，劣质粗料应尽量少搭配，如稻谷壳、高粱壳、花生壳等，不仅粗纤维含量多，而且木质化程度高，适口性差，极难消化吸收，故应与其他优质粗料搭配起来进行粉碎后发酵喂猪。

25 为什么说蛋白质饲料供给不足是影响养猪效益的一个重要因素？

猪在生长发育过程中能量需要量最大，其次就是蛋白质，而能量饲料普遍都不缺乏，而且还存在大量仅用能量饲料喂猪的情况，因为能量饲料玉米、麸皮、高粱、谷类等种植量大，价格低廉，可蛋白质类饲料豆类、豆饼、油饼、鱼粉等饲料来源少，价格相对高，所以人们在饲养中普遍存在的现象是蛋白质食物供给不足，或完全不供给，这是当前养猪业中影响养猪效益的一个重要因素。虽然蛋白质类食物价格较高，但搭配其他料饲喂，可产生高出其价值几倍的效益，是非常合算的，因为在猪肌肉等组织合成过程中，蛋白质成分是非常重要的，缺乏蛋白质会影响肌肉等组织的合成，从而使供给猪的能量等营养也被浪费。搭配蛋白质类饲料可减少能量饲料的消耗。补充蛋白质效果好，且成本低的原料是豆饼，其蛋白质含量高，且蛋白质品质好，同时其价格也合理。蛋白质原料的饲喂量应根据猪的品种、饲养阶段、饲养期决定，瘦肉型品种猪蛋白质喂量应大些，尤其那些优良的瘦肉型猪种，蛋白质喂量一定要足，否则其生长速度还不如一般品种猪，幼龄阶段的猪蛋白质喂量应大，后期可适当少喂，饲养期长的猪可少喂，饲养期短的猪应多喂些。饲喂蛋白质可用豆类及炸油的渣类、豆腐渣，还可用动物蛋白如鱼粉、血粉、蚯蚓，也可用饲料酵母以及苜蓿牧草等来补充蛋白质。

26 猪需要哪些营养物质，常见的饲料原料有哪些？

要想养好猪，就必须知道猪需要哪些营养物质，以及各种饲料原料中含有的营养成分。用于猪维持生命、生长和繁殖所需要的营养物质可分为碳水化合物、蛋白质、脂肪、矿物质、维生素和水六大类。

猪需要的这六类营养物质，除水之外，都需要从饲料中获得，尽管猪吃得饲料多种多样，但所含的营养物质不外乎这六类，我们平时供给猪饲料要从以下几个方面来考虑。

（1）碳水化合物类饲料　这类饲料也叫能量饲料。这类饲料是猪需要量最大的饲料，常用的有玉米、高粱、稻谷、麸皮、小麦、米糠、荞麦、粟、大米等。

1）玉米　有白色和黄色两种，它们的营养略有差别，黄色玉米要比白色玉米含胡萝卜素多。玉米是能量饲料之王，是含能量最高的饲料，是运用最广的饲料。同时玉米消化率高，适口性好。其缺点是蛋白质、矿物质和维生素含量不足，特别是缺乏赖氨酸和色氨酸。所以，饲喂猪时必须补充优质蛋白质、矿物质和维生素。玉米油脂含有较多的不饱和脂肪酸，在催肥阶段若搭配过多，则猪肉中的脂肪变软、不耐储存，故在催肥阶段应当添加部分小麦、高粱等，代替一部分玉米，以改善肉脂品质。有许多农户常常仅用玉米喂猪，还认为这样喂猪特别好，精料玉米大量给猪食用，结果猪长势特别慢，且猪还不好好吃，这是一种严重的错误，因为虽然玉米是喂猪的好精料，但其营养单纯，只能给猪提供能量，其他营养成分就供给不足，所以要搭配其他食物饲喂猪，切忌仅用玉米喂猪。

玉米含脂肪多，一般在4%以上，粉碎后存放过久容易发苦，口味变坏，营养降低，所以，夏季一次粉碎量不宜过多，以7～10天喂完为宜。

2）高粱　其营养成分与玉米差不多，也是能量饲料，喂猪效果稍次于玉米。赖氨酸、色氨酸、蛋氨酸的含量比玉米低，故蛋白质品质较差，钙的含量很低，且缺乏胡萝卜素和维生素D。高粱含有较多的单宁酸，有涩味，适口性较差，喂量过多还易发生便秘，但对仔猪非细菌性腹泻有止泻作用。用高粱喂猪，应注意搭配蛋白质饲料、青饲料和矿物质饲料。

3）稻谷　它是以含淀粉为主的碳水化合物饲料。稻谷的外壳坚硬，粗纤维含量高，稻谷的营养价值仅为玉米的85%，但用稻谷喂的猪肉脂品质较好。为了提高稻谷喂猪的效果，可将稻谷发酵后饲喂。

4）米糠　优质的米糠一般含有12%的蛋白质，13%的脂肪，11%的粗纤维。蛋白质的品质比玉米好，且富含B族维生素，尼克酸的含量特别高，含磷丰富，含钙少，是喂猪的好饲料。米糠在日粮中如不超过30%，其营养价值可与玉米相等，当超过30%时，营养价值就会下降，并能产生软质肉脂。米糠含脂肪较多，储存时间长易变质，应予注意。

5）麸皮　是喂猪的好饲料，适口性好，并具有轻泻作用。优质麸皮含蛋白质16%左右，蛋白质的品质较好，但必需氨基酸仍不能满足猪的需要，粗纤维含量10%左右，含磷丰富，钙缺乏，胡萝卜素和维生素D缺乏，维生素B_2含量较高。麸皮的适宜喂量为20%左右。由于麸皮容积大、适口性好和有轻泻性，故适于喂母猪，尤其是产前产后喂给适量的麸皮，常有防止便秘的作用。但超过30%，常易引起稀便。仔猪喂量不能太多，以不超过10%为宜。应注意麸皮的新鲜度，尤其夏季存放时间过长极易发热变质。

6）小麦　蛋白质含量较玉米高，能量略低于玉米，适口性较玉米好，其价值相当于玉米的100%～105%。但小麦中含有阿拉伯木聚糖，抗胰蛋白酶等抗营养因子，喂量过高可引起腹泻，一般不宜超过日粮的30%。小麦作饲料时宜粗磨，以免糊口。

（2）蛋白质类饲料　蛋白质类饲料包括豆科籽实（各种豆子）油渣、豆饼、动物性蛋白等。

1）豆科籽实　豆科籽实包括黄豆、黑豆、蚕豆、豌豆等。其特点是蛋白含量高（20%～40%），品质优良，但含有多种有毒有害成分。大豆含有蛋白酶抑制剂、植物性红细胞凝集素、胃肠胀气因子等物质。其中最主要的是蛋白酶抑制剂，它存在于豌豆、蚕豆、油菜籽等多种植物中，但以大豆中的活性最高。它的有害作用主要是抑制一些酶对蛋白质的消化，降低蛋白质的消化利用率，引起胰腺重量增大，抑制猪的生长。

蛋白酶抑制剂是一种糖蛋白，加热可使其变性，失去生物活性。蛋白酶抑制剂受热而被破坏与温度、压力、水分含量、加热时间、饲料颗粒大小有关。在高温、高湿、高压及小的颗粒条件下，被破坏得更快。但如果加热温度过高，也会导致一些氨基酸等成分的破坏，尤其是赖氨酸、精氨酸和蛋氨酸。同时降低异亮氨酸和赖氨酸的消化率，并降低猪的采食量及生产性能。所以，大致用水泡至大豆含水量达到60%时，煮5分钟，或常压蒸30分钟，去毒效果最好。特别要注意，豆类、豆饼、豆渣一定要熟制后饲喂，或煮或蒸或炒，决不能生喂。熟制的目的是为消除胰蛋白酶抑制剂的不良作用。

2）豆饼　是大豆榨油以后剩下的副产品，是一种很好的蛋白质补充饲料。一般含粗蛋白质42%以上，粗脂肪5%，粗纤维6%。含磷较多而钙不足。缺乏胡萝卜素和维生素D，富含维生素B_2和维生素B_6。豆饼中含有较多的赖氨酸和色氨酸，可弥补饲料中普遍缺少的这两种必需氨基酸，但蛋氨酸含量较低，如能与苜蓿干草粉、棉籽饼搭配使用则效果更好。

豆饼的喂量在各类猪的日粮中可占10%～25%，喂量过多易引起腹泻，且造成浪费。豆饼应熟喂，可采取煮、蒸、炒等熟制方法，以提高消化率和改善适口性。

豆饼含脂肪较多，应储存于干燥、通风、避光的地方，以免脂肪酸败而影响适口性及营养价值。

3）菜籽饼 粗蛋白含量占32%左右，蛋白质中色氨酸和赖氨酸低于豆饼，而蛋氨酸却超过豆饼，含磷很丰富，含钙也较多，与豆饼配合喂猪效果较好。缺点是其含有芥子油，有辛辣气味，适口性差。如在热水中浸泡，芥子油受芥子酶作用，转变为游离芥子油，猪吃了会中毒。预防菜籽饼中毒的方法：一是在榨油前把菜籽放在100℃的锅中炒一下，使芥子酶失去活性；二是对榨油前未炒过的油饼，喂猪前不要用温水浸泡，应粉碎成干面，临喂前撒在猪食上面饲喂；也可将菜籽饼煮熟后喂。再就是每头每天喂量要控制在250克以内。

4）棉籽饼 粗蛋白质含量占41%，仅次于豆饼。赖氨酸含量较豆饼低，但蛋氨酸含量较高，如能与豆饼配合使用，能互补余缺，效果更好。其含磷较多、含钙较少，缺乏胡萝卜素和维生素D，适口性较差。

棉籽饼的缺点是含有棉酚，喂量过多，连续喂时间过长或调制方法不当，常易引起中毒。预防中毒的方法是，蒸煮2～3小时，使其毒性减弱；也可用2%石灰水泡一昼夜，再以清水洗净后饲喂；限制喂量，不超过10%。去毒后用于育肥猪饲料可占日粮的20%，但喂1个月后，须停喂1个月，并多喂青饲料和矿物质饲料。

5）花生饼 也是一种含蛋白质很高的饲料，其粗蛋白质占41%左右，与豆饼比较，赖氨酸、色氨酸和蛋氨酸略少一些，含磷较少，缺乏胡萝卜素和维生素D，但B族维生素含量丰富，适口性很好。

在温暖而潮湿的空气中，花生饼易变酸，因此不宜久贮，夏季不应超过1个月，冬季不应超过2～3个月。

6）鱼粉 是猪的优质蛋白质补充饲料。品质优良的鱼粉呈金黄色，干燥而结块。优质鱼粉含蛋白质在60%以上，并含有丰富的赖氨酸、蛋氨酸和色氨酸，所以是弥补谷物饲料中普遍缺乏的这三种必需氨基酸的理想饲料，这是任何其他饲料原料代替不了的。而且含有丰富的钙、磷、碘等矿物元素及一些维生素。

在猪饲料中加入少量鱼粉，就可显著改善饲料中的氨基酸、矿物质和维生素的平衡。实践证明，猪饲料中加入5%～7%的鱼粉，可使单位增重的饲料消耗降低10%～20%；给泌乳母猪加喂5%的鱼粉，能显著提高泌乳量；在哺乳仔猪饲料中加入6%的鱼粉，可明显提高断奶重；给公猪加喂鱼粉能提高性欲和精液品质。

（3）矿物质饲料　猪生长发育过程中需要矿物质元素达40多种，在猪的绝大多数植物性饲料中矿物质元素含量都贫乏，都不能满足猪的营养需要，而且各种植物性饲料由于受种植地水分、土壤、气候、工业污染以及品种、生产季节和收获期的影响，表现出明显的地域性差异，生产中应根据当地实际情况，合理补充矿物质及微量元素。

矿物质元素缺乏或过量，轻则影响生产性能，重则引起缺乏症或中毒，尤其是随着畜牧业的发展，猪生产性能的提高，所需要营养更多。养猪户的集约化、封闭式养猪，使猪远离自然环境，不能直接从土壤中得到矿物质，农业生产中化学肥料的过度使用，使土壤肥力减弱，使土壤中某些矿物质元素不足或严重不平衡。如不另补加矿物质和微量元素，必然给养猪生产带来严重损失。矿物质元素的需要种类很多，在这里只简单介绍几种主要的矿物元素钙和磷、钠和氯及硒。

1）钙和磷　是猪体需要量最大的矿物质元素，其意义重大。近年来，钙缺乏症在养猪生产中发生比较普遍。因为，除豆科饲料外，一般植物性饲料中钙含量均偏低，尤其是含镁量较高的酸性土壤、干燥盐碱以及高温多雨地区生长的植物中含钙量更低。磷在谷类籽实及副产品中含量丰富，干旱年份或缺磷土壤生长的植物中含量少。一般植物性饲料难于满足猪对钙、磷的需要，配合饲料时应补加骨粉、石粉等无机钙和磷。近年来，母猪因缺钙引起的瘫痪症发病较多。有些养猪户常将动物骨头压碎成粉直接用来喂猪，用于补钙。这是错误的，因为骨头未经高温高压处理，其中所含钙、磷不能被猪体消化利用。

常见的补钙饲料有石粉、贝壳粉、轻质碳酸钙、蛋壳等。常见的含磷矿物质饲料有磷酸钙、磷酸氢钙、骨粉等，这类饲料既含磷又含钙。

2）钠和氯 在饲料中添加食盐是保证猪摄取钠、氯元素的重要途径。食盐既是调味品又是营养品，它能改善饲料的适口性，增进食欲，帮助消化，提高饲料利用率，是猪不可缺少的矿物质补充饲料之一。缺乏时，猪的食欲减退，被毛粗乱，生长停滞，出现异食癖，严重时可能产生被毛脱落，神经紊乱。

据试验，给猪吃同一种日粮，加盐的每天增重 720 克，不加盐的每天增重 560 克。经计算得出，猪每喂 0.5 千克盐（按比例加到饲料里）要多增重 4 千克，节省饲料 19 千克。食盐的价格低廉，且有这么大的意义，故而我们应适当给猪加喂食盐。而且日常用于喂猪的植物性饲草饲料中都缺钠，所以必须给猪补饲食盐。

但食盐喂量绝不可过多，过多会引起食盐中毒，猪对食盐非常敏感。喂量是每 100 千克饲料加食盐 1 千克，绝不能随意加大用量。对喂浓缩饲料或预混料的猪，日粮中不需要另加食盐，因为这些饲料中食盐的含量已能够满足猪的需要了，再添加就会引起中毒。

3）硒 是猪需要的微量矿物质元素之一，虽然它需要量甚微，但由于其作用大，养猪生产中其缺乏现象又十分普遍，尤其仔猪缺硒会影响成活率，所以应引起养猪生产者的关注。在我国有许多地方是硒缺乏地区，土壤中硒严重缺乏，致使植物中硒贫乏，使用该地生产的饲料原料饲喂的猪摄取的硒不足，易出现硒缺乏症。硒的缺乏对幼猪危害最大，表现为骨骼肌变性、坏死，肝脏营养不良以及心肌纤维变性。因为饲料中硒难以满足猪的需求，所以，在养猪生产中应注意添加硒剂。但应注意用量，硒的毒性较大，且用量很小，要防止硒中毒。另外，浓缩饲料、饲料添加剂以及一些骨粉、鱼粉等内含有硒，饲用这些饲料时，不需另外加硒，否则会引起硒过量中毒。另外，猪还应注重铁元素的补充，铁是动物重要的矿物元素，是机体血液的重要成分，缺乏铁会导致贫血，生长发育缓慢，甚至形成僵猪，尤其仔猪阶段补充铁元素有非常重要的作用。

（4）维生素饲料　青绿饲草、青菜等是维生素饲料，应常年供应青绿饲料，以补充猪对维生素的需要。冬季无青绿多汁饲料，应补喂发芽籽实类饲料或添加人工合成维生素添加剂。

（5）脂肪类饲料　脂肪类饲料包括动物脂肪和植物脂肪，即油脂类，猪一般不需要直接补给脂肪类饲料，因为，它在体内可由能量物质转化而来，但对仔猪及哺乳母猪添加脂肪对提高成活率，促进生长及改善泌乳有很重要的作用。我们可在饲料中，尤其是一些质次的饲料中添加适量动、植物油类，对改善饲料品质口味、提高猪的生长速度有十分重要的意义。可使猪对日粮的采食量增加，生长速度加快，哺乳母猪的产乳量增加。目前，可利用动物油脂如羊油、猪油等喂猪，可大大降低饲养成本，加快增重速度。

27 为什么说不用配合饲料养猪能赚钱是句空话？

猪在生长发育过程中，合成肌肉等组织要多种营养成分参与，缺乏其中的任何一种成分都会影响猪生长速度，甚至停止生长，缺乏一种成分，其他成分再多也会被浪费，可在自然界中任何一种食物都不可能含有全部的营养成分，所以必须要多种食物原料按比例搭配满足猪的生长发育需要。在当前养猪行业竞争激烈，猪肉行情不乐观，养猪利润微薄的情况下给猪供给的每餐食物必须是营养全面，比例精确，否则很难有利可图。可能有人会说，过去我们喂猪就是有什么喂什么，可猪照样长大变肥，但这个长大所消耗的成本是非常大的，动物体内的某些个别成分是可以转化的，但那是要走许多弯路，付出很大代价的。那种不同配合饲料养猪、猪长 10 个月以上，甚至一年才出栏，而用配合饲料养猪，猪养 4 个月就出栏了，仅维持消耗要减少一半以上。但是一般养猪户要想达到给猪供给的食物每餐都营养全面，且比例精确，那是不可能的，这个问题的解决只能靠饲料厂家生产的专用饲料来解决，饲料厂家是根据猪的生长发育对营养的需要精确配制而成，一般都是浓缩饲料，也叫非全价饲料，加上能量饲料玉米、麸皮便成全价饲料，只有用这样的食物喂猪才能使猪长得快，食物消耗的费用才最小，饲养周期可缩短一半，这样养猪才有利可图。

28 怎样种植苜蓿和利用苜蓿喂猪？

目前，全国各地大规模的退耕还林还草、治理水土流失的伟大工程的实施，种草养畜已成为许多山区的主导产业，那么怎样利用牧草来喂猪呢？在牧草中，适宜于饲喂猪的优良牧草为苜蓿。苜蓿干草含粗蛋白质16.5%，为玉米的2倍，超过麸皮和米糠的含量，且蛋白质的品质好，必需氨基酸丰富，能够弥补一般饲料如玉米中色氨酸和赖氨酸的不足，其中矿物质的含量也很多，特别是钙含量为玉米的8倍，并含有丰富的各种维生素。所以，苜蓿是养猪生产中良好的蛋白质、矿物质和维生素补充饲料，在目前山区大兴退耕种草的形势下，多种苜蓿，种好苜蓿，利用苜蓿养猪有十分重要的意义。生产实践已经证明，在同样的耕地上种植牧草苜蓿的效益远高于种植玉米等粮食作物，即使在良好的水浇地种植苜蓿喂猪都有很好的效益都是合算的。在高产牧草中苜蓿是猪消化利用最好的饲草。

苜蓿的根系发达，耐旱、耐寒，植株在积雪覆盖下能耐零下44℃的低温，对土壤要求不严，只要土层较厚，不是低洼易涝的地方都可种植。不仅适于大面积栽培，也可利用村旁院落零星地种植。其再生力强，产量高，一年可割3～4茬，一般每亩年产青草2 500千克左右，管理好的可产5 000千克以上，并可连续利用6～7年。

苜蓿春、夏、秋三季均可种植，但以春、秋为好，由于种子在地温达到5～7℃即能发芽，故可在早春解冻后抢墒播种，当年可收草1～2次。如果春季墒情不好，可以夏播，夏播地温高，容易出苗，幼苗生长旺。在北方夏播最晚不要迟于7月中旬，以免影响越冬。

苜蓿的种子中有一部分是硬皮的，播种后不易吸收水分，发芽慢，所以播种前应用 50～60℃的温水浸种 15～60 分钟，以提高发芽率。

收割苜蓿打浆喂猪，宜在植株稍嫩时刈割，晒制干草打粉喂时，应在现蕾盛期至开花初期刈割，以兼顾价值和产量。晒制干草时，应在晴天露水消失后刈割，就地摊开晾晒，枝叶萎蔫后搂成 5～10 千克的小堆，风干 2～3 天，然后拉回猪场码垛。由于苜蓿干草易回潮发霉，最好是打成草粉保存。

春播的可当年收割一次，秋播的第二年可收割两次，以后每年收割 3～4 次，5～6 年更换一次。每年最后一次刈割不能太迟，宜在 10 月中旬前后进行，要留茬高一些，以 7～8 厘米为合适，这样可以养根，有利越冬，第二年返青长势也旺，否则，最后一次割得太迟，养不好根，容易造成越冬死亡。

苜蓿可在嫩绿时收割进行鲜喂，也可收割干燥后碾末拌其他料饲喂，还可青贮后饲喂。

29 用玉米养猪应注意些什么？

玉米是养猪的重要原料，所以利用好玉米才能养好猪，许多人养猪效益差就是不懂玉米的特性，没有将玉米利用好，在此谈怎样利用玉米养好猪，用玉米养猪应注意哪些问题。

（1）注意搭配　玉米是一种高能量的碳水化合物饲粮，但它缺乏动物所需的其他营养成分，仅用大量玉米喂猪长势慢、效益差，用玉米必须搭配蛋白质营养，搭配豆类或豆饼、油渣、豆渣等蛋白质食物。同时补给维生素食物，如青绿饲草或发芽谷物或萝卜、蔬菜，若没有这些食物供给则应供给合成的维生素粉。玉米的矿物元素含量几乎为零，而磷含量相对较多，所以要注意补充钙质，应补喂石粉或贝壳粉，一般不应用骨粉来补钙，因为骨粉的成分是钙和磷，其在补钙的同时也补充了磷，可玉米中所含的磷已能满足猪的需要，基本不须另外补给，磷过多而钙不足还会导致钙磷比例失调，动物体内对钙磷比例有严格的要求，一般要求钙磷比是 2∶1 或 1∶1，二者比例失衡与缺乏是一样对猪的生长有危害的。

（2）注意防霉　玉米颗粒较难干燥，收获不久，未干燥的玉米脱粒后贮存很难干燥，当含水量较高时，很容易发霉。长期饲喂发霉玉米可致母猪卵巢变性，抑制发情，不排卵，难怀胎，初产母猪全部流产；公猪性欲降低，精子品质差。所以，未干燥的玉米，最好整穗设架贮存，这样玉米容易干燥，不易发霉。另外，在雨季，未收获的玉米受雨淋也会发霉。在此还要提示，轻度的玉米发霉从外观上是看不出来的，因为它表面并未变色，变黑，只是玉米粒内发生变化，打开玉米其内部颜色变成淡粉色，这种玉米粒就是发霉了。严重发霉玉米不能喂猪，轻度发霉玉米加脱霉剂处理后，少量搭配饲喂育肥猪，严禁饲喂母猪和公猪。

（3）注意有效期　说起有效期人们想到的是饲料、药品等，而不会想到玉米。玉米含脂肪多，并且含不饱和脂肪酸量大，粉碎后的玉米易酸败变质，发苦，且口味变差。即使比较干燥的玉米，在气温高的夏季粉碎后也只能保存 7～10 天，所以玉米一次性不可粉碎过多，一般粉碎够一周饲喂就可。

（4）刚收获的新玉米不宜饲用　刚收获的新玉米不宜立即饲喂猪，因为新玉米含有一种猪不喜欢的异味，这种玉米猪不喜欢食用，许多人不懂得这一点，反而认为新玉米比旧玉米还好，猪不吃以为是猪生病了，采用药物治疗。对此，收获的新玉米应放置 1 个月以上再用来喂猪。

30 种猪加喂胡萝卜有什么意义？

胡萝卜是一种适应性强、产量高、各地都适宜种植的菜类，它含有丰富的胡萝卜素，能维持种猪的生殖机能，促进母猪正常发情、排卵、受孕，提高公猪的性欲及精子品质，所以给母猪及公猪常年补喂胡萝卜有提高繁殖率的作用，切碎或粉碎喂食，母猪、公猪每天喂 3～5 千克。当然，胡萝卜搭喂育肥猪、哺乳仔猪等都有很好的保健、促生长的作用，在价格低的情况下可每日加喂。尤其在冬季青绿饲草缺乏的情况下，给种猪饲喂胡萝卜有十分重要的意义。

31 如何利用豆腐渣喂猪?

豆腐渣是以豆类籽实为原料加工豆腐的副产品，鲜豆腐渣含水80%以上，含粗蛋白质4.7%，干豆腐渣含粗蛋白质25%。豆腐渣含蛋白酶抑制物质，且含水量大，容易酸败，喂多了容易引起猪腹泻，所以，喂前应煮熟，且应补充维生素饲料，一次喂不完应晒干储藏，干渣饲喂也要熟喂。一些养猪人员误认为豆腐渣是制作豆腐过程中熟制了的，直接用豆腐渣喂猪，引起猪只不良反应，应加热熟制后喂猪。

32 如何利用粉渣喂猪?

粉渣是制作粉条或淀粉的副产品，其营养价值高低随原料有所不同。用玉米、甘薯、马铃薯等原料生产的粉渣所含的营养成分主要是少部分淀粉和粗纤维，及少量的蛋白质，且蛋白质品质较差。以绿豆、豌豆、蚕豆等为原料生产的粉渣，其质量远远超过以玉米、甘薯、马铃薯等为原料产生的粉渣，这是因为豆类籽实含有量多、质优的蛋白质。

无论用哪些原料制得的粉渣，都缺乏钙和维生素，如果长期大量用来喂猪，会使母猪产生死胎和畸形胎，仔猪发育不良，公猪精液品质下降，猪只易患皮肤病等。使用大量粉渣喂猪时，必须补充蛋白质饲料、青饲料和骨粉类矿物饲料。

粉渣含水比较多，若放置过久，特别是夏天气温高时，其中有机质发酵分解，蛋白质腐败，产生大量的酸，猪吃后易引起酸中毒而发生死亡。因此，粉渣喂猪应新鲜，若喂放置较久的酸度高的粉渣，必须先用石灰水或小苏打粉中和处理后再饲喂。同时粉渣都需熟喂。

33 如何利用酒糟喂猪?

酒糟是酿酒工业的副产品，由于其中的大量淀粉变成酒被提取出去，所以能量物质（碳水化合物）含量低，粗蛋白质含量相对提高，达20%～30%。酒糟的营养价值因原料种类而异，原料主要有高粱、玉米、大麦、甘薯、马铃薯等好的粮食酒糟和大麦酒糟比薯类酒糟的营养价值高2倍，但酿酒过程中常加入稻壳，使酒糟营养价值降低。

酒糟中蛋白质的品质较差，其中含磷和B族维生素丰富，缺乏胡萝卜素、维生素D和钙，其内残留少量酒精。酒糟不宜用来饲喂种猪，以免影响繁殖性能，肉猪饲喂量大易引起便秘，最好不要超过日粮的1/3，并注意与其他饲料搭配，保持营养平衡。

酒糟含水量大，放置过久易产生游离酸和杂醇，猪吃后易引起中毒，应用鲜酒糟喂猪或晒干保存后使用。

34 如何调制糖化饲料喂猪?

谷类精料如玉米、大麦、高粱等，一般都含有丰富的淀粉，约为70%左右，而糖分的含量仅为0.5%～2%。通过糖化处理后，可把其中一部分淀粉转化为麦芽糖，使含糖量提高到8%～12%，使饲料带有甜香味，这样不仅可以改善饲料的适口性，而且也容易消化。用糖化饲料对仔猪诱食，对仔猪早开食有重要意义。

调制方法是：先把粉碎后的精料放入缸内，然后倒入2～2.5倍80～90℃的热水，充分搅拌成糊状，为了不使饲料温度迅速下降，可在饲料表层撒一层厚5厘米左右的干粉料，盖上盖子、衣物等保温。糖化时间一般需3～4小时，在这段时间里，饲料温度应保持在55～60℃，温度太低不仅糖化不透，反而会变酸，如欲加快糖化进程，提高含糖量，还可加入相当于干料重量2%的麦芽，效果则更好。

糖化精料不仅是仔猪诱食、开食的好饲料，也是育肥猪催肥期的好饲料，有提高食欲、促进生长的作用。

糖化饲料要随制随用，储存时间最好不超过10小时，且要注意保持调制工具的清洁卫生，存放过久或用具不干净，常易引起酸败变质，影响效果。

不仅精料可以糖化，就是含淀粉较多的优质粗料也可以进行糖化，如把甘薯藤晒干磨碎，放入缸内，用开水冲沏后拌匀闷起来，加盖保温，使缸内温度保持在60℃左右，这样甘薯藤粉就会变成糊状，颜色变黄，有甜味，猪很爱吃。

35 怎样利用饲料添加剂喂猪？

添加剂是指饲料中加入的各种微量成分，或有促生长、保健作用的物质，使饲料的营养完善，从而可显著提高饲料的营养价值。

向饲料中补加适宜的添加剂，可对养猪起到事半功倍的作用，是提高养猪效益的一条简便、高效的途径。

饲料添加剂包括营养性添加剂和非营养性添加剂。养猪生产中，该补充何种饲料添加剂及补充多少，主要取决于猪的饲料状况和实际需要，缺什么补什么，缺多少补多少。同时，饲料添加剂的使用应符合安全、经济和使用方便等要求。使用成品添加剂前应考虑添加剂的效价和有效期，并注意其用量、用法、限用和禁用等规定，尤其要符合猪体健康及肉品对人体的安全。下面介绍常用的几类添加剂。

（1）氨基酸添加剂　赖氨酸和蛋氨酸是植物性饲料普遍缺乏的两种必需氨基酸，有些蛋白质饲料中也会缺乏这两种氨基酸。饲料中添加适量氨基酸，可以节省蛋白质饲料，提高猪的生产性能。研究表明，添加1克赖氨酸可起到20克鱼粉的作用，可起到500克豆科籽实料的作用。如果赖氨酸和蛋氨酸同时添加则效果更好。此类添加剂浓缩料和全价配合料生产厂家已在饲料内加入，不必再添加；但用其他饲料喂猪时，则需适当添加。

（2）维生素添加剂　常作为添加剂的维生素有维生素A、维生素D、维生素K_3、维生素B_1、维生素B_2、维生素B_6、维生素B_{12}、氯化胆碱、生物素和维生素C等。

维生素的添加用量除考虑猪的正常代谢需要外，还应注意维生素添加剂的有效性、饲粮的组成、环境条件和健康状况，当维生素的有效性降低，猪处于高温、严寒、换季、换圈、去势、疾病和接种疫苗等情况时，饲粮中维生素的添加量应加大。据有关专家研究得出，在25℃的环境下，预混料中维生素A存放16周后损失56%，维生素B_2和维生素$B_5$27周后分别损失54%和9%。因此，生产上制成预混料后，储存时间超过了3个月，应超量添加维生素。所以我们在使用饲料厂家生产的饲料时应注意有效期，一般有效期夏秋两季（气温高）为2个月，冬春两季为3个月，过期的饲料应添加维生素以弥补其不足。

（3）微量元素添加剂　猪常用的饲料中，容易缺乏的微量元素有铁、铜、锌、钙、碘、硒等。配合猪日粮时，需另外添加微量元素，常用的主要是各种无机盐类，如硫酸亚铁、硫酸铜、亚硒酸钠、硫酸锌、碘化钾、碳酸钙等。实践中，为了方便及全面，常将几种或十几种矿物元素配合在一起使用，使用时按规定均匀地混合于饲料中。

（4）抗生素添加剂　抗生素添加剂对幼猪及恶劣环境下的猪应用效果明显，常用的有土霉素添加剂、杆菌肽添加剂等。但是应用抗生素添加剂应注意停药期，因为抗生素添加剂在一定时期内有残留，残留的抗生素人食后对人体有危害。所以，对即将屠宰食用的猪不能应用抗生素添加剂。另外，在发生疾病时不要应用这类添加剂治病，因为这类抗生素添加剂浓度低，达不到治疗效果。使用抗生素添加剂，必须注意是否为国家批准使用的，不是所有的抗生素都可以作为添加剂。

（5）改良口味添加剂　用具有甜味、香味等的一些调剂，如糖精、香精以及市售的一些复合调味剂，添加于断乳前后的仔猪补料中，尤其是乳猪开食的食物中，能使猪喜欢吃，诱导乳猪早开食，多采食，促进生长，促进胃肠发育。

（6）中草药及野草类添加剂

1）艾草　艾草是一种适应性很强，许多地区都广泛生长的一种野草，其产量很高，在猪饲料中添加2%的艾草粉，能提高猪增重5.7%，提高饲料利用率12%以上。

2）陈皮　即我们食用的水果橘子皮。其含有丰富的维生素、生物活性物及芳香性健胃助消化成分，在猪饲料中添加3%左右，可增进食欲，促进食物的消化吸收，提高饲料的利用率，促进生长，并可提高抗病力。

3）松树汁　松树汁叶含有畜禽需要的各种丰富的营养成分，其成分是许多畜禽食物不可缺少的，添加松树汁叶饲喂畜禽有明显的效果，在猪的食物中添加2%～5%的松汁粉，可使猪的增重提高15%左右。

36 怎样自制添加剂喂猪？

上面讲到，添加剂有显著促进猪生长的作用，且所用原料易得，我们可自制，农村有许多原料稍经加工便可制成喂猪的添加剂，在此介绍几种。

（1）将艾草采集晒干、粉碎，按2%加入饲料中喂猪，可使猪日增重提高10%。因艾草中含有丰富的蛋白质，且氨基酸品种较全，并含有丰富的维生素及一些生物促生长因子。

（2）将橘子皮收集碾碎成末，每日喂给猪20克左右，可提高饲料报酬15%以上。橘子皮即中药陈皮，它含有陈皮油及维生素B_2，能促进猪的生长发育，并有一定的健胃、祛痰、止咳作用。

（3）小苏打粉　给猪每日饲喂10克左右，可提高粗饲料的利用率，因为小苏打粉可降解粗纤维分子，使难消化的大分子的粗纤维变成易消化的小分子的物质，有助于消化，可降低猪的饲养成本。同时还具有维持猪体内酸碱平衡、促进生长的作用。

（4）用土霉素10克、骨粉0.5千克，掺入100千克饲料中喂猪，这适于喂生长缓慢的仔猪（骨粉可用兽骨在锅内煮沸2小时以上，再研末即成）。可使猪日增重提高5%。

（5）夏季在每100千克饲料中加入大黄、石膏各50克，可清热泻火，保持猪增重不减；冬季每日给猪喂一小匙小茴香，可暖肠促生长。

（6）在猪饲料中添加2.5%～4.5%的松针粉，可使猪的增重提高15%以上；在种公猪的饲料中加入4%的松针粉，其采精量可提高8%～10%，并且精子活力增强。因为松针粉内含有丰富的、高品质的蛋白质、矿物元素和维生素等营养物质。

（7）将柏树叶及柏树的嫩枝粉碎成末，按3%～5%加入猪饲料中，可明显促进猪的生长发育，使饲料成本降低5%左右。

（8）在妊娠母猪饲料中添加益母草，可起到保胎，促进胎儿正常生长发育，预防产后疾病（产后厌食、子宫内膜炎、胎衣不下、缺乳等）的作用，益母草干粉可添加8%。并有利于母猪以后的发情受胎及授乳。

（9）对仔猪及刚引进的、腹泻的猪可在饲料中添加大蒜，有防病、促生长、保健的功效。

37 为什么给猪的日粮中添加油脂类食物可促进猪的生长，节约猪饲料？

目前，随着人们生活水平的提高，以及人们“富贵病”的大量出现，人们对动物油脂类食物敬而远之，这样一来，大量的羊油、猪油等动物油脂被弃而不食。这些油脂因胆固醇含量过高，饱和脂肪酸含量过高，人们不可多食用，但它可是饲养动物的好资源。将这些油脂包括植物油（食用油）也可，适量添加到猪的食物内，可使猪的增重加快，饲料用量减少，并能改善食物的口味，因为油脂的主要成分脂肪，其本身是猪代谢需要的六大营养成分之一，只是脂肪来源少，使用成本大，费用高，且它的多数成分可由碳水化合物转化而来，所以一般情况下人们在猪的日粮中不专门添加脂肪，若条件具备，有油脂资源的情况下，添加脂肪是十分有意义的事。油脂是一种高能量食物，它进入体内可转化产生大量的能量，它产生的能量是相同量玉米的5倍之多，而且其中含有猪体生长的必需脂肪酸，其他食物无法代替，也无法转化。日粮中搭配4%～6%的油脂可使饲料的利用率提高，猪的生长速度大大加快，还可节约大量饲料，同时可改善食物的味道，对一些味道差，粗料含量高，猪不爱吃的食物，加入油脂后味道就变香，猪就喜欢吃了。另外，对一些食欲差的猪也有明显的增加采食量的作用。给哺乳母猪的日粮中添加油脂可显著增加产奶量，并提高奶质；给种公猪加喂油脂可提高性欲，提高精子的活力；给仔猪食物中添加油脂可使仔猪早开食，增加断奶重；僵猪添加油脂可使长势改善。在添加油脂时，注意严格控制用量，一般不可超过8%，过于肥胖的母猪及幼公猪应少添或不添，腹泻的猪禁喂。

38 如何利用树叶喂猪？

目前，我国大面积、大范围的退耕还林，大片的森林树木可提供大量的可供喂猪的树叶，利用这些树叶喂猪可节约大量的饲料。一般可用来喂猪的有榆、桑、柳、紫穗槐等树叶，另外，如杏、桃、梨、枣、苹果等果树叶和槐树花、榆钱、杨树花、柳树花都是喂猪的好饲料。

树叶的特点是含粗纤维较低，含粗蛋白质较高，如刺槐、紫穗槐、构树、杨树、桑树等树叶的干物质中粗蛋白质含量高达20%以上，所以树叶是喂猪的补充蛋白质的好饲料。槐树籽等树籽也是喂猪的好的蛋白质补充饲料，可粉碎后掺入其他料中饲喂。利用树叶喂猪应注意做到以下几点。

（1）树叶中一般都或多或少含有一些单宁酸，有涩味，猪不爱吃，如调制不好或喂量过多，会引起猪便秘，一般可采取晒干、水泡、青贮和发酵等方法进行加工调制，尽量去掉单宁酸后喂猪。其他调制方法简便，在此介绍发酵法调制树叶。将树叶（也适用于其他粗饲料，如秕壳、豆叶、野草）晒干、粉碎，然后装入水泥窖内或其他可密封的池、缸、袋中，装时用喷壶均匀地洒上水，加水量以手抓料紧握成团而从指缝中刚能见到水为宜。每装一层，便紧紧压实，填装完毕，盖土封窖，一般经20～30天即可开窖使用，经这样处理后饲料变得清香、酥软，猪很爱吃。

（2）刚喷过农药的树叶，应过一段时间再用，用时要用水仔细洗净，防止引起猪中毒。

（3）收集树木的落叶，要坚持随落随收的原则，并要注意储藏，防止发霉变质，尽量保持绿色，以保证有较高的营养价值。

（4）树叶的品种也要注意多样搭配，并要与其他饲料混合起来喂猪，以使其营养互补。以夏末秋初成熟的树叶营养价值较高，生长期短的嫩树叶营养价值较低。

39 为什么要大力推行青贮饲料喂猪？

青贮就是将青绿饲草保存于密闭的容器（池、窖、缸、袋等）中，经过酵解使营养价值提高，品味变好，便于长期保存的一种调制饲草的方法。青贮法值得大力推广应用，因其有以下好处。

（1）夏秋季节植物生长繁茂，有丰富的青绿饲料，尤其在当前我国许多地方推行退耕还林还草，人工种植大量牧草，这些牧草在夏季用于喂猪多有剩余，而冬季和早春则缺乏青饲料，如果在夏秋季节把青饲料青贮起来，留到冬春季喂，就可以从根本上改善冬春季猪的饲料供应状况，起到全年饲草平衡供应的调节作用。

（2）青贮料在青贮中营养损失一般不超过10%，可晒干草营养要损失20%～30%，甚至40%以上。采用青贮法，饲草的叶和叶柄基本都能保存下来，青贮不仅营养损失少，而且可提高饲草的消化率，比干草容易消化。

（3）青贮饲料质地柔嫩，酸香适口，猪爱吃、易消化，有些杂草及马铃薯藤、草木樨、萝卜叶、沙打旺等，在新鲜时有特殊气味且质地粗硬，猪不能很好利用，但若和其他饲料混合青贮以后，质地变软，适口性改善，是猪的好饲料。

（4）鲜嫩的青饲料一般含水量很高，不易晒干，容易霉烂，块根、块茎饲料窖贮易腐烂，养分损失也多，如果采取青贮，则简便省事，损失也少。青贮搞得好的，则可以长期保存利用。

（5）青饲料在鲜喂或晒干喂猪时，病菌、害虫卵和草籽会随粪便带入田间，危害猪体和农田，形成循环感染，经过青贮后，则能杀死病菌、害虫卵和杂草籽。青贮是一种有效的生物杀虫法。

40 制作青贮饲料应把握哪些原则？

青贮饲料主要是利用乳酸菌繁殖产生乳酸，抑制其他有害微生物的繁殖，从而达到长期贮存（可贮存5年以上）的目的。因此，搞好青贮的关键就是要为乳酸菌迅速繁殖创造条件，以下做法有利于乳酸菌繁殖。总之，就是让贮存器内达到无空气，即要做到密封、压实便可。

（1）排出窖内空气，为乳酸菌大量繁殖创造无氧环境　乳酸菌只有在无氧的条件下才能大量繁殖，那么，怎样才能使窖内尽快地形成无氧条件呢？我们可采取把青贮原料尽量铡短、踩实和封严的办法来解决。此外，可利用新鲜原料进行青贮，这对迅速造成无氧环境也有重要作用。因为新收割切碎的青绿饲草的细胞并不马上停止活动，仍然进行呼吸作用，在呼吸过程中会把窖内的氧气耗尽，达到无氧的目的，保证青贮质量。

（2）青贮原料必须含有适量的糖分　一定的糖分才能保证乳酸菌迅速繁殖的需要。青贮窖内的氧气耗尽以后，好气性的腐败菌、霉菌等的活动很快会被抑制。厌氧性的乳酸菌等在缺氧的环境下就可迅速繁殖，并大量利用糖分来制造乳酸。由于乳酸不断积累，酸度不断提高，当酸度达 pH 4 时，所有厌氧性细菌如酪酸菌、醋酸菌包括乳酸菌本身也停止了活动，所以青贮饲料中养分可以得到长期保存而不变质。

玉米等禾本科作物、青草、野草、甘薯藤、苋菜、甜菜、白菜和萝卜缨等，含糖较多而粗蛋白质较少，是容易青贮的原料。豆科植物如苜蓿、苕子、草木樨、蚕豆苗等，含糖少而粗蛋白质较多，青贮后蛋白质分解产生氨，不仅会中和乳酸降低酸度，而且还会给很多杂菌的繁殖创造有利条件，所以在利用含蛋白质较多的青饲料进行青贮时，最好与禾本科植物混贮，以保证青贮质量。

（3）掌握青贮原料的适宜含水量，控制窖温不要太高　原料的含水量和窖内温度是否适当，是保证青贮质量的重要条件。若水分不足，原料就不易压紧，空隙大，氧气多，乳酸菌繁殖缓慢，再加之植物细胞的呼吸和其他有害微生物的活动，窖温就会升高，结果造成醋酸发酵，常使青贮饲料带有臭味；相反地，如果水分过多，养分容易流失，窖下部的青贮料就会酸度过高，而且也容易引起醋酸发酵。一般来说，适宜于乳酸菌繁殖的含水量是66％～75％。

掌握含水量的方法是，把铡碎的原料用手握紧，指缝中见水珠但不滴水，则含水量适宜。原料的含水量不足，可以均匀洒水或掺入其他含水多的饲料混贮；原料含水过多，除酌情晾干外，也可在青贮时混入一定量的干草粉来吸收水分。青贮成败的关键是压实和密封，只要有做好这两点才能保证青贮成功。一般在初秋收获的饲草含水分适宜。

41 如何制作青贮饲料？

饲料青贮是一项突击性的工作，事先应把青贮窖、青贮切碎机或铡刀以及运输车辆等准备好，并组织足够的人力，以便在尽可能短的时间内突击完成。制作青贮料要求收割、运输、铡短、装窖、踩实、封窖连续进行，一次性完成。

（1）收割　要掌握好各种青贮原料的收割时期，及时收割，一般密植青割玉米在乳熟期，豆科植物在孕蕾期至开花初期，禾本科牧草在孕穗期至抽穗期，甘薯藤在霜降收割为好。这时饲草营养成分和产量都较高，并有适宜的水分，可以随到随贮。

（2）运输　割下的青贮原料若放在田间时间过长，则水分蒸发、细胞变性和掉叶，造成养分损失，所以青贮原料要随割、随运、随铡、随装窖。

（3）铡短　原料铡短（3～5 厘米）便于踩实排出空气，饲草中的汁液也能较多地流出来，有利于为乳酸菌提供糖分。所以，粗硬的原料铡得越短越好，树叶和青菜等质地柔软的原料容易压紧，则不必铡太碎。

（4）装窖　要随铡随装窖。原料要逐层平摊装填，便于踩实，不能将原料成堆地装入窖中。

（5）踩实　踩实原料，排出空气，为乳酸菌创造无氧条件是搞好青贮的一个关键，所以，要随装随踩，务必踩实，要达到弹力消失的程度，靠近窖边的原料尤其要踩实，以免霉烂。在装填大型青贮窖（长形窖）时，可用链轨拖拉机来压实。

（6）封窖　当窖四周原料装满到与窖口平，中间原料要高出窖口 100 厘米，既在原料上面加盖 10 厘米厚的青草，随即覆土封严。覆土厚度要达到 60 厘米以上，并且要随培土、随踩实。封窖几天后原料下沉，窖顶常会出现裂缝，要及时加土填实，防止透气、漏水。在窖的周围 1 米处要挖排水沟，以防雨水渗入窖内。青贮应做到快速装窖，短时间内就封窖，因为装窖时间过长会使先前装进窖的原料在空气的长时间作用下发酵变质。

一般封埋 1.5 个月左右即可开窖饲用。开窖方法是，圆形窖要由上而下分层取用，长形窖要以向阳背风的一端开窖分段取用，切忌挖坑、掏洞或大揭盖。取后要用席或塑料布盖严以防干燥、霉烂或结冰。

正常的青贮饲料具有酸香并稍带酒味，质地分明，色泽鲜艳，呈淡绿或黄绿色，凡发霉腐烂的都不能用。

青贮饲料有缓泻作用，对怀孕母猪及腹泻猪用量不宜过大，应注意搭配。刚开始饲喂时，喂量应由少到多逐渐过渡，等完全适应后，再增加喂量。如青贮饲料酸度过大，可适当掺些干草粉或用3%～5%的石灰乳（约占青贮料的 10%）进行中和，但加入石灰乳后，必须及时喂完，不能放置时间太久，以免破坏养分。最好加入小苏打粉以中和酶，还能起到给猪健胃的作用。

取出的青贮饲料容易变质腐烂，不要在窖外存放过久，要随取随喂，以免变质，开窖后若停止饲喂，要重新覆盖塑料布或盖草加土封严，继续保存，以免腐败变质。

42 怎样收贮青绿牧草？

目前，各地山区贯彻国家退耕还林还草、治理水土的政策，大面积种植牧草，但很多地方的牧草利用效果很差，许多牧草因收贮不当而不能发挥养畜的作用被白白地浪费掉了。在此说说牧草的正确收割贮藏方法。

青干草是将在高产优质时期刈割的饲用植物，经自然或人工干燥而调制的、能够长期贮存的青绿饲料。优良青干草颜色青绿、叶量丰富、质地柔软、气味方香、适口性好，并含有多量蛋白质、维生素和矿物元素，是养猪不可多得的饲草。青绿牧草的生产具有明显的季节性，且含水量大，所以要使它能够在冬春的淡季使用，必须将其干燥保存，在此介绍青草的干燥方法。

（1）地面干燥法　牧草刈割后，先在草地薄铺暴晒5～6小时，使之含水量降到40%～50%，这时牧草的茎开始萎蔫，叶子还柔软，不易脱落，这时将草堆成高1米、直径1.5米的小堆，继续晾晒4～5天，等水分下降到15%以下时即可码垛保存。

（2）草架干燥法　该法适用于多雨地区。干草架可为幕式架棚、悬挂架、三脚架、铁丝长架和小木棒。不论何种支架，都可将牧草倒立于上或搭于其上，使草上水能流下，草离地、通风，容易干燥。

用干草架制备干草时，首先把割下的牧草在地面上干燥0.5～1天，使其含水量降至45%～50%。无论天气好坏都要及时将草上架，若遇雨天也可上架。堆放草时，草的顶端朝里，同时应注意最低的一层牧草应高出地面，不与地面接触，这样既有利于通风干燥，也可避免牧草因接触地面而吸潮。在堆放完毕后，将草架两侧牧草整理平顺，雨水可沿侧面流至地面，减少雨水浸入草内。在各种干草架中，以铁丝悬架效果最好。也可把割下的牧草架在树杈、院墙上干燥。

（3）发酵干燥法　是将牧草堆积在一起，利用牧草细胞本身的呼吸作用和细菌、霉菌活动产生的热及借助通风，将牧草中所含的水分蒸发掉，使之干燥而调制干草的方法。

在山区和牧区由于割草季阴雨天多，不能按地面干燥法调制优良干草时，可采用发酵法调制棕色干草。其方法是：在晴天刈割牧草用1～1.5天时间，使牧草在原草地上晾晒，使新鲜的牧草凋萎。当水分减少到50%时，再堆成3～6厘米高的草堆，堆堆时应好好踩实，使凋萎的牧草在草堆上发酵6～8周，同时产生高热（以不超过60～70℃为宜），堆中牧草由于受热后水分蒸发，逐渐变干呈棕色。调制棕色干草时，在发酵过程中牧草的一些营养物质会损失掉。发酵温度越高，养分损失越多，而且营养物质的消化率也会降低。

43 养猪场怎样制取沼气?

在能源问题成为全球性突出问题时，养猪场配套修建沼气池制取沼气已成为十分有意义的事。所以，我们应大力推行养猪制沼气的配套措施。

沼气在自然界存在十分广泛，它是杂草、秸秆、树叶、人畜粪便等在一定的温度、湿度和密闭的条件下，经过甲烷细菌发酵分解后产生的一种可燃性气体。沼气的主要成分为甲烷，燃烧时可以产生大量的热，是解决农村燃料的新途径。猪粪是制取沼气的好原料，养猪积肥与制沼气结合起来，对提供优质有机肥料和解决燃料问题，都有十分重要的意义，这样使养猪业增加了新的配套产业，使养猪收益增加。同时猪粪制取产生的沼渣是特别优良的可生产优质果蔬等农产品，沼液具有防治农作物病害的作用。在此介绍沼气的制取方法。

（1）沼气池修建　沼气池要求密封、不漏水、不漏气。沼气池的式样很多，一般采用圆形活动盖连通沼气池较好，猪圈、厕所连接沼气池的进料口，粪尿直接进入沼气池内的发酵间，发酵间与出料口相连通。

1）池型设计　建一个有效面积 10 米^3 的沼气池，池底直径 2.5 米，上口直径 60～70 厘米。

2）出料间　上口长 100 厘米、宽 60 厘米，下口长、宽各 60 厘米，并留有台阶，下口下沿距台阶 65 厘米。

3）进料间　与猪圈结合修建，进料间砌成斜形圆管或方管，以便于发酵原料流入发酵间中部，其底口与出料间下口相平。上口长 80 厘米、宽 60 厘米，下口长、宽各 50 厘米。

4）池顶　低于地面 50 厘米（防冻、保温）。进出料间上口均高出地面 30 厘米。

依以上尺寸用砖、水泥、石子、沙子铺底砌墙，使四壁及池底坚实、密闭，严防漏水、漏气。

（2）沼气池的装料　为了产气快而且多，装填料必须配比合理，管理得当。

1）沼气池的装料　产生甲烷气体的甲烷细菌的生长繁殖要有充足的营养物质，而且要求适宜的碳氮比例。各种原料中碳氮含量的比例不同，要把含碳较多的秸秆、杂草、树叶和含氮较多的粪尿适当搭配，才能保证正常产气。一般人畜粪便占10%，青草、树叶、秸秆占40%，水占50%，产气效果最好。

2）装料的总量和水量　一般可采用粗略方法计算，即各种发酵原料总量占沼气池总面积的1/3，加水至沼气池总容积的80%，留20%的贮气间，或者各种发酵原料总量占沼气池总量的50%，加水至离拱顶约15厘米处。

投料前，宜将杂草、树叶、秸秆等铡碎与人畜粪和水混合均匀，堆积泥封，使其初步发酵再入池，这样可以加快产气。

新池第一次装料时，最好先装入一定量的池塘、阴沟或老沼气池的污水、污泥。因其中含有大量可产气的细菌，对加速发酵和提高产气质量有重要的作用。清池时应保留一定的老污泥，以便换料后迅速发酵。

3）装料方法　将沼气池的水留一部分，把泥制的原料拌匀，边装边搅拌，投完料后再加足水。对未泥制的原料，先装铡碎的秸秆、杂草等物，后装粪尿，再加足水，以利迅速发酵。

（3）沼气池的管理

1）要勤搅拌　小型沼气池，每天要从进料间搅拌一次，以便沼气顺利地从池底冒出，并使池液浓度均匀，有利于细菌分解各种有机物质，促进产气。每隔2～3个月要揭开活动盖，把池液表面的粪皮打破，以利沼气上升到气箱。

2）要适时补充新料　原料产气利用1个月后，要补充新料，以7～10天加入一筐新料为好。加料前要先出料，原则上出多少加多少，并应按浓度适当加水稀释，保持适宜的水分。只要适时加水和草料，使发酵原料含水稳定在90%左右，就能持续产气。

3）适宜的酸碱度　酸碱度（pH）在7～8.5为合适。如杂草太多，会使发酵液偏酸，要加入适量石灰、草木灰或烟筒灰中和。如果碱性过大，可加些新鲜粪便、杂草或加水冲淡。

4）保持一定温度　温度对沼气发酵影响很大，稳定在25℃左右时对沼气发酵最为有利，低于8℃则发酵基本停止。新装料时，应尽量用温度较高的地面水（夏季），另外草料和粪便提前堆沤，提高原料温度，也是提高池温的好办法。为了提高沼气池的温度，保证冬季正常产气，北方地区应将沼气池建在猪舍的下方。

5）提取粪液和处理沉渣　除随时取用粪肥外，一般可半年清池一次。清池时间可根据季节和用肥情况决定，通常以入冬前清池为好，清池时可留部分沉渣作为菌种，便于新料发酵。

6）严禁有害物质入池　核桃叶、白果叶、梧桐叶、苦楝叶、烟秆、苦蒿、猫耳眼、断肠草等，有抑制和杀死沼气细菌的作用，应严禁入池。更不能用农药灭蝇，以免杀死大量产气菌，造成池内不产气。

7）沼气池的越冬管理　入冬后，池内发酵液的温度随气温下降而下降，产气显著减少，要加强管理，入冬前最好清除旧料，换足新料，多加些大家畜粪、秸秆、杂草等原料。勤加料是越冬管理的有效措施，有条件的可每隔5～6天换料一次。保温措施的好坏也直接影响冬季产气，一般可采用在池顶上培土、垛草或在进、出料间的水面上堆放麦糠或稻糠，然后加草垫防寒保温，效果较好。要千方百计地使池温保持在8℃以上，温度越高、产气越多。

以上是养猪业与沼气的配套生产，有条件的地区，可以把养猪和养鱼结合起来，把猪的粪洒到鱼池中，使水中的微生物大量繁殖，供鱼食用，既省鱼料，鱼又长得快，清池后，挖出池泥，又是很好的肥料。

44 怎样才能饲养管理及利用好种公猪？

种公猪与仔猪的质量及养猪效益有直接的关系，所以，养猪要重视公猪的选留和饲养管理。

（1）种公猪的利用

1）初配年龄与体重　一般来说，本地种公猪于8～10月龄、体重50～60千克，引进的外来中型品种，于10～12月龄、体重100千克以上，大型品种公猪在12月龄、体重140千克以上配种为宜。公猪的性成熟都比较早，可体成熟远迟于性成熟，可常有许多人在公猪性成熟不久就开始让其配猪了，这时开始配猪过早，应避免。

2）合理使用　刚投入配种的公猪，由于自身还要生长发育，不能配种过繁，每周以不超过两头母猪的任务为宜。2岁以上的成年公猪，在配种旺季，每天可以配种1～2次。种公猪使用得当，饲养得法，体质健康结实，膘情良好，性机能旺盛，一般可配种5～6年，个别优秀的公猪还可适当延长利用时间。

（2）配种方法

1）养成定时定点的习惯　定时定点配种的目的是便于种公猪养成习惯。配种场地要求平坦广阔，与公猪舍有一定距离，环境安静，以免外来干扰刺激，影响公猪性中枢的兴奋。

在气候温和的春、秋、夏季，配种时间宜在上午7～8点、下午4～5点，寒冷季节宜在中午气温较高时配种，切忌在喂饱后立即配种。

2）外生殖器的消毒　公、母猪外生殖器部分如阴门、阴茎往往沾有粪尿污物，配种前先用清水洗净，再用0.1%的高锰酸钾溶液消毒，防止病原体感染生殖道，引起炎症和其他疾病。

3）辅助配种　初次配种的幼龄公猪，由于性中枢高度兴奋，往往上下爬跨弄得筋疲力尽，仍达不到射精的要求，必须人工予以辅助。当公猪两前肢爬上母猪背部后，宜用消毒过的手托住阴茎顺势导入阴门内。公、母猪体格大小过于悬殊，特别是母猪小，经受不住大公猪的爬跨，或者公猪两前蹄抓伤母猪背部，会造成母猪抗配乱跑，影响顺利配种，为此应设置可以活动调节的配种架，把母猪先赶进去固定好，再赶公猪来交配。

4）公猪交配完毕，从母猪身上下来后，此时母猪仍处于高度呆滞、背腰拱起、站立不动状态，应立即用手掌击打母猪背腰，使之平伸，并赶母猪回舍休息，以防精液倒流外溢。公猪由于配种而高度兴奋、疲惫，此时不得让公猪下水滚泥，以免引起疾病，应立即赶回猪舍休息。

（3）种公猪的饲养　种公猪需要优质的蛋白质饲料，并需要丰富的维生素A、维生素D、维生素E及大量的钙、磷。

种公猪的饲养应做到，日粮组成宜以精料为主，配合适量青料，少用或不用粗料，以免形成草腹下垂，妨碍配种。饲料按鲜重计算，精、青料以1∶1为宜。

在配种旺季，应多给公猪饲喂青绿多汁饲料，并加喂动物性饲料如鱼粉、鸡蛋、豆饼，以保持性机能，生产优质精液。

（4）种公猪的管理

1）清洁刷拭，人畜亲和　每天必须打扫猪栏，保持猪栏清洁干燥，经常刷拭猪体，保持猪体皮肤卫生，促进血液循环，并保持人畜亲和。

2）加强运动，锻炼肢蹄　自由运动、放牧、驱赶运动是促进猪血液循环，增强体质，健全肢蹄，提高性机能的有效措施。有许多猪场饲养的种公猪配种效果差，利用年限短，主要与长期关闭在猪舍内不运动有关，经常运动后就明显好转了。一般在公猪舍旁设运动场，供种公猪日常自由运动与日光浴。光照可提高公猪的性欲及精液品质。有条件的猪场，公猪还应进行放牧运动，这样既锻炼身体，又采食了牧草。

3）防暑降温，加强夏季管理　相对而言，种公猪对寒冷的适应性比暑热要强，常见夏季炎热时节，公猪由于闷热及蚊蝇吸血造成休息不足，活力不足。因此，必须切实搞好防暑降温工作，多喂青草瓜类，保证饮水，设法增进食欲。打开门窗通风，向舍内洒水，猪舍周围植树遮阳。运动场一侧设小浴池，经常捕杀蚊蝇。总之，要创造使种猪能安静休息的条件。

4）检查精液品质　配种开始1～1.5个月应对每头公猪的精液品质进行检查，着重检查精子的数量及活力，从中发现问题，分析原因，以便及时采取措施。

对做人工授精的公猪要进行调教。

45 种母猪的饲养管理要点有哪些？

（1）种母猪的发情与配种

1）初配年龄与体重　母猪性成熟较早，常见农村母猪出现早配现象，母猪早配会带来许多恶果。早配产仔少、死亡多，仔猪初生重小、体质差、生长慢。母猪本身也生长发育不良，未老先衰，个体长得小，种用期短。但是配种太晚又会影响经济收入。一般地方种母猪在6～8月龄，体重50～70千克配种；引入国外的中型品种在8～10月龄，体重100千克以上配种；大型品种在体重120千克以上开始配种为宜。

2）母猪发情特征　母猪性成熟以后，发情持续时间因品种、个体与膘情而有差异。一般平均为3天，最短半天，长的达1周以上。地方猪种发情极明显，引进的国外品种发情不够明显。同一品种内，青年母猪发情期长，经产母猪发情期短。

发情开始的第一天，母猪在圈内走动不安，时常抬头观望，食欲开始下降，外阴部稍显红肿，流出少量透明黏液、鸣叫，但拒绝公猪交配。第二天性欲变强，爬跨其他母猪或接受其他母猪爬跨；放出猪舍外面，会自动跑近公猪舍，接受公猪交配。食欲不振或废绝，极度兴奋不安，外阴部红肿达高峰，流出混浊黏液。第三天发情母猪行为转为安静，喜伏卧，阴门仍有肿胀，呈淡红色或紫红色。阴门口沾有垫草，表情呆滞，如用双手按压背部，表现呆立不动。

3）适时配种　在发情期中，适时交配是提高受胎率与产仔数的关键。那么，如何掌握适宜的配种时间呢？在生产实践中根据以下三看来掌握。一看阴门，其内充血、红肿，变为紫红暗淡，肿胀开始消退，出现皱褶。二看行为，母猪表情呆滞，喜伏卧。人用手触摸其背腰，呆立不动，双耳直立；用手推按臂部，母猪不但不拒绝，反而还向人靠近，这时配种受胎率最高。三看年龄，依老配早、少配晚、不老不小配中间的原则配种。老龄母猪发情持续期短，当天发情下午配；初配母猪发情期长，一般第三天配；中年母猪第二天配。只要配种适时，配一次既可。但是为了确保受胎，增加产仔数，宜采用重复配种法。即用同一公猪，隔 8～24 小时再复配一次。判定发情母猪适时配种时间的最好方法是，在母猪背部按压，当按压背部母猪站立不动时配种最好，按压时母猪跑动不站则不宜配种。

应注意的是，个别母猪、特别是引进的外来品种，如长白猪，有时往往不表现任何明显的发情征象，如果缺乏经验，不了解个体特性，常造成失配空怀，必须留心查看。最好的方法是用公猪试情，以防漏配。

对于长期不发情的母猪，必须采取人工催情。如调换猪舍，放出运动，与公猪接近，以刺激性中枢兴奋。过瘦的母猪则应加强营养，过肥的母猪则应减少饲喂量。向阴道内注入精液，或者注射垂体前叶素，或者注射绒毛膜促性腺激素、孕马血清、维生素 E 注射液等，或喂给中药，如催情散、益母草等以促使母猪发情。

4）选择产仔季节　母猪一年四季都能产仔，本无发情季节，但为了充分利用自然资源，使产仔人为地控制在气候温和、青绿饲料丰富的时期，以利仔猪培养，宜实行季节性产仔。一般秋配春繁，春配秋繁，年产两胎，加上空怀、妊娠、哺乳几个阶段，一年之内形成闭群循环。结合各地区的气候情况，产仔月份有前后的差别。例如，长江中下游地区适宜于 2—3 月配种，8—9 月产仔；5—6 月配种，11—12 月产仔。这种方法的优点很多，首先可避免寒冬产仔，提高仔猪成活率；其次，在温暖季节产仔可充分利用青绿饲草饲喂仔猪，有利于仔猪的营养平衡，可提高断奶体重，且有利于仔猪并窝寄养，减少疾病发生与死亡，提高育成率。

（2）怀孕母猪的饲养管理

1）怀孕的判断　母猪配种后如果不再发情，便可判断已怀孕。但个别母猪由于体内激素的局部失调，可能出现发情的表现，如行动不安、阴门异常等，但是一旦与公猪接近，则抗拒配种。而且以上表现为时很短，乃是一种假发情的表现，对此必须善于判别。已怀孕母猪，通常性情变得安静、温顺，行动稳重，喜欢躺卧，食欲旺盛，体重日增，被毛富有光泽。

2）怀孕母猪的管理　母猪在怀孕初期，受精卵未定植形成胚胎，缺乏保护物，对环境条件极为敏感，如饲喂发霉变质的饲料及日粮中营养不平衡，均易引起流产，因而妊娠开始 20 天左右，必须注意饲料品质。营养水平应全面，蛋白质、维生素、矿物质等营养物质要比例合适。妊娠前、中期，以饲喂青、粗料和青贮料为主，特别是经产母猪，食欲旺盛，能够很好地利用这些饲料，只少量搭配麸皮类的精饲料即可。青绿饲料中的维生素 A 对胎儿发育有良好作用，青料不足往往是母猪流产、胎儿吸收、死胎及弱胎的重要原因，青饲料中的粗纤维还可以防止母猪便秘与过肥。因此，要供给母猪优质的青绿饲料。

从妊娠 90 天以后应减少粗料喂量，适当增加精料，尤其注意蛋白质饲料的补充，对于长白猪要求更高，最好补充 5%的动物性蛋白质饲料，如鱼粉、肉骨粉、血粉等。钙和磷是构成骨骼的主要成分，是胎儿生长发育必需的成分。一头初生重 1～1.2 千克的仔猪，体内含有钙21～26 克、磷 15 克，这时应重视加喂骨粉。另外，充足的饮水也是饲养过程中不可忽视的方面。

每天放牧运动一次，可以促进怀孕母猪血液循环，增加食欲，锻炼肢蹄，促进胚胎发育与肌肉的运动，有利于分娩。运动时应防止母猪滑跌，相互咬架，进出栏不要追赶。为了提高猪舍利用率，节约人力，可以群养前中期妊娠母猪，每栏养 10～20 头。对于初胎母猪，还要进行乳房按摩，刷拭猪体，达到人畜亲和，以利分娩，接产时不至于惊恐，待仔猪生后，也能顺利哺乳及固定乳头。此外，还应经常保持栏内的清洁卫生。

（3）母猪的分娩与接产

1）母猪临产前的表现　母猪的怀孕期平均为 114 天（既 3 个月 3 周零 3 天），但真正的产仔日期不一定都这样准确，有的母猪可能提前 4～5 天，也有的可能推迟 5～6 天。所以，在生产中准确掌握母猪产前预兆，及时接产，对保证母仔安全，提高仔猪成活率有很重要的意义。

母猪分娩前 15～20 天，乳房就由后向前逐渐膨大，乳房基部与腹部之间呈现明显的界限。到产前 1 周左右，乳房膨胀得更加厉害，两排乳头向外张开呈八字形，色红发亮。产前 3～5 天，阴户开始红肿，尾根两侧逐渐下陷，称松胯或塌胯，但较肥的母猪下陷不明显。

产前 2～3 天，乳头可挤出乳汁。一般来说，当前部乳头能挤出乳汁，产仔时间常不会超过一天；如最后一对乳头能挤出乳汁，6 小时左右即可产仔。这时如母猪来回翻身躺卧，常会出现乳汁外流，乳头周围沾满草屑。但这种情况在膘情差、乳汁不足的母猪常不明显。

在产前 6～8 小时，母猪会衔草做窝，这是母猪临产的特有征象。观察表明，初产母猪比经产母猪做窝早，冷天比热天做窝早；而引进的国外猪种，则无明显的衔草表现，仅是拱圈围窝，即把圈内的垫草或干土拱到一处；同时，食欲减退或不吃。

如发现母猪精神极度不安，呼吸急促，挥尾，流泪，时而来回走动，时而像犬一样坐下，排粪、排尿频繁，则数小时内就要产仔。

如母猪躺卧，四肢直伸，每隔半小时左右发生一次阵缩，且间隔时间越来越短，全身用力努责，阴门流出羊水，则很快就要产出第一头仔猪。

在以上临产征象中，以衔草做窝和最后一对乳头能挤出量多质浓的乳汁，为最重要的征兆，这时就必须做好接产准备工作。

2）接产与护理　当仔猪产出后，用双手托起仔猪，立即清除猪口中及鼻周围的黏液，以免窒息。先用干草，后用毛巾或麻袋擦干猪体黏液，最好用仔猪接生粉涂抹猪身，可使猪体立即干燥，起到保温防腹泻的作用。随即在距腹部 3～5 厘米处用手指掐断脐带。以碘酒消毒脐带断端。如在产后脐带已断，应及时在脐带断端涂以碘酒。然后将仔猪放在垫有干草的产箱内保温。

母猪产仔很少发生难产，但是在分娩过程中由于种种原因，常常发生假死仔猪（心跳存在，但呼吸停止），必须及时抢救。可用酒精刺激鼻部，针刺人中穴（在鼻头正中央），向鼻端猛吹气等方法，促使仔猪恢复呼吸。同时可实行人工呼吸法，方法是：左右手分别握住仔猪两侧前胸与臀部，腹部朝上，而后双手向腹中心回折并迅速复位，手指同时按压胸肋，一般经过几个来回，就可听到仔猪猛然发出声音，表示肺部已开始呼吸。如法再徐徐重做，直到呼吸正常为止。要特别注意对于出生后倒卧不动的假死及弱仔猪，严禁突然翻转其身体，这样很容易引起仔猪肠扭转而死亡。对于产仔迟缓，间隔很长时间才产出一仔的难产母猪，应立即注射催产素，否则会因产出时间过长导致仔猪窒息死亡，且母猪体力消耗过大，易引起不食衰弱。当前，因母猪缺乏运动，这一现象很普遍。

3）分娩前后母猪的饲养管理　母猪产前几天，根据母猪膘情肥瘦，乳房情况，决定增减饲料。肥胖的、乳房红肿宽大的猪，精料按常量减半饲喂，青料也减量或停喂。另外，要防止母猪便秘。母猪分娩当天应停止喂食。产后3～5天内，同样可根据母猪膘情与乳房情况，逐日增加喂料量，以免导致消化不良。管理方面，产前7～10天宜进产房，使母猪熟悉环境，防止进出栏门拥挤，加强观察。生产完毕，立即用温水与消毒液清洗消毒乳房、阴部与后躯血污。还要更换垫草，打扫并消毒栏圈。胎衣排出后，立即取走，防止母猪吞吃引起消化不良和形成吃仔猪的恶癖。

母猪妊娠后期饲养不良，产后2～5天由于血糖、血钙突然减少等原因，容易发生产后瘫痪、食欲减退或废绝、乳汁减少甚至无乳。这时除进行药物治疗外，还应检查日粮营养水平，喂给易消化的全价日粮，刷拭皮肤，促进血液循环，增加垫草，经常翻转母猪，防止发生褥疮。

（4）哺乳母猪的饲养管理　要提高母猪的泌乳量，保证仔猪正常发育，对哺乳母猪的饲养管理应做到以下几个方面。

1）供给优质全价的饲料　母猪必须有足够的优质全价的饲料作后盾，才能保证分泌量多、质高的乳汁以及维持本身的正常体况，在哺乳期结束后能正常发情配种。所以，在母猪繁殖周期中，泌乳阶段是消耗优质饲料最多的阶段。普遍存在的问题是蛋白质饲料和矿物元素供给不足，应注意补充。矿物元素主要易缺乏的是钙、磷，所以要注意喂给骨粉。

2）初产母猪的特殊饲养　初产母猪在第一个泌乳期内对营养的需求和经产母猪的需求不一样，它需要的营养远比成年母猪要高。因为初产母猪的身体发育尚不成熟，所食营养既要满足哺乳需要，又要供给自身需要，而且还要贮备一些营养供下一胎繁殖活动需要。初产母猪在第一个泌乳期内对蛋白质的需求量比能量重要得多，只有提高氨基酸的供应量才能提高泌乳量，从而提高小猪的生长速度及母猪下一胎的繁殖率。研究表明，泌乳期日粮配合不当，是初产母猪泌乳量低及第二胎产仔数少的重要原因。

3）添加油脂饲料　研究表明，在母猪预产期前10天及哺乳期的饲料中添加油脂（动物油脂或植物油脂），每天添加200克，可提高其泌乳量18%～28%，并可提高乳脂率，使仔猪的成活率及生长速度大大提高。也可在母猪产后喂服鱼汤，连鱼带汤喂给母猪，可显著提高母猪的产奶量。

4）多喂青绿多汁饲料　块根、块茎及青草、青菜、树叶等，适口性好，水分含量高，维生素丰富，在泌乳母猪的饲料中搭配喂一些，可提高泌乳量。注意不能喂霉变腐烂的饲料。

5）保证充足清洁的饮水　母猪在哺乳期要分泌大量乳汁，除消耗大量养分外，还需要大量水分，所以要不断供给清洁饮水。

6）保证哺乳母猪有旺盛的食欲　如果母猪产后没有食欲，持续几天就会严重影响泌乳。食欲减退很可能是由于母猪产前喂料过多造成的，因此应采取产前减料，产后逐渐增料的技术措施。

7）抓好母猪的管理　对泌乳母猪来说，仅注意饲养是不够的，还必须搞好管理工作，泌乳母猪的管理应做到以下几点。

①充分利用好母猪的乳头　让小猪利用母猪所有的乳头，对初生母猪尤为重要。如果母猪产仔数少，不足以利用全部乳头时，就要尽量做好并窝和寄养工作，或训练小猪习惯于使用两个乳头。当

母猪放乳时，把小猪从正吸吮的乳头迅速地转换到邻近的空闲乳头上，如此反复进行3～4次，小猪就能自动从一个乳头换到另一个乳头上。所有的乳头都被利用，能促使乳腺迅速发育，并能保证下一胎泌乳旺盛。

②保持舒适安静的环境　泌乳母猪如果处在嘈杂的环境或舍内闷热潮湿，会表现烦躁不安、厌食、少食，以致放乳间隔延长，每次放乳持续时间缩短。母猪正在放乳时如果舍内突然发生响动（如其他猪只争抢饲料，互相撕咬，工作人员进行作业的响声等），正在放乳的母猪会中断放乳并站起来，小猪不能饱食而不安静，还导致母猪不能安静休息。野蛮地对待和殴打母猪，同样也会降低泌乳量。试验证明，母猪在一昼夜中，夜间的产乳量比白天的多，从而证实了泌乳母猪需要安静。因此，母猪产房除彻底消毒、保持清洁外，还需保持安静，此点与舍内温度、通风一样重要。

③做好乳房按摩与护理　按摩能促进乳房的发育，增加其生产效能，并可预防乳腺炎，按摩时乳房的血液量增加，营养物质大量进入乳腺组织，增强新陈代谢，增加平滑肌的紧张度，促使乳汁分泌。按摩可于母猪产前2周开始，直至产后哺乳期结束为止。按摩前先用温水（约40℃）洗净乳房并擦干，然后从上至下按摩乳房整个表面，再对每个乳房及乳头进行深层按摩，每天至少进行1次，每次约20分钟。在擦洗、按摩乳房的同时，注意检查乳房有无肿胀及皮肤有无损伤（擦伤、裂痕、结痂等），然后采取针对性的护理措施。

④加强无乳综合征的预防及治疗　如果认真按上述饲养管理措施进行，并在母猪产仔前后适当采用药物预防，一般情况下可避免无乳综合征的发生。

46 初产母猪饲养易出现哪些问题及怎样解决？

大多数养猪场存在经产母猪和初产母猪使用同一饲养标准和饲料配方，这样就导致初产母猪的营养摄入不足，一般能够满足经产母猪的饲料营养很难满足初产母猪的营养需要，因为初产母猪的身体发育还未完全，对营养的需求要高于经产母猪。初产母猪初配时体重偏小，基础的营养储备不足，会导致初产母猪在产后泌乳量较少，加上初产母猪在产后采食量偏低，这样都会导致初产母猪在产后出现乳汁分泌不足。

初产母猪营养供应不足会影响其以后的生产性能。初产母猪的营养水平对其一生的繁殖性能有很大的影响。如果初产母猪的营养储备被过度消耗，就会影响下一胎的生产水平，甚至影响该母猪一生的繁殖性能。初产母猪的采食量偏低，特别高产瘦肉型母猪在初产时的采食量更低，所以不给初产母猪特殊待遇，会给母猪终生带来很大的危害的，这对提高整个猪场的生产成绩以及经济效益都有着重要影响。

初产母猪饲养管理不好的影响，通常在待产阶段表现出来，而很多猪场常忽视这种关系，当出现平均产仔数减少时，常会认为是发情和配种方面的问题，却想不到是母猪幼龄阶段的饲养有问题，而影响初产母猪基本体现的最主要因素则是基础营养的储备情况。

对于初产母猪饲养上要做到以下几方面。

（1）妊娠期的饲养　要控制初产母猪妊娠期的饲喂量，如果不限制初产母猪妊娠期的饲喂量会导致其在产后哺乳阶段的采食量大幅下降，使母猪的产乳量减少。可以在妊娠后期 100 天开始适当加料，以保护初产母猪基础的营养储备不被过早消耗，同时可保证仔猪的初生重。

（2）哺乳期的饲养　由于初产母猪的体重较小，基础的营养储备量偏低，如果在哺乳摄入的营养不能满足泌乳所需，就会导致初产母猪消耗自身的营养储备来满足泌乳所需，这种消耗在产奶方面很快就暴露出问题，表现为在产后的 10 天左右出现产奶量明显下降。所以，要保证初产母猪在这一阶段的营养需求要提高母猪的采食量，或者提高哺乳母猪的日粮营养水平，但提高母猪采食量的做法很难实现，所以需采取提高日粮营养水平的方法，为哺乳母猪提供高标准的哺乳母猪料，以满足其对营养的需求。

（3）让初产母猪多带仔　在养猪生产中，许多人认为初产母猪的体重小，而担心其带仔能力差，所以不让初产母猪带够仔猪数，这种做法会破坏以后其带仔的能力。因为在初产阶段母猪带仔数少，会影响初产母猪乳腺的发育，而致经产阶段哺乳能力下降。

（4）断奶后的管理　如果初产母猪在哺乳期结束后出现体重严重下降，背膘过度消耗，基础营养的储备减少严重，可以选择在断奶后第一个发情期不配种，并采用高营养水平的饲料饲喂，使其体况恢复后再配种，这样可有效提高下一胎的产仔数，并且对于恢复初产母猪的繁殖力有很大的作用。

47 怎样预防和治疗母猪无乳综合征？

（1）药物预防　母猪产仔过程中，用青霉素 320 万单位、链霉素 100 万单位混合肌内注射，缩宫素 30 万～40 万单位肌内注射，对本症有良好的预防作用。

（2）药物治疗　一旦发生了无乳症，应及时治疗，现介绍几种方法供参考应用。

1）食物催乳

方法 1：花生米 500 克，鸡蛋 4 个，加水煮熟，分两次喂食，两天左右即下奶。

方法 2：黄瓜根、藤 300 克，洗净切碎，放在豆腐汁中煮烂，喂 2～3 次。

方法 3：白酒 200 克，红糖 200 克，鸡蛋 6 个，先将鸡蛋去壳搅拌好，加入红糖拌匀，然后加入白酒，拌入精料内喂给母猪，一次即可。

方法 4：虾皮或虾米 500 克，与米或面一起煮成粥，分次喂给，第二天即可下奶。

方法 5：将健康家畜的胎衣（猪胎衣也可）一具洗净，煮熟、剁碎，加入适量饲料和少量食盐分 3～5 次喂完。

2）中药催乳

方法 1：内服人用催乳片，每日 1 次，每次 10 克，连服 3～5

次，或用下乳散，每次2～3包，口服。

方法2：王不留行40克，通草、山甲、白术各15克，白芍、黄芪、党参、当归各200克。共研细末，调拌在饲料中喂母猪。也可给母猪喂服中成药公英散。

3）治疗　母猪患乳腺炎后，乳房红、肿、痛，拒绝仔猪哺乳，严重者体温升高，对此可采用以下方法治疗。

方法1：用氯丙嗪注射液按每千克体重1毫克用量，用盐水或葡萄糖稀释后耳静脉注射，待病猪嗜睡后将氨苄青霉素2克，地塞米松20毫克，维生素C 250毫克，能量合剂10克，同时加入5%葡萄糖盐水500毫升中，耳静脉缓慢滴注，每日1次，连用2日，并用缩宫素20～30单位肌内注射，每日2次。

方法2：用青霉素300万～400万单位，每日2次肌内注射，也可注射或内服磺胺类药物或土霉素。

方法3：挤掉患病乳房的乳汁，局部涂擦10%鱼石脂软膏，或碘仿软膏、樟脑油、红花油，也可用0.5%盐酸普鲁卡因50～100毫升加青霉素80万单位，进行局部封闭。有硬结块时进行按摩、热敷，涂擦软膏，有脓肿时须切开排脓。

方法4：给母猪喂服公英散，一次100克，1日1次，连用1周。

48 为什么有的母猪会吃仔猪？如何防止？

“虎毒不吃仔”。但在生产实践中有的母猪会将自己生下的仔猪吃掉，这让人防不胜防。那么为什么母猪会吃仔呢？怎样才能防止？

（1）引起母猪食仔的原因　常见有以下几种。

1）由于给母猪长期喂料不足或饲料单一，日粮中缺乏蛋白质、某些矿物质和维生素。母猪营养物质缺乏，再加上饥饿，造成母猪吃掉仔猪，这种情况一般多发生于年老瘦弱的母猪和初产母猪。

2）由于母猪吞食过胎衣、流产胎儿或死猪，因而养成了吞食小猪的恶癖。

3）由于母猪曾吃过或咬过其他串圈的别窝小猪，或涂过有异味药的小猪，养成了吞食小猪的坏习惯。

4）由于母猪在产仔前饮水不足，在产仔过程中饥渴，而吞食新生仔猪。

（2）预防方法

1）加强怀孕母猪的饲养，合理搭配饲料，避免母猪营养缺乏供给母猪含蛋白质、矿物质和维生素等丰富的饲料。

2）认真做好母猪的接产护理工作。做到母猪分娩过程有人监护，一旦发现死胎应及时取走掩埋，胎衣排出后要马上取走，不要让母猪吞食。

3）堵塞一切可能造成仔猪串圈的洞口，防止仔猪互相乱串。

4）母猪产前要饮水充足，如产仔时间过长而使母猪口渴，可给予适量的温水解渴。尽量保证猪舍环境的干燥、温暖、安静，使母猪有一个舒适的生活环境。

5）对过去已养成吃仔恶癖的母猪，可用一根粗铁丝圈成一个圆圈，做一个嘴套子，两边系上细麻绳，拴在母猪脖子上，使它平时不能张嘴，喂食时取下，吃完食再戴上。等小猪长大一些了，再把它去掉，这样一般经 1 周左右母猪就不再咬仔猪了。如经过纠正仍无效的母猪则应淘汰。

49 母猪发情有哪些表现？

母猪到了性成熟年龄以后，平均每隔 21 天发情一次，叫做发情周期，发情周期在各母猪之间差异较小。

母猪发情的持续时间，常随品种、年龄、个体而有不同，一般为 3～5 天，发情时的表现也常随个体而异。在发情开始阶段首先是阴门潮红、肿胀，但肿胀程度不一，有的明显、有的不明显（黑猪不易看清）。阴门开始肿胀时，食欲减退，表现不安；随着阴门的肿胀，阴道逐渐流出透明而稍带白色的黏液，这时常会躲避公猪。到发情中期，食欲显著下降，甚至完全不吃，在圈内起卧不安，常有鸣叫、跑圈，用鼻子拱地，啃圈门，企图跳墙出圈，排尿频繁等表现。如果有两头母猪同圈，则有爬跨的现象；允许公猪接近、爬跨；用手按压腰部，往往呆立不动。到发情后期，阴门逐渐消肿，如公猪爬跨或用手按压母猪腰部则表现不安、厌烦，食欲逐渐恢复。

个别母猪在发情时，只有阴门红肿而无其他异常表现，对这样的母猪，必须随时注意观察，并可采取公猪试情的办法来加以识别，以免错过配种机会。

此外，培育品种及其杂种猪，发情表现一般没有本地猪明显，老年猪没有青年猪表现强烈，这也是必须注意的。

50 发情母猪什么时候配种最好?

为了及时给发情母猪配种，并获得多而壮实的仔猪，一定要掌握好配种时机，使精子和卵子都在生命力最旺盛的时候相遇受精。

要使母猪配种受孕，并且多产仔猪，一定要选择在母猪排卵前2～3小时进行交配或输精。实践证明，当发情母猪允许公猪爬跨后30小时左右开始排卵。发情期短的猪排卵开始较早；发情期长的猪，排卵开始较晚。母猪陆续排卵的时间可持续10～15小时。若配种过早，卵子尚未排出，等卵子排出，精子已死亡（精子在母猪生殖道内一般能保持10～20小时的受精能力），便达不到受精的目的。相反，如配种过迟，卵子排出很久，精子才进去，这时卵子已衰老失去受精能力（卵子在生殖道内保持受精能力的时间是8～10小时），也同样达不到受精的目的，发情期短的母猪甚至还会拒绝交配。因此，饲养员必须时刻注意母猪的一举一动，及时找出发情母猪，并适时配种。

就品种而言，本地母猪发情时间较长，常为3～5天，配种时间宜在发情开始后2～3天；培育品种和引进品种母猪发情时间多为2～3天，配种宜在发情开始后的当天下午和第二天上午；杂种母猪发情多为3～4天，配种可在发情开始后的第二天下午。

就年龄来说，应按“老配早，小配晚，不老不小配中间”的原则进行配种。既老年母猪发情时间短，应提早配种；青年母猪发情时间长，配种时间稍推后；中年母猪发情时间长短适中，应在发情中期配种。

当发情母猪允许公猪爬跨后10～26小时交配，受胎率最高。但我们发现母猪发情或接受公猪爬跨的时间，并不一定是母猪开始发情或开始接受公猪爬跨的时间，很可能已持续很久。为了提高受胎率和产仔数，在生产上只要发情母猪接受公猪爬跨或用手按压母猪腰部呆立不动，就可以让母猪第一次配种，通常能获得较好的效果。如从母猪阴门的表现来看，常能观察到阴门肿胀逐渐消退，颜色由潮红变为淡红，这时配种最适时。为了提高受胎率，可在一个情期内配种2次，两次之间相隔7～8小时。

为了防止发情不明显的母猪漏配，在配种期间最好利用专门试情的公猪，每天早晚各试情一次。这不仅有利于掌握适宜的配种时间，还有刺激母猪性欲、促进卵泡成熟的作用。特别是对头胎母猪效果较显著。

51 怎样给母猪正确配种？

给母猪配种最好在早饲和晚饲前一小时进行。交配地点在母猪舍附近为好。要绝对禁止在公猪舍附近配种，以免引起其他公猪的骚动不安。

交配时应给予必要的辅助。当公猪爬上母猪后，要及时拉开母猪尾巴，避免公猪阴茎长时间在外边摩擦引起受伤或体外射精。交配时要保持环境安静，严禁大声喊叫或鞭打公猪。交配结束后，要用手轻轻按压母猪腰部，不让它弯腰或立即躺卧，防止精液倒流。交配后，公、母猪都不能马上洗澡或饲喂。配种完毕要及时填写配种登记簿，准确登记配种日期和公母猪耳号。

此外，公猪是多次射精的家畜，一次交配时间可长达10～20分钟，射精时间为6分钟左右，体力消耗较大。如果公猪配种任务不重，可以不控制其射精次数，任其自由完成。但当公猪配种负担量较大又很集中时，为减少体力消耗，把每次交配的射精次数控制在两次为宜。方法是，当公猪射精两次后，慢慢赶母猪向前走动，当公猪跟不上时，自然会从母猪背上滑下来，切忌用鞭子赶公猪下来。怎样知道公猪射精两次了呢？公猪射精次数可根据肛门波动来判断。射精时，公猪停止抽动，睾丸紧缩，肛门不停地在波动。在射精间歇时间，公猪又重新抽动，睾丸松弛，肛门停止波动。据此，可准确地判断射精次数。那么，把射精次数控制到两次，是否影响母猪受胎率和产仔数呢？不会的，公猪射精时间累计 6 分钟左右，可是一次交配中 80%的精子是在开始射精的前 2 分钟内射出的。所以，只要让公猪射精两次，是完全能保证母猪正常受胎的。这在实践中都已得到证实。规模化养猪场大多采用人工授精，效率高，且可减少疫病传播。

52 猪人工授精有哪些好处？

猪的配种分为自然交配与人工授精。养猪应大力提倡人工授精配种，因为人工授精有以下好处。

①能提高优良种公猪的利用率。自然交配一头公猪一般只能配 20 头左右母猪，而人工授精一头公猪可负担 200～300 头母猪，甚至上千头母猪。

②目前推广使用的常温保存远距离输精使养猪场不需要饲养公猪，可随时选用自己需要的品种，这样可大大节约圈舍及饲养管理的费用。一年可减少公猪饲养费用 7 万多元人民币。

③解决公母猪体格悬殊太大，配种无法进行的问题。有许多小母猪因公猪体重过大而无法配种，人工授精公母猪不见面，无论体格有多大都可授精。

④公母猪不接触，可减少疫病及生殖类疾病的传染。

⑤能利用当前最优良的猪品种，取用种猪提供的精液，使选择范围扩大。一般自己猪场饲养的公猪量很少，对品种较次的公猪常不能及时淘汰更换，而种猪站饲养有多个优良猪种可供选择。同时，可避免近亲产仔，因为自己的公猪配种同圈内的母猪往往因留种不细心就发生了近亲交配。

53 什么是猪的远距离人工授精？是如何操作的？

猪的远距离人工授精是我国近年来在养猪业上广泛推广应用的技术，它对猪繁殖与改良有十分重要的意义。

猪远距离人工授精就是种公猪站（一般各县、区都设有一两个站）采集猪精液，经过测定、稀释等处理后，分配于专用的精液贮存瓶内，然后保存于17℃的恒温箱内（一种专用于保存猪精液的恒温箱，兽药市场有售），当母猪发情可以授精的时候，取出精液可自行输精配种。这种输精操作方法很简单，养猪户都可自行操作，方法是：公猪站给你精液瓶的同时，给你配备输液管，一般是一个发情期输精2次，配备2瓶精液、2支输精管。精液取回后，首先将母猪阴门清洗干净，最后用消毒液清洗，然后将输精管的外包装剥除。这时一手拉起猪的尾巴，另一手持输精管将输精管的大头对着阴门口插入猪阴道，至插不动为止，这时将精液瓶长嘴处的封口剪开，再插接至输精管的外端口处，这时缓慢捏挤精液瓶（精液瓶为软塑料做成），精液经输液管流入猪阴道，直至瓶内清液挤完。往往因输液瓶内挤成真空，瓶内没有剩余精液不能挤净，这时将精液瓶与输精管处拔开，空气进入精液瓶将精液瓶充满，再将精液瓶接到输精管上，捏挤精液瓶便可将精液挤净。这时拔走精液瓶，将精液瓶上携带的一个塞管口帽摘下，插至输精管的外口（以防精液从管中流出），将输液管堵塞，让输精管在猪阴道内停留5分钟再拔出。为防止母猪因努责等致精液外流，这时应驱赶母猪运动，或捏、打猪腰部。过6～8小时，再将第二瓶精液照此法输入。

下面介绍精液在路上携带的问题。精液的适宜保存温度是17℃左右，这个温度是相对好控制的温度，在每年的许多地区的外界气温接近于这个温度值，在天气过热时，最好将保存精液的恒温箱放入泡沫箱内，或在泡沫箱内放入冰块。天气过冷时，精液瓶可装入人的内衣袋中，靠人体的温度保温。拿回家的精液可夹入被子内保存。有条件的大型猪场可自备小的恒温箱，随车携带。

54 小母猪的适配月龄是多少?

母猪达到性成熟的年龄，随品种、气候和饲养管理条件而不同。早熟的本地母猪一般在2～3月龄就开始发情，培育品种及其杂种性成熟时间稍迟，约在4月龄。气候温暖、饲养条件较好、生长发育快，性成熟则提前。

刚性成熟的小母猪，虽有性欲和受胎可能，但决不能在这时配种。因为配种过早，不仅头胎产仔少而弱，而且会严重影响小母猪本身的发育，从整体生产来说是极为不利的。

适宜的初配时间，不仅与月龄有关，也与生长发育即体重有关。实践证明，母猪初配时的体重对产仔成活率和仔猪断奶窝重的影响较初配时的年龄更大。

在一般饲养管理条件下，小型早熟品种，一般为地方土种猪，应在8～9月龄、体重达50～60千克配种；而大型培育品种及其杂种猪应在9～10月龄、体重达70～90千克时初配。

有人错误地认为，母猪出现发情表现以后，即使体格小，也应让它配种，因为怀孕后的母猪表现性情温顺，食欲增加。相反地，如果不让小母猪配种，每发情一次都有好几天精神不安，不爱吃食，影响它的发育，对生产不利。其实不然，体重小的母猪配种后，产仔时体格仍小，不能很好地负担哺乳任务，影响它本身和仔猪的发育，从长远看是不利的。应当从改进和加强饲养管理着手，对留种母猪加强饲养，就能培育出体格健壮的后备母猪。对发育受阻的小母猪应予淘汰，勉强用作种用是不合适的。

55 怎样提高母猪的产仔数?

在养猪生产中，母猪产仔少的现象非常普遍，这给养猪业带来了很大的损失，那么如何提高母猪的产仔数呢？对此主要抓好以下几个环节。

（1）做好母猪配种前的饲养管理　经产母猪从断乳到配种前继续使用营养较高的哺乳料，体况较瘦的母猪尽量多喂一些，这样有利于母猪体况的恢复，有利于促进卵泡的发育，并有助于雌激素、促卵泡素的分泌，有利于母猪的发情、排卵、受孕。对于断奶后体况很差的母猪，要增加饲喂量，也可让其自由采食，并推迟一个情期配种。对断奶后 7 天后仍不发情的母猪，可采用饥饿刺激、运动刺激、光照刺激紫外线类光刺激、公猪诱情、乳房按摩等手段促进发情，必要时可用药物催情。

（2）正确进行人工授精　正确进行猪的人工授精是提高受胎率和产仔数的重要环节，应做到以下几点。

1）选用良好的精液　当前，大多养猪户都是在供精猪场或精液代销的兽药部购买，带回家自己进行人工授精，他们只关心精液采集的时间，而很少关注精液的品质，这也是引起母猪产仔少的原因之一。配种用的精液要一次输精量不低于 50 毫升，总精子数不少于 20 亿个，精子活力大于 0.7。低温保存的精液，或在寒冷天带来的精液，路上受冷后，要进行升温处理，可直接将精液瓶（袋）加入 30℃温水中 10～15 分钟，使精液回温到 20℃。当然，17℃恒温箱内保存的精液和新采集分装的精液就不必升温了。

2）适时输精　母猪有较大的繁殖潜力，要细心观察母猪的发情症状，母猪发情后可持续 3～5 天，遵守“老配早、少配迟，不老不小配中间”的原则。一般母猪阴户红肿刚开始消退，流出经状黏液，按压母猪后躯呆立不动，则配种最为适宜。12 小时后再复配一次。

3）安静优先　环境要安静、清洁，没有消毒药水的异味，输精员不能抽烟，也不可喷香水，涂抹风油精，地面应干燥、不光滑，附近避免有其他闲杂人员。

4）受配母猪要清洗消毒　母猪后躯要清洗消毒，可用 30～37℃的 0.1%高温酸钾水由上向下清洗消毒。可在清洗时按摩外阴，再用清水冲洗干净。最后可用消毒过的柔软干布轻轻擦干，以防感染，并利于输精。

5）正确操作　将人工授精专用润滑胶抹在输精管的头部。用左手拇指与食指分开母猪阴唇。左手握住输精导管后 1/3，将输精管与水平面呈30°～45°斜向上方缓慢插入阴道，当推进25～30厘米到达子宫颈时，会感到有阻力，应稍左右旋转输精管进入子宫颈，再逆时针方向旋转插入5～10厘米，轻轻回拉输精管，有被锁住的感觉，此时再将输精管回拉1厘米，这时将输精瓶式袋接于输精管尾部进行输精。用手捏压输精袋，当输完2/3精液时，可卷曲输精袋加压，直到精液输完，全过程为5～10分钟，少于5分钟或加压过大，精液易倒流；长于10分钟，母猪后期易不安定，影响输精。输精过程中，对母猪阴户或大腿内侧挠痒或按摩，以增强猪的静立反应效果，防止精液倒流。

人工授精注意事项：①精液瓶要轻拿轻放，防止剧烈碰撞，使精子断尾，致死；②输精前最好有公猪诱情；③可拿一沙袋，在输精前放置于母猪背部，模拟自然交配时公猪爬跨按压母猪的背部，以促进母猪性欲和排卵；④输精时抚摸母猪外阴、乳房、腰背部等，以提高母猪的性欲；⑤如果在恒温箱内保存精液，要隔数小时翻动一次精液瓶，以便精子能吸收稀释液中各处的营养；⑥精液瓶内精液挤完后，可在精液瓶的后端上部扎一注射针头，以便空气进入处于负压状态下的输精瓶内，这样可防止精液倒流。

（3）注重母猪着床期的管护　母猪配种完毕后，要在原栏内驱赶运动5～10分钟，不可让其躺下或弓腰，以防精液倒流。

给配种后母猪创造一个适宜的生活环境，以减少胚胎死亡，应做到：①勤消毒，净化空气，减少舍内病原微生物的存在；②适宜的环境温度，做到冬暖夏凉，温度最好在18～25℃，避免高温和寒冻应激；③舍内通风良好，干燥、干净、卫生；④供给充足、清洁新鲜的饮水；⑤做好灭鼠、灭蚊、灭蝇、灭蟑螂工作，减少疫病传播媒介，同时避免任何形式的噪声；⑥防止母猪相互厮打、拥挤、跌倒或其他机械损伤，严禁恐吓、鞭打、混群，保持母猪适当的运动，以增强体质；⑦以单圈饲养较好，限位栏饲养不利于猪的活动，对怀孕母猪有很大的伤害。

（4）注意饲料防霉及疾病防治　霉菌是广泛存在于玉米、麸皮、糠、谷、大豆粕等植物的有害物质，其对受精卵着床有很重要的影响，若经常饲喂发霉的食物，会导致母猪受精卵不能着床及母猪不孕症。另外，霉菌毒素慢性中毒可导致母猪假发情，屡配不孕，或不发情，尿结石，阴道脱与直肠脱，怀孕母猪流产等一系列繁殖障碍性疾病。

许多疾病对母猪繁殖有很大危害，如猪瘟、猪伪狂犬病、猪细小病毒病、猪流行性乙型脑炎、猪繁殖与呼吸综合征等疾病都能引起母猪繁殖障碍，导致产仔少、流产、产死胎等，要定期按程序接种相应的疫苗。另外，母猪产前不食、便秘、低温症、疥螨、线虫感染等也可引起猪产仔少或产死胎等，应积极医治防范。

56 母猪单配、复配和双重配有什么意义及如何利用？

（1）单配　在母猪发情期中，只用一头公猪交配一次。好处是能减轻公猪的负担，可以少养公猪或提高公猪的利用率。但由于较难掌握最适宜的配种时间，单配就有可能降低受胎率和减少产仔数。

（2）复配　在母猪一个发情期内，先后用同一头公猪交配两次，第一次交配后，间隔8～12小时再配一次。这样可增加卵子与精子结合的机会，从而提高了母猪的受胎率及产仔数。

试验证明，母猪在一个发情期内的排卵时间常持续10～15小时，而精子和卵子的有效受精时间是有限的，适宜的配种时间又很难准确掌握，如果仅配一次，则可能一部分先排出来的卵子或后排出来的卵子受不了精，为了增加卵子受精的机会，可采取复配。

（3）双重配　在母猪一个发情期内，用两头血缘关系较远的同一品种的公猪，或用两头不同品种的公猪来和一头母猪交配。第一头公猪配完后，间隔5～10分钟，再用第二头公猪来交配。

双重交配的好处是，首先，由于用两头公猪和一头母猪在短期内交配两次，能引起母猪反射性兴奋，促使卵子加速成熟，缩短排卵时间，增加排卵数，故能使母猪多产仔，且仔猪较整齐；其次，由于两头公猪的精液一齐进入母猪的子宫，使卵子有较多机会选择活动力强的精子受精，从而提高仔猪活力。缺点是公猪利用率低。

57 如何判断母猪受胎了？

判断母猪是否怀孕，这对养猪生产来说十分重要，因为已经怀孕，就可以按怀孕母猪来管理；如未怀孕，则仍需催情调养，等待母猪下次发情后再配种。母猪未孕而不发情的现象比较普遍，给养猪生产带来很大的损失。

早期检查母猪是否怀孕，目前一般猪场尚无可靠的简便方法。当前已研制出猪用 B 超机，有条件的猪场可用 B 超机检查猪的怀孕情况。也可用一种怀孕测试纸，通过尿液测定猪是否怀孕，一般在猪配种后 20 多天测定较为准确。通常根据母猪配种后 20 多天不再出现发情，既认为可能怀孕，等第二个发情期仍不发情，就可以认为已怀孕。

从母猪行为表现上看，凡配种后表现安静，贪睡，吃食多，容易上膘，皮毛日益光亮并紧贴身躯，性情变得温顺，行动稳重，腹围逐渐增大，都是猪已经怀孕的象征。

58 怎样推算怀孕母猪的预产期？

正确推算预产期，对合理饲养怀孕母猪，及时做好接产准备都有好处。母猪的怀孕期平均为 114 天，范围是 110～120 天。在母猪产仔数多和营养比较好的情况下，产仔常会提前；如营养条件较差或产仔数较少时，则怀孕期会延长。

推算预产期的简便方法有两种，一种是在配种日期上加上 3 月 3 周零 3 天，另一种是在配种的月份上加 4，在配种的日期上减 6。

59 母猪临产有哪些表现？

母猪的怀孕期平均是 114 天，一般只要登记配种的确切日期，就可推算出预产期。但真正的产仔日期不一定都这样准确。有的母猪提前 4～5 天，也有的推迟 5～6 天。所以在生产中，准确掌握母猪产仔预兆，按时接产，对保证母猪的安全、提高仔猪成活率是很必要的。

产前 2～3 天，母猪乳头可挤出乳汁。一般来说，当前部乳头能挤出乳汁，产仔时间常不会超过一天；如最后一对乳头能挤出乳汁，产仔时间常不会超过 6 小时。这时如母猪来回翻身躺卧，常会出现乳水外流，乳头周围沾满草屑。但这种情况在膘情差、乳水不足的母猪常不明显。

在产前 6～8 小时，母猪会衔草做窝，这是母猪临产前的特有征象。观察表明，初产母猪做窝早，冷天比热天做窝早。而国外引进的猪种，则无明显的衔草表现，仅是拱圈围窝，即把圈内的垫草或干土拱到一处。

如发现母猪精神极度不安，呼吸急促，挥尾，流泪，时而来回走动，时而像狗一样坐着，排粪、排尿频繁，则数小时就要产仔。

在以上临产征象中，以衔草做窝和最后一对乳头能挤出量多质浓的乳汁，是临产前参考价值最大的征象。这时就必须做好接产的准备工作，随时准备接产。

60 怎样给母猪接产？

在母猪整个分娩过程中，由于子宫及腹部肌肉的间歇性收缩，把胎儿从产道内排出，这种收缩叫阵缩。母猪正常的分娩时间一般为2～3 小时，最快的仅一个多小时，最长的为 5～6 小时。个别母猪如腹压微弱，分娩时间可拖延到十几小时以上。在第一头小猪产出后，每隔 5～20 分钟产出一头，有时也能连续产出 2～3 头。经产母猪产仔间隔时间短，初产母猪要长；土种猪短，培育品种母猪长，杂种猪介于两者之间。最后产出的仔猪或个体特别大的仔猪，间隔时间往往较长。当产圈有生人时，反应敏感的母猪也会延长产仔时间，故应尽量避免生人进入产房。

胎衣一般是在仔猪全部产出后约半小时，分作两堆，先由一个子宫角，再由另一个子宫角排出。当胎儿较少或间有木乃伊时，胎衣常分数次排出。而木乃伊一般多包在胎衣内一并排出，如发现产下的胎衣最后一端形成堵头，就说明胎衣已完全排出，产仔结束。胎衣排出后，接产员应及时把胎衣连同被污染的垫草等一起清除，防止母猪吞食。但绝不要硬拉尚未排出的胎衣，以免引起母猪子宫大出血。

接产员在接产前，应把指甲剪短，用肥皂水洗净手，然后按下列顺序接产。

(1) 当仔猪落地后，接产员马上用干净的白毛巾或纸片将仔猪口鼻部的黏液擦净，以防堵塞口鼻影响仔猪呼吸，然后再仔细擦干仔猪身体。在北方的冬天最好用火烘干，以免因水分迅速蒸发使仔猪体温下降，导致疾病，甚至冻僵或死亡。

(2) 擦干黏液后的仔猪，应及时称重和打耳号，然后放入护仔箱或筐内并盖上麻袋保温，以防接产员照顾不过来，而发生踩伤或压死仔猪的现象。为了安抚分娩母猪的情绪，并让仔猪尽早吃上初乳，接产员应有次序地轮换提取 1～2 头仔猪送到母猪腹部吮乳。如仔猪吮乳时间过迟，则会引起僵口；有时仔猪在护仔箱内互相啃吮脐带，会引起死亡，护理时要注意。

头胎母猪常有站着产仔的情况，对此接产员应来回抚摸母猪腹部，设法让它躺下产仔。

(3) 仔猪产出 10～15 分钟后，如果脐带已停止波动，即可趁母猪产仔间隙，给仔猪断脐带。为了防止脐带断端出血，可在掐断前先把脐带内的血向仔猪腹部方向挤压，然后在离腹部三指处用手掐断，断面用 5%的碘酒消毒。

(4) 当母猪产仔时间过长、阵缩减弱或母猪疲劳时，可用酒精棉球堵塞母猪一侧鼻孔来提神。如果产仔时间超过 10 小时，或排出羊水后几小时不见胎儿排出，则应肌内注射缩宫素（催产素）5～10 毫升。

(5) 对护仔性较强，不好接产的母猪，除了临产前多与其接近外，也可用酒醉的办法来达到目的。即在煮熟的粉状精料内加入 250～500 克白酒制成团子，喂服母猪，这样母猪不久就会醉倒，达到顺利接产的目的。当前各地养猪场饲养的母猪都圈养，甚至许多在定位栏内饲养，都缺乏运动，使猪阵缩力弱，发生难产的很多。所以，在母猪有了产仔表现，努责很长时间，一般在1小时以上不见仔猪出，或产出2胎，隔1小时以上还不见仔猪再产出时，则可用药物催产，以加强母猪的阵缩力，以便仔猪短时间内产完。否则，轻则导致仔猪因窒息而死亡，重则导致母猪因难产而死亡。

61 怎样防止母猪压死仔猪？

母猪压死刚出生的仔猪是养猪生产中常发生的事，尤其是一些大型的引进品种猪，其母性较差，最易出现此问题。此外，老龄母猪因耳聋，过肥的母猪因行动迟缓，初产母猪因无护仔经验，产圈地面高低不平，垫草过厚、过长等，都容易造成母猪压死仔猪。特别是在产后1～3天内，由于母猪疲倦，仔猪软弱，最易出现压死仔猪现象。此时应特别注意防护。防压的方法，除注意平整产圈地面，防止垫草过厚、过长外，还可采取以下方法。

（1）根据母猪压死仔猪的规律，在产后3天内由专人看管。母猪压死仔猪，一般多在母猪吃食或排便后、回圈躺卧时发生，所以，看管人员在这时要特别留神照看。

（2）采用护仔架防压。在猪圈母仔休息的地方靠墙的三面，用圆木或钢管在距圈墙15～25厘米处各支一副两腿支架，支架高15～25厘米，这样可避免母猪靠墙躺卧而挤、压仔猪。因为支架不靠墙，其下部又有空隙，仔猪可在其间自由出入，若母猪躺卧时压到仔猪，仔猪可通过支架下的空隙躲避。

（3）用护仔间把母仔隔开睡觉。在母猪床附近，设置一个仔猪可以自由出入的护仔间或叫暖窝，让仔猪在里边睡觉。仔猪初生时除吃奶外，看管人员都要随时把仔猪捉进去睡觉。当仔猪习惯后，就会自己出来吃奶，自己回去睡觉，既能防压，又能保暖且卫生。如面积稍大，还可作为仔猪补料间，训练仔猪提早开食。

（4）使用产床。产床是专供母猪产仔用的床位，其最大的作用就是有效预防母猪压死仔猪，它设有母猪躺卧区和仔猪生活区（保温箱），母猪生活区侧面开有网孔，仔猪哺乳后就通过网孔进入保温箱内，避免母猪按压仔猪。

62 如何提高母猪的泌乳量？

母乳是仔猪出生后的主要营养物质，母乳的多少及质量是仔猪能否成活及生长速度快慢的决定因素之一，要保证仔猪健康快速发育，必须采取正确的饲养管理方法，保证哺乳母猪多产乳，并延长泌乳高峰期。对此，可采取以下措施。

（1）供给营养全面的优质饲料

①重视蛋白质和矿物元素的供给。目前，普遍存在的现象是哺乳母猪蛋白质和矿物元素供给不足，而能量饲料如玉米、麸皮、高粱等供给过多。应给哺乳母猪提供各种豆类、豆饼、豆渣、鱼粉等蛋白质饲料，同时供给骨粉、亚硒酸钠粉等矿物元素饲料。

②初产母猪应特别饲养。目前，多数猪场对初产母猪产仔后泌乳期供给的日粮不当，因大多数日粮是为成年母猪设计的，而初产母猪需要得到比成年母猪更多的营养才能满足自身继续生长的营养需要，同时贮备营养供下一胎繁殖需要。初产母猪在第一个泌乳期内对蛋白质的需要比对能量的需要重要得多，只有提高蛋白质的供应量才有可能提高泌乳量，从而促进仔猪生长及提高母猪下一胎的繁殖率。有研究表明，泌乳期日粮配合不当，很可能是初产母猪泌乳量低及第二胎产仔数少的重要原因。

③多喂青绿多汁饲料。块根、块茎及青草、青菜、树叶等。适口性好、水分含量高、维生素丰富，搭配饲喂可提高泌乳母猪泌乳量，但注意不能喂发霉变质的。

④添加油脂饲料。研究表明，在母猪预产期前 10 天及哺乳期的饲料中添加油脂（动物油或植物油脂），每天添加 200 克，可提高母猪泌乳量 18％～28％，并可提高乳脂率。

（2）保证哺乳母猪有旺盛的食欲　母猪产后易发生厌食症，这严重影响母猪的泌乳量，产后食欲减退、厌食往往是由于母猪临产前喂料过多造成的，因此应采取产前减料，产后逐渐增加喂料的措施。同时，要防止母猪产后产道感染，给产后的母猪应用清宫，消炎剂，如注射比赛可林，喂服益母生化散，或注射青霉素等。另外，多给母猪喂些麸皮以利通便。

（3）供给充足的清洁饮水　母猪在哺乳期要分泌大量乳汁，除消耗大量养分外，还需要大量的水分。要保证供给充足的清洁饮水，最好采取自动供水，任母猪自由饮用，冬天供给温水。

（4）正确管理

①利用好母猪的乳头。让仔猪利用母猪的所有乳头，对初产母猪尤为重要。如果母猪本胎次产仔数少不能利用全部乳头时，要尽量做好寄养或并养，或训练小猪使用两个乳头，方法是，当母猪放乳时，把小猪与其正在吸吮的乳头分开迅速地转换到邻近的空乳头。如此调训3～4次，仔猪就能自动从一个乳头换到另一个乳头。母猪的所有乳头都被利用，才能使乳腺迅速发育，并能保证下一胎全部乳头正常旺盛泌乳。

②及时剪断小猪的犬齿。小猪出生后即应剪掉其口腔内的犬齿，以防止咬痛母猪乳头，造成母猪不安及拒绝哺乳；同时可避免仔猪相互咬架而咬伤。方法是：饲养员用一只手的拇指和食指捏住小猪的上下颌之间（即口角两侧），迫使小猪张口并露出犬牙（在上下颌靠口角处），然后用犬牙剪分别剪去左右各两对犬牙。注意剪牙时不要伤及齿龈和舌头，剪下的齿粒不能让小猪吞掉。用仔猪专用的剪牙钳剪牙，其他钳很难操作。

③做好母猪乳房按摩与护理。按摩能促进乳房的发育，增强乳腺的功能，并可预防乳腺炎。按摩乳房可增加血液流量，增强新陈代谢，增加平滑肌的紧张度和收缩机能，使乳汁更容易排出。按摩可于母猪产前2周开始，直至产后哺乳结束。按摩前先用温水（约40℃）洗净乳房并擦干，然后从上至下按摩整个表面，再对每个乳房及乳头进行深层按摩，每天1～2次，每次约需20分钟。在擦洗、按摩乳房的同时，注意检查乳房有无肿胀及皮肤有无损伤，然后采取相应处理措施。

④保持安静舒适的环境。泌乳母猪如果处在嘈杂的环境或舍内闷热潮湿，会表现烦躁不安，产后厌食、少食，以致放乳间隔延长，

每次放乳持续时间缩短。母猪正在放乳时如果舍内突然有嘈杂的声音，母猪会中止哺喂仔猪并站立起来，仔猪不能饱食也不安静，这会使母猪更不安静，降低泌乳量。因此，母猪产房除彻底消毒、保持干净无污染外，还需要保持安静，这与舍内温度、湿度、通风一样对母猪十分重要。

（5）加强无乳综合征的预防和治疗　母猪产后无乳和少乳是生产中经常遇到的问题，对此要在母猪产前产后及时采取药物预防和治疗措施，以避免母猪无乳综合征的发生。

①药物预防。在母猪临产前3天和产后3天，每天喂服土霉素粉5克左右。母猪产仔过程中，用盐酸氯丙嗪按每千克体重用量1.5毫克肌内注射；青霉素160万～400万单位、链霉素100万～200万单位混合肌内注射，缩宫素30～40单位肌内注射；对本病有良好的预防效果。

②药物治疗。一旦发生无乳症，应及时治疗。可采取以下方剂治疗。

A. 选中等大小鲜鱼1条，煎煮熟，连汤带鱼喂给母猪，每日1条，连喂2～3条。

B. 花生米500克，鸡蛋4个，加水煮熟，分两次喂服，两天左右即下奶。

C. 王不留行40克，通草、山甲、白术各15克，白芍、黄芪、党参、当归各20克。共研末或水煎喂服。连用3剂。

D. 每日给猪加喂鱼粉50克左右。

63 母猪不让仔猪吃奶该怎么办?

正常情况下，母猪产后每隔1小时左右就要给仔猪吃一次奶。可是，有个别母猪却不让仔猪吃奶。这常见于以下几种情况。

（1）母猪无乳　多发生于营养不良、乳房干瘪的母猪，每当仔猪吃奶时，它就把奶头压到身子底下，不让仔猪吃奶。解决的办法是给母猪加喂催奶饲料和药物，母猪泌乳多了，自然就不会拒绝仔猪吃奶了。

（2）母猪患乳房炎或仔猪咬奶头　这种母猪不让仔猪吃奶的表现，与上面所讲的不同。母猪奶水很足，乳房经常膨胀得很厉害，而且它每隔一定的时间还会发出咕咕的叫声，唤仔猪吃奶。可是仔猪刚一吮住奶头，母猪就立刻发出尖叫声，猛地站起来，甚至还要咬仔猪。这种情况可能有两种原因，一是母猪个别乳头有伤或患乳房炎，仔猪一吃奶就引起疼痛；二是仔猪争夺奶头或个别仔猪牙齿长得不正，过长、过尖，吃奶时咬痛了母猪奶头。遇到这种情况，要仔细检查，发现母猪乳头有伤或患乳房炎，要给予治疗。如不是乳房和乳头有毛病，就要检查仔猪牙齿，用剪刀把仔猪尖锐的牙齿剪平。

（3）初产母猪无哺育仔猪的经验，头一次给仔猪吃奶，或感到恐惧，或经不起仔猪纠缠，也会发生拒绝哺乳的情况。遇到这种情况，饲养员应予细心调教，当母猪躺下时，可蹲在它的身边，挠挠它的肚皮，看着仔猪不让它们争夺奶头，保持安静，只要仔猪能顺利吃上几次奶，问题就解决了。另外，对初产母猪最好在怀孕期就经常按摩乳房，挠挠肚皮，这样产后就会哺育了。如果实在不让仔猪吃奶，必要时只能把母猪捆起来，采取强制哺乳的办法，经过几次调教，它就会习惯哺乳了。

64 为什么要让仔猪吃足初乳？

母猪产后3～5天内分泌的乳汁称为初乳。初乳与常乳的成分不同，初乳的特点是蛋白质含量特别高，并含有大量的白蛋白和免疫球蛋白，而脂肪含量却较低。这符合仔猪迅速生长对蛋白质的需要和初生仔猪消化力弱、不能消化大量脂肪的特点。

初乳中还含有磷脂酶和激素，特别是初乳中的免疫球蛋白，可以提高仔猪抗病力，是哺乳仔猪非常重要的营养物质。此外，初乳含镁盐较多，具有轻泻作用，能促进胎粪的排出，铁和维生素A、维生素D的含量比常乳高10～15倍，所有这一切，都使初乳成为初生仔猪不可代替的食物。这么重要的营养，可有些养殖户偏偏认为这种“黄奶子”不能给仔猪吃，故意挤掉。

因此，如果仔猪由于某种原因需要人工哺乳或寄养给其他母猪的时候，也应尽量设法让它能吃 2～3 天初乳，这样对于增强仔猪抗病能力和促进生长发育都有好处。吃不到初乳的仔猪常难养活。

65 初生仔猪固定乳头有什么意义？如何给仔猪固定乳头？

初生仔猪在生后头几天，有固定乳头吃乳的习惯，乳头一旦固定下来，一直到断乳都不更换。

这是因为，母猪的乳房构造与其他家畜不同，它没有乳池，所以只有在母猪放乳时仔猪才能吸到乳汁，而且母猪放乳的时间很短，一般只有 20 秒左右。如果有个别仔猪在放乳前未能衔上乳头，等母猪放完乳，这头仔猪这次将吃不上奶，只能等到下次放乳。由于母猪哺乳的这种特殊性，就决定了每头仔猪必须都有一个固定的乳头，好在母猪放乳时马上就能吃上，不至于挨饿。

母猪乳头位置不同，泌乳量也不一样，即前边的乳头泌乳量高于后边的乳头，如果任凭一窝仔猪自由选定，往往初生体重大的、强壮的仔猪抢占前边出奶多的乳头，弱小仔猪只能吃后边奶少的乳头，最后形成一窝仔猪强的愈强、弱的愈弱，到断奶时体重相差悬殊，有时造成弱小仔猪的死亡或形成僵猪。有时仔猪为争夺奶多的乳头而互相咬架，影响母猪正常放奶，甚至咬伤母猪乳头，引起母猪拒绝哺乳。

针对此种情况，应当采取适当措施给初生仔猪人工固定乳头。从仔猪生后第一次吃奶时起，就有意识地把强壮的仔猪固定在后边的乳头吃奶，把弱小的仔猪固定在前边的乳头吃奶。或者为了培养优良种猪，把需要留种的仔猪固定在出乳多的乳头上吃奶。或者为了让初生母猪的乳腺都能得到均衡的发育，提高母猪今后的泌乳力，把强壮仔猪固定在发育差和出乳少的乳头上，以便通过强壮仔猪对乳房的按摩和吸吮，促进乳腺的发育。

人工固定乳头，一般采取抓两头顾中间的办法比较省事，这就是说在固定过程中，一定要把一窝中最强的、最弱的和最爱抢奶的控制住，强制它们吃指定的乳头，对于不大、不小、不强、不弱的则可让它们自己固定乳头。再者就是在固定乳头时，最好是先固定下面一排的乳头，然后再固定上面的，这样既省事也容易固定好。为了便于识别仔猪，也可以用颜色在仔猪背上标上记号。

给仔猪人工固定乳头，必须在仔猪出生后2～3天内做好。特别是开始阶段一定要细心照顾，一般应在出生后2～3天内完成人工固定乳头的工作。

66 怎样寄养哺乳仔猪？怎样给仔猪人工哺乳？

（1）仔猪寄养　寄养就是把一头母猪生下的仔猪托给另一头母猪代养，在生产中一般在以下几种情况下需寄养仔猪：①母猪产仔较多，超过它可以哺乳的有效乳头数，可把多出的仔猪寄养出去；②在产仔相隔不久的几天内，有两头或两头以上的母猪产仔都比较少时，乳头有剩余，为了使其中的一头或两头母猪能得到充分利用，可采取并窝哺乳，让不哺乳的母猪提早配种；③母猪产后奶水不足，哺育较多的仔猪有困难，而有的母猪泌乳量较高，还有潜力多哺喂几头仔猪；④个别母猪产后死亡，可把其仔猪寄养出去哺乳。

为使寄养能够成功，必须做到以下几点：

1）两窝仔猪的出生日龄要尽量接近，最好相差不超过3天，以免仔猪日龄相差太大，发生以大欺小的现象。

2）要挑选性情温顺、护仔性好、泌乳充足的母猪来负担寄养的任务，从而提高成活率和断奶体重。

3）寄养仔猪一定要让它先吃到初乳，否则不易成活。

4）母猪辨认仔猪主要是靠嗅觉，为了防止母猪拒绝哺乳或咬伤寄养的仔猪，可预先将寄养的仔猪和母猪所生的仔猪混在一起，或在两窝仔猪身上涂上有相同特殊气味的药水，如来苏儿、酒精，趁母猪不注意，把它们一起放到母猪身旁吃奶，被寄养的仔猪只要吃过一两次母猪的奶水，寄养就能成功。

（2）人工哺乳　如果没有寄养条件，可以实行人工哺乳。就是用几种营养品配制成代乳品，代替母乳哺育仔猪。

人工乳应容易消化，与猪乳营养相似，原料普遍，配制简便，成本低廉，下面介绍几种猪人工乳的配方。

配方1　新鲜牛奶1 000毫升、葡萄糖15克、1%硫酸铁溶液10毫升，将以上三种原料混合，加入冷开水250毫升煮沸，冷却至50℃以下，再加入鱼肝油1毫升，新鲜鸡蛋半个（约15克），土霉素适量，充分搅匀。喂时，乳汁温度应保持37℃左右。这种人工乳一般可从仔猪生后10天开始喂起，喂10多天后，即可逐渐用豆浆代替牛乳，其他配料不变。

配方2　新鲜牛乳1 000毫升、白糖60克、硫酸亚铁2.5克、硫酸铜0.2克、硫酸镁0.2克、碘化钾0.2克，上述配方用来喂养哺乳仔猪，能获得较好的培育效果。

配方3　1月龄以前的人工乳配方：小麦粉50%、炒黄豆粉17%、鱼粉12%、脱脂乳粉10%、酵母4%、白糖4.5%、骨粉1%、食盐0.5%、鱼肝油10毫升、土霉素1%。

配方4　1月龄以后的人工乳配方：玉米35%、小麦粉25%、豆饼15%、鱼粉12%、麦麸7%、酵母3.5%、骨粉1%、食盐0.5%、土霉素粉1%。另外，目前有兽药厂家生产的专供哺乳仔猪用的代乳粉，效果很好，可以应用。

人工乳的喂法：开始时，早晨7点至傍晚7点，每小时喂给40毫升，夜间每两小时喂给40毫升，喂5天。以后早晨8点至下午4点，每3小时喂给250毫升，夜间每4小时喂给250毫升，喂22天。以后不分昼夜，每4小时喂给500毫升直至断乳。

在喂人工乳时，要模仿仔猪的哺乳规律，以少喂、勤喂为原则，要注意哺乳容器和食槽的清洁卫生，要保持人工乳的一定温度，并训练仔猪提早补饲。

67 "初生差一两，断奶差一斤；断奶差一斤，肥猪差十斤"有什么含意？

这句话形象地表明，要养好育肥猪，必须要养好哺乳仔猪，提高哺乳仔猪的断奶体重；而要养好哺乳仔猪，又必须要养好怀孕母猪，提高仔猪的初生体重。因为初生体重越大，生活力越强，生长速度越快；断奶体重越高，育肥增重越快，饲料报酬越高。它们之间有很大的关联性，我们应充分认识这种关系，提高养猪的效益。

所以，要想猪长得快，就必须从怀孕母猪抓起，只有饲养好怀孕母猪才能产下初生重大的仔猪。初生重大的仔猪，断奶体重也大，但初生体重大并不是使断奶体重大的唯一因素，只有在养好怀孕母猪的同时，也养好泌乳母猪，保证能提供充足的乳汁，并做好仔猪早诱食、促旺食等工作，才能获得大的断奶体重。

因此，我们在选购育肥仔猪时，应该挑选同群中个大的，即使花钱多也是划算的。花小钱买小猪是极不合算的，因为小猪终生生长发育迟缓。

68 怎样防止母猪化胎、死胎和流产？

母猪的受精卵在产前有部分死亡，约有 2/3 的死亡是在妊娠早期特别是胚胎附植前后，1/3 的死亡是在怀孕后期。如果胚胎死亡发生在早期，则不见任何东西排出而被子宫吸收，称为化胎。若发生在怀孕中期或后期，胎儿常不能被母体吸收而形成僵尸，称木乃伊。如果胎儿死亡不久在分娩时随同存活仔猪一起产出，则称死胎。如果胎盘失去功能早于胎儿死亡，则很快发生流产。

（1）造成化胎、死胎、流产的原因　归纳起来有以下几方面。

1）由于卵子质量不好或未能掌握配种时机，卵子过于衰老，虽可勉强受精，但胚胎不能正常发育，终致死亡而被母体吸收。

2）怀孕母猪饲料营养不全，缺乏必要的优质蛋白质、矿物质和维生素，特别是钙、磷，以及维生素 A 和维生素 D 缺乏，引起胚胎死亡。

3）怀孕母猪过肥或长期便秘，影响胎儿正常发育，引起化胎、死胎或流产。

4）用发霉、变质、带有毒性和强烈刺激性的饲料喂怀孕母猪，引起中毒而发生流产。

5）由于管理不善，如母猪滑倒、圈门狭小、进出拥挤、鞭打、惊吓、追打过急等，都易引起母猪流产。

6）高度近亲繁殖，导致死胎数增加，有时还会产出畸形怪胎等。

此外，母猪生病发热以及患乙型脑炎、布鲁氏菌病、细小病毒病、伪狂犬病、弓形虫病等都可引起流产。

（2）预防方法　应做到以下几点：

1）供给母猪全价的日粮，避免用单一的饲料喂母猪，减少粗纤维饲料喂量，注意蛋白质、矿物质和维生素饲料的供给。尤其母猪应重视钙质的供给。

2）严禁用发霉、变质、有毒的饲料饲喂母猪。怀孕母猪对那些弱毒的食物也比较敏感，如发霉的谷子、马铃薯茎叶、含有农药残留的饲料、酸性过大的粉浆和粉渣严禁喂给母猪。此外，还应给怀孕母猪配合喂一些轻泻性的饲料，如麦麸、青菜等，防止便秘。

3）注意对怀孕母猪的管理，防止互相拥挤、咬架、滑倒、惊吓及追赶等外力冲撞。

4）做好乙型脑炎、伪狂犬病、细小病毒病、猪瘟、猪蓝耳病等的防治工作。

在母猪怀孕期间，如不到正常分娩日期，就发现食欲减退或不吃，行动异常，精神不安，阴户红肿并流出黏液，不时努责，则可能要流产。当发现以上这些流产预兆时，应及时注射黄体酮 15～25 毫克，并内服镇静剂来治疗。

如已达到预产期，并有产仔表现，乳房膨胀且分泌乳汁，但既无胎动也不见胎儿产出，时间一久乳房膨大部逐渐收缩，则可能是死亡胎儿已变成木乃伊残存在子宫内，对这样的母猪应及早采取人工流产的方法，使死胎完全排出，不然会影响以后的繁殖。最简单的方法是给母猪注射催产素 3～6 毫升，促进排出。但也有个别母猪，并未进行人工流产或进行人工流产后未见死胎排出，过了一段时间后又重新发情受胎，这可能是流产物排出没被饲养员发现而被母猪吞食了，也可能是母猪内分泌紊乱造成的现象。

69 如何提高种母猪的利用率？

（1）掌握适宜的配种体重　后备母猪的初配体重对于母猪的繁

殖性能有着重要的影响，因后备母猪正处于生长发育的阶段，并且不同的品种成熟时间也不一样，因此要根据种母猪的品种来确定适宜的配种体重。母猪的初配体重要适宜，如果体重过大，会引起母猪配种受胎率低，胚胎死亡率高，产仔数少；体重过轻，会影响后备母猪自身的生长发育，以及产后泌乳能力，还会导致胚胎的高死亡率。

（2）掌握适宜的配种时间　母猪过早或过迟配种都会使受精率降低，即使授精成功，受精卵死亡的概率也较大。自然交配时，在母猪有发情症状后的24h进行交配，在12h后再配1次。采用人工授精时，可采取两次输精的方法，第一次输精在母猪发情后的12小时进行，第二次在首次输精后12小时进行。另外，配种时间还要根据品种和年龄灵活掌握，年轻猪可迟配，年龄大的猪可迟配，引进品种（瘦肉型）可早配，地方品种可迟配。

（3）选择正确的配种方式　一般应采取两次复配法。目前人工授精技术的推广和应用可使种母猪、种公猪的繁殖性能充分的发挥，且可提高受胎率、产仔数、健仔数。

（4）适时断奶　仔数适宜的断奶时间，可以提高母猪的利用率，可以采取早期断奶，选择在28天以内断奶，这样可以减少母猪在哺乳期的体重损失，使母猪提前发情。一般在断奶后5～7天即可发情配种，并且可以显著提高配种受胎率，可以保证每头母猪每年产2～2.5胎。

70 如何饲养管理产仔前后的母猪？

对膘情较好的母猪，在临产前半个月就要减少饲料喂量，特别是容易引起便秘的饲料更应少喂，每天饲喂的次数可适当增加1～2次，而每次的喂量应减少。这样可防止胃肠内容物过多，压迫子宫内的胎儿，引起早产、难产和死胎；也可避免分娩后最初几天泌乳过多，仔猪吃不完而引起乳房炎和仔猪腹泻。

若母猪临产前乳房还是瘪的，则不能减料，还要在产前10天左右加喂蛋白质较多的催乳饲料，如豆饼、鱼粉等，但产前两三天绝对不能喂得太饱，饲料也不宜过稠，只要喂些稀粥状的饲料就可以了。

临产阶段的母猪最容易发生便秘，这对顺利分娩和保证母猪健康都是极为不利的。防止办法是适当增加日粮中青饲料和麦麸的喂量，如已便秘，加喂青料和麦麸无效时，则应采取灌肠的方法。具体方法是用一桶与猪体温相等（37℃左右）的温水，里面溶解软肥皂 100 克，每隔几小时进行一次灌肠，直至母猪大便恢复正常为止。有条件的让母猪在场外活动。

在母猪分娩过程中，绝对禁止喂食，如分娩时间太长，可饮一些加盐的温水，但不能用冷水喂正在产仔的母猪，以免子宫受到刺激。产后 6 小时，可喂少量的麦麸或其他稀薄粥料。

一般情况下，母猪产后的食欲都不太好，但有个别母猪食欲旺盛，对这些猪在喂量上应加以节制，防止造成过食。一般母猪在产后 24 小时内不喂食，仅喂些温盐水解渴，24 小时后适当喂给少量稀粥料，2～3 天内不喂饱食，产后 5 天以后再逐渐增加精料喂量，直至产后 7～8 天，才能按泌乳母猪的定量喂给。否则常易发生母猪产后消化不良，或乳汁分泌过多，仔猪吃不完而患乳房炎。

71 如何培育哺乳仔猪？

根据仔猪的生理特性，对哺乳仔猪的培育可分为以下三个阶段。

第一阶段：生后 7 天内的培育

这一阶段要着重抓好仔猪的成活。

（1）固定乳头，早吃初乳　初生仔猪具有寻找母猪乳头及吸乳的本能，而且对乳头有选择性，并能建立稳定的条件反射。由于前后乳头的泌乳量不同，生后 2～3 天内应人为地训练仔猪固定乳头。一般采取固定强弱两头、照顾中间的办法，绝大部分仔猪只占用一个乳头，也有吸相邻两个乳头的。

初乳是仔猪必需的营养物质，应特别注意让初生仔猪吃到初乳。初乳中所含干物质、蛋白质、矿物质与维生素丰富，所含镁盐可以促进仔猪消化道蠕动，利于胎粪排出，含有的免疫球蛋白，可以增强仔猪的抗病能力。常见没有吃到初乳的仔猪生长不良，或变为僵猪，或者死亡。仔猪出生后 4～7 天，乳的成分逐渐接近常乳，因而仔猪寄养必须在初乳期后进行。

仔猪哺乳次数与母猪泌乳量和仔猪日龄有关，一般哺乳前期吃奶次数多，每隔 20～40 分钟哺乳一次，泌乳时间最初15～20 分钟，以后变短，到第 2～3 周为 5～10 分钟。

（2）防止压死，确保成活　初生几天内的仔猪，四肢无力，行动迟缓，尤其寒冷季节常喜依偎在母猪腹部或者相互堆在一起睡觉，睡眠很深，常被母性差的母猪压死。据统计，哺乳仔猪被压死亡的，占哺乳仔猪总死亡率的 40%左右。我国的地方母猪，母性极好，压死仔猪的情况较少。但引进品种猪母性很差，一定要人为护理仔猪数天。

仔猪被压死的一个重要原因是猪舍内温度过低，因舍温低，母猪活动迟缓，容易压死仔猪；同时仔猪也活动迟缓，行动不灵，躲避不及而被母猪压死或仔猪相互压死。所以，防压的一条重要措施是提高舍温。在严寒季节，除注意猪舍的密闭，堵墙洞，挂防风帘外，还需做到以下几点。

1）在新生仔猪睡卧的地方铺垫草，最好是在地面铺一层木板，上面再铺垫褥草。

2）将 150～250 瓦红外线灯吊在仔猪睡卧处的上方，距地面 40～50 厘米，灯下可保持 30℃左右（按各日龄仔猪的最适宜温度调节灯的悬挂高度）。仔猪睡卧区的四周可用木板等围起来形成保温箱（下面留一小门供仔猪出入），并可防止母猪碰到灯泡或咬断电线而发生意外。除保温箱外，也可采用远红外电热板。仔猪每次哺乳完毕，会自动回到温暖的活动区，减少了被母猪踩压的机会。

3）采用母猪网床分娩栏。当前，越来越多的规模化猪场及养猪户，将待产母猪赶到特制的母猪网床分娩栏内分娩，分娩栏设母猪躺卧区及仔猪活动区，两区用栅栏隔开但下面留口，可供仔猪自由出入。母猪在分娩栏内分娩，利于小环境的控制，特别是能够有效地防止母猪踩压仔猪。分娩栏的网床距地面高度20～50 厘米，粪尿从网床的缝隙漏下，不污染母猪乳头，能有效地预防疾病的传播，与地面产仔相比较，明显地提高了仔猪成活率及仔猪断奶体重。

(3) 及时补铁，预防贫血　水泥地面或其他预制板地面的猪舍，尤其注意应给仔猪补铁。铁是血红蛋白、肌红蛋白、铁蛋白以及相关酶类的主要组成成分，初生仔猪体内铁的总储量约为 50 毫克，初生仔猪生长发育，每天需 7～11 毫克铁，至 3 周龄需铁 200 毫克。而母乳中仅含铁需要量的 10%，只靠哺乳不能够维持仔猪血液中血红蛋白的正常水平，红细胞数量随之减少，仔猪一般在 10 日龄之内易患缺铁性贫血，表现为被毛蓬乱，可视黏膜苍白，皮肤灰白，头肩部略显肿胀，精神不振，食欲不振，生长缓慢，易患仔猪白痢及肺炎，病猪逐渐消瘦、衰弱甚至死亡。有些虽生长快，但也会发生缺氧而突然死亡。给初生仔猪补充铁制剂可以有效地提高造血机能，改善仔猪营养及代谢。

铜有催化血红蛋白和促进红细胞形成的作用，还可以促进仔猪的生长，日粮缺铜同样会影响铁的代谢，会使仔猪发生贫血症，饲养中应予注意。

常用的补铁方法有如下几种：

1) 注射含铁剂　这类补铁剂的主要成分为右旋糖酐铁，不同厂家生产的产品名称不同，有牲血素、富铁力、丰血宝、铁钴针、血多素等，这些都是补铁补血剂，多在仔猪出生后 2～3 天，每头肌内注射 1～2 毫升（按照该产品的说明使用），一般注射一次，必要时，10 日龄时再注射一次。注意注射该类制剂时，应做深部肌内注射。

2) 服用硫酸亚铁—硫酸铜口服液　取硫酸亚铁 2.5 克、硫酸铜 1 克，溶于 1 000 毫升热水中，过滤后逐头灌服，或者在仔猪吃乳时滴在母猪乳头处，使药液自然流入仔猪口内。用于治疗时，20 日龄前，每头每日 2 次，每次 10 毫升；用于预防时，在 3 日龄、5 日龄、7 日龄、10 日龄、15 日龄，每头每日滴服 2 次，每次 10 毫升。

硫酸亚铁—硫酸铜颗粒剂：称取硫酸亚铁 2.5 克，硫酸铜 1 克，研成粉末，加适量蜂蜜和糖精，然后均匀地掺入淀粉或者其他赋形剂中使药粉总量达到 1 000 克，制成小颗粒。可用于预防和治疗仔猪缺铁性贫血，用法用量同硫酸亚铁—硫酸铜溶液。

3）猪舍内铺撒红黏土。红黏土中含有多种微量元素，特别是富含铁，将深层的红黏土挖出来铺撒在猪舍内，任仔猪自由舔食可起到补铁的作用，但要经常更换被粪尿污染的红黏土，防止引起发病。

（4）勤添水、勤换水　仔猪生长发育快，加之所吸母乳能量高，需要大量水分，生后 4～7 天内，每千克体重需要饮水160～200 毫升，如果不能满足所需水量，一方面会影响增重，另一方面仔猪不得不饮污水、尿水，易导致腹泻。如果没有饮水器，应该在生后 3 天开始，用盘盛水供仔猪饮用，哺乳期间，必须勤添勤换。

第二阶段：7～30 日龄仔猪的培育

此时仔猪的生活能力开始增强，活泼好动。这一阶段以抓好奶膘为中心，训练仔猪早吃料，防治白痢，养好哺乳母猪，让其多产奶。

（1）提早补料，增强肠胃功能　提早训练仔猪吃料是增强消化机能，增强体质，抵抗疾病，提高断奶体重的关键措施，所以要千方百计突破补料关。

一般在仔猪生后 7 天，利用此时仔猪开始长牙，牙床发痒，喜啃硬物的特性，在栏内撒些炒大麦、炒玉米等，或者撒些切碎的青料、南瓜等甜嫩可口的饲料，让仔猪采食；或者利用仔猪的模仿性，设置公共饲槽，让仔猪向已经习惯吃料的仔猪学习如何采食。

（2）精心配制日粮，满足仔猪营养需要　仔猪教槽料要求蛋白质、维生素、矿物质丰富，纤维少、适口性好、易于消化吸收。

（3）放牧运动，增强体质　从生后 7 天开始，如果天气晴暖，仔猪可随母猪外出放牧运动，吃草啃土，晒太阳，每日 1～2 次。开始时间不宜过长，即使在 1 月龄以后也不宜运动太久，以免过度疲劳，影响仔猪生长。

（4）预防腹泻　小的仔猪最容易发生腹泻而死亡，不死而存活下来的仔猪生长发育速度减慢，易形成僵猪。对此可采取以下方法预防和治疗。

1）引起腹泻的原因　①致病微生物感染：引起仔猪腹泻的病原有大肠杆菌、球虫、轮状病毒、螺旋体等，不清洁的猪舍都存在这些致病微生物。②环境条件不适宜：仔猪对寒冷特别敏感，冬春寒冷季节舍内温度不高，仔猪体热损耗是引起腹泻的重要原因。另外，高湿度适于病原微生物生存、繁衍，炎热季节如果相对湿度在80％以上时也易发生仔猪腹泻。

2）预防和治疗方法

①免疫接种。在母猪临产前3周左右，按疫苗的推荐剂量给母猪注射或者口服仔猪大肠杆菌腹泻疫苗，母猪体内产生的抗体可通过初乳传递给仔猪，使初生仔猪获得免疫能力，对预防仔猪黄痢、白痢有重要作用。

这种免疫法是让仔猪通过母猪的初乳接受免疫抗体，所以一定要让仔猪在初生6小时内吃到初乳，对无力吸吮乳头的弱小仔猪，可将初乳挤出后用吸管或注射器给仔猪灌服。

②创造适宜的环境条件。如保持圈舍温暖、干燥，避免高热等。

③做好消毒工作。除在场、舍门口处设人员及车辆消毒池外，对猪舍要定期消毒，特别是在母猪产仔前，要先对产房、产仔笼、育仔笼、褥草等进行消毒。物理方法是指在阳光下反复曝晒（褥草及保温箱等）及高温蒸煮（衣服及用具等）。舍内消毒除可用火焰灼烧法外，常用化学消毒剂进行消毒，如用氢氧化钠（烧碱、苛性钠）1％～2％溶液、熟石灰10％～20％的混悬液，或用1％的甲醛溶液、来苏儿溶液等喷洒圈舍及墙壁。

④加强饲养管理。在母猪怀孕后期的饲料中添加脂肪可提高仔猪初生重，有助于提高初生仔猪的抗寒力，减少腹泻的发生。母猪饲料的改变会引起乳汁成分的变化，常引起仔猪消化紊乱，故泌乳母猪的饲料不能突然变更；饲料中蛋白质含量不要过高；保证仔猪有充足、清洁的饮水。这点往往不被人们重视，因为许多人错误地认为仔猪吃母乳，母乳中水分能够满足仔猪需要，所以不需要另外

补给饮水。

⑤利用好有机酸及微生物制剂。由于初生仔猪产生胃酸的能力弱，胃内酸性环境主要靠乳中的乳糖发酵产生乳酸形成，仔猪断乳后，乳酸来源中止，胃内的氢离子浓度降低，大肠杆菌的繁殖便加快。当氢离子浓度升高时，大肠杆菌生长速度下降甚至死亡。据报道，在哺乳仔猪饲料中加入0.5%～1%柠檬酸，肠道大肠杆菌、肠球菌明显减少，乳酸杆菌和酵母菌明显增加，从而减少了腹泻的发生。

另据报道，给初生仔猪灌服益生素类微生物制剂，可以明显减少仔猪黄痢、白痢的发病率。现售的各种微生物制剂用以预防仔猪腹泻的基本原理是：活菌进入消化道后进行繁殖，排除有害菌，并促使乳酸菌等有益菌的繁殖，保持肠道内正常微生物区系的平衡。目前，我国生产的微生物菌剂有促菌生（又名乳康生、止痢灵）、益生素、双歧杆菌、嗜酸乳杆菌等，这些微生物制剂对预防仔猪腹泻都有效，而且不产生抗药性，其用量应视每克菌剂中的活菌数而定，一般占饲料的0.02%～0.2%。

⑥药物治疗。对仔猪腹泻尽量采取预防措施，减少发病，一旦发病就要采用有效办法治疗，尽量缩短病程。

目前，治疗仔猪腹泻的药物很多，为提高疗效，减少浪费，对细菌性腹泻最好进行药敏试验，从中选择最适合的药品，现介绍几种常用药物治疗方法。

①补液疗法：造成仔猪腹泻死亡的根本原因是脱水和电解质紊乱，对此我们可以采用给仔猪饮用口服液来进行防治，具体配方是葡萄糖粉20克、氯化钠粉3.5克、硫链霉素粉0.5克、氯化钾1.5克，加入100毫升温开水中，任腹泻仔猪自由饮服，或者按每千克体重100毫升灌服，每天灌服3～4次，直至痊愈，这种口服液应现配现用，而且要尽早服用效果才好。或以补液盐给仔猪灌肠，按比例加入水中给仔猪灌肠。

②蛋清青霉素治疗：用鸡蛋清与抗生素混合液注射，治疗仔猪腹泻，疗效显著。方法是：选取新鲜鸡蛋，用消毒好的针头抽取蛋

清（每枚蛋可以取 10～15 毫升），加入青霉素 40 万单位，在每头仔猪颈部肌内注射或交巢穴（尾根与肛门中间的凹陷处）注射 4～5 毫升，注射 1～2 次即可治愈。

第三阶段：30～40 日龄仔猪的培育

这一阶段仔猪已经习惯吃料，日增重可达 250 克，这一阶段的中心任务是千方百计促进仔猪旺食多餐，抓全窝仔猪的均衡发育，以达到断奶体重大、窝重高的目的。

（1）狠抓旺食，促进生长　仔猪到 1 月龄左右，生活力增强，消化功能提高，食欲旺盛。此时，应少喂勤添，增加喂食次数，维持仔猪旺食状态。仔猪有喜欢吃新鲜料的习性，为了减少饲料浪费，根据仔猪消化器官的结构特点，一般日喂 4～5 次。

（2）日粮配方要相对稳定　以免仔猪择料拒吃，同时应每餐不过量，做到吃饱不浪费。

（3）防疫注射，保证健康　生后 20 天可以同时注射猪瘟、副伤寒疫苗，40～50 天注射猪丹毒、猪肺疫疫苗，以防止这些病的发生。

72 提高仔猪成活率的技术措施有哪些？

（1）加强母猪的饲养管理　①母猪妊娠期采取前高后低的饲养方式，妊娠前期在一定期限内降低日粮的营养水平，妊娠后期则适当提高营养水平，增加饲喂量，保证维生素和矿物元素的供给，从而提高仔猪的初生重。但要在母猪生产前 2～3 天减料，分娩当天减料或不给喂料。②供给哺乳母猪营养全面的饲料，提供适量的青绿多汁饲料，保证充足的清洁饮水，以保障母猪旺盛的泌乳。经常注意给水系统的畅通及水流量。在母猪停止授乳前减少饲喂量，防止母猪患乳房炎。饲喂时严禁喂给母猪发霉变质及冰冻饲料。保证母猪生活环境舒适，夏季做好防暑降温工作，炎热季节在舍内安装降温设施，防止母猪中暑，发生热应激；做好母猪的保健工作，母猪分娩前 3 天可以在饲料中添加微生态制剂，可有效预防子宫炎和乳房炎，并起到净化肠道的作用。日常管理中要做好母猪乳房和乳头的保护工作，在产床上不应有异物和突起的尖物，以免刮伤母猪乳房和乳头，母猪产后要保证每个乳头都能得到仔猪充分的吮吸，以促进乳腺的发育；做好母猪的免疫接种工作，特别是猪瘟、伪狂犬病、细小病毒病、乙型脑炎、蓝耳病等疫苗的接种。定期检测猪场的抗体水平，及时调整免疫程序。矫正母猪咬仔的不良行为，对于有恶癖的母猪如果不能矫正，要及时淘汰。

（2）加强仔猪护理 如果发现刚出生的仔猪假死要及时进行抢救，仔猪出生后要及时进行剪牙和断尾，以免仔猪咬伤母猪的乳头及互咬尾巴。刚出生的仔猪身上涂洁身粉，这样既可以吸干初生仔猪身上的水分及污物，又有消毒及补充微量元素的作用，是仔猪的重要保健措施。做好产房的保温工作，在产房内安装保温箱，箱内装 250 瓦的红外线保温灯泡，灯距箱底面 40 厘米。做好仔猪的防压工作，在分娩舍内设置护仔栏，固定仔猪吃奶乳头，如果出现仔猪数量多于母猪有效乳头数量时，要将仔猪寄养给其他母猪。在仔猪出生后 2～3 天，给每头仔猪肌内注射补铁剂，以预防缺铁性贫血；还要注意补硒，注射亚硒酸钠维生素 E 针剂。做好哺乳仔猪的早期补料工作，以增强体质促进生长。

73 如何培育断奶仔猪？

断奶仔猪（2～4 月龄）的培育是养猪生产中的一个难关。仔猪一断奶就母仔分离，由哺乳期以母乳与饲料为食转变为完全采食饲料，因需要独立生活，环境突变，加上合群栏，常引起相互咬架。同时这一阶段又是生长旺盛时期，如果各种条件跟不上，会导致仔猪增重上不去，有的仔猪体质弱变成僵猪，造成肉猪出栏率低，浪费人力、饲料，经济上蒙受很大的损失。

断奶仔猪培育的目标是，加快生长速度，保证体质健康，提高成活率等。

（1）加强饲养 仔猪阶段以增长肌肉、骨骼、组织器官为主，一般采食 1.25 千克饲料，即可增重 0.5 千克，但是要求日粮中蛋白质较高，粗蛋白比例要达到 16%以上，如果日粮中能增加 5%～

10%的鱼粉效果会更好，补喂鱼粉有重要的促生长、提高仔猪存活率的作用。钙、磷为骨骼的基本成分，必须注意补给。

断奶后14～20天，饲喂哺乳期饲料，以后逐渐更换成断奶仔猪料，仔猪换料有一个适应的过程，断奶后14天内，日喂4次，夜间补喂1次，少喂多餐对预防腹泻有重要意义，因为肠道内容物少了，排便就会减少。以后逐渐改为3次，每顿饲粮分2～3次供给，如果精料不充分，宜多喂优质青料。开始喂青料的几天内，可能出现腹泻现象，这是一种机体的适应过程，经2～3天便会正常。

防止断奶仔猪腹泻（急性胃肠炎）是饲养的重点工作。仔猪的消化功能尚未健全，气温突变，阴雨潮湿，垫草不干燥，饲料变化太大或饲料霉烂、或饲料油脂含量太高，饮用污水，病原微生物感染以及肠道寄生虫病等都能导致腹泻，对此应具体分析，采取相应的解决办法。

（2）加强管理

1）抓好断奶　断奶是仔猪生长过程中的质变阶段，必须充分重视。断奶方法分为急断法、渐断法及分批断法三种。急断法是将母仔一次突然分开，仔猪有几天不安，不利于生长；对于泌乳量高的母猪还可能引起乳房炎。渐断法是逐渐减少仔猪每天的哺乳次数，经3～5天后，完全断开；分批断法是先将体格大的隔开，过几天再将体格小的隔开。后两法虽然有利于仔猪的均衡发育，但会影响母猪的发情配种。

2）加强调教　调教的目的是使仔猪的生活有规律，养成习惯，主要是训练采食、排粪尿与睡觉三点固定，初始几天形成三点固定，以后就不会破坏，这对以后的生活有很重要的意义。以保持猪栏干燥清洁，猪体卫生，减少疾病发生；另外可减少工人劳动时间，降低劳动强度。

3）细心观察　认真观察采食状态，吃食不主动、站立一侧、双目无神、动作迟缓、精神不振等是有病的表现，应及时隔离治疗；粪色黄且秘结者为青料不足；粪稀薄夹杂气泡或有恶臭，为消化道疾病的表现；粪中夹有未消化饲料为消化不良或加工过粗所致。

4）驱虫灭虱 在哺乳过程中，仔猪所感染的体内寄生虫如蛔虫、肺丝虫等，此时已发育成成虫，吸吮血液，造成仔猪咳喘，擦痒不安，生长停滞。寄生虫在此阶段对猪的危害最大，因此在仔猪断乳时，即应进行驱虫。用伊维菌素内外驱虫剂可将体外的虱子去除。

74 仔猪早补饲、早断乳有什么意义？

仔猪随着日龄的增长对营养的需要增加，而母乳的营养随着产后时间延长而减少，早补喂饲料可弥补母乳营养的不足；提早补饲，由于饲料对仔猪胃肠道的刺激作用，使消化功能增强，对营养物质的消化吸收增强，使其生长发育速度加快，抗病力及成活率提高；同时早补饲可使仔猪早断乳，母猪早发情、早配种，提高母猪的繁殖利用率，降低饲养母猪的成本；同时早补饲、早断乳的仔猪后期长得快，饲料报酬高，适应性强。所以，饲养仔猪应提倡早补饲、早断乳。

补饲可在仔猪生后 7～10 日龄时开始。小仔猪恋乳性很强，开始时对饲料冷淡，故补饲应耐心调教。开始先用些煮豆、炒米逗引，只要它吃上几个料粒，就会对饲料产生兴趣。如果它对饲料总是不理睬，可把其隔离起来，不给其吃奶，饿一两个小时，再供给饲料。另外，还可用熟粥料，加点糖，用小木板抹在仔猪嘴里，坚持几次，仔猪就逐渐抢着吃。也可在食物内添加一些油脂类食物，以增加食物的香味，引诱仔猪开食，同时，还可喂给些青饲料如萝卜等。最好是用乳猪专用颗粒饲料进行诱食，其适口性好、营养全面，为了防止母猪抢食仔猪料，可另设补饲间，补饲间设供仔猪出入的通口，这样利于补饲的进行。同时，将不同窝的仔猪混于一起补饲，这样可利用大仔猪及已开食的仔猪带动未开食的仔猪吃食。

75 怎样防止仔猪扎堆？

冬春寒冷季节，仔猪尤其是断奶后的仔猪，由于怕冷，夜间常爱“叠罗汉”，堆在一起睡觉、休息，结果小的压在下面，大的、强的卧在上面，易出现压死、压伤的现象。即使下面的仔猪不被压死，也经常由于堆内外温度相差悬殊，使仔猪忽热忽冷，并受到尿液、湿气的侵害，而发生呼吸系统疾病和生长发育迟滞。

这种被压的猪主要表现为食欲不振，精神委顿，腹部两侧的皮毛大片发黄或发红（黑毛猪发黄，白毛猪发红），并在该处皮肤发生高粱粒大小的红斑，最后逐渐脱毛。如果在清明节前（天气较冷）未能治好，就可能大批死亡。没有死亡的猪，在清明到立夏这几个月中表现生长缓慢，到了立夏以后，有的猪才逐渐恢复过来，但生长速度远不如健康猪，甚至变成僵猪。对此可采取如下办法。

（1）做好猪舍冬季的防寒保温工作，搞好圈内的密闭，防止贼风的侵袭，必要时可在猪舍的西北两面架防风障，圈内地面要多垫清洁、干燥和柔软的垫草。有条件的猪场，可修建保温棚圈，提高猪舍温度。

（2）减少圈内仔猪的饲养密度。圈内面积在 10 米^2 以下时，饲养仔猪不超过 10 头为宜，从而减少堆压。

（3）加强断奶仔猪的饲养，让仔猪健康发育，提高自身的抗寒能力。在冬季每天晚上加喂一顿热食，可提高体温，防止仔猪扎堆和尿窝。同时应加喂温水。

（4）晚间轰猪 2～3 次，并撒一些煮熟的饲料粒，让猪活动。这样，既可防止仔猪压堆，增强仔猪抗寒力，也可防止尿窝。

（5）采用在猪舍内吊捆的办法，即在猪舍的棚下吊一草捆，草的头端靠近地面，使猪睡在草下，起到保温的作用，同时又能防止猪扎堆。为了避免猪在白天撕草，可采用白天吊高，晚上降低的办法。

76 如何提高种公猪的利用率？

目前许多养猪场对公猪的利用都非常盲目，使公猪的利用率及配种受胎率很低，在此谈谈如何使公猪发挥良好的配种性能。

（1）掌握利用好公猪的适配年龄。青年公猪在开始配种后的前

2 年，其繁殖性能是不断提高的，当达到 2～3 岁时，可达到繁殖力的高峰，以后会随着年龄的增长，繁殖性能逐渐下降。在饲养管理合理的情况下，青年公猪的性欲旺盛，精液的品质优良，可提高母猪的配种受胎率。当公猪年龄大时，会表现性欲减退，体重较大，笨重，常伴有肢蹄病的发生，配种能力差。因此，要掌握好种公猪的配种年限。一般以 2～3 年为最佳，当超过 3 年，如果个别公猪的体况及性能仍然保持较高水平，则仍可留作种用，否则应及时淘汰，以免造成浪费。

（2）掌握种公猪适宜配种、采精次数。幼年公猪每天可配种 1 次，在连续配种 3 天后要休息 1～2 天，成年公猪每天可配种 1～2 次，保证每周休息 1 天。在进行自然交配时，对于 8～12 月龄的种公猪可每周配种 2 次，12 月龄以上的种公猪每周配种 3 次。在采用人工授精技术采精时，8～12 个月龄的公猪每周采精 1 次，12 月龄每 5 天采精 1 次。要注意不论采用何种配种方式，都要定期检测精液品质。一般优良的精液要求精子活力在 0.8 以上，密度在中等水平以上，精子的畸形率不高于 10%，颜色为乳白色或灰白色，略带腥味。

77 从外地引进种猪应注意哪些问题？

每个品种，都是在一定地区、一定条件下，经过长期的自然选择和人工选择逐渐形成的。因此，它们对当地的环境条件都具有较强的适应性。

为了利用杂种优势或培育新品种，猪场常需不断引进新品种、新个体，引进猪种应注意以下问题。

首先，要根据经济杂交或培育新品种的目标来选择猪种。供经济杂交用的，应选择在当地经过杂交组合试验表现较好的猪种，或者参考与当地条件相似地区的经验，决定引进哪个猪种。供杂交改良培育新品种用，引进符合育种工作需要的猪种，并且选择遗传力较强的。要注意个体的选择，搞清血统，购入的种猪相互间应没有亲缘关系，并考察它的亲代有无遗传缺陷，应带回种猪血统卡片，保存备查。

其次，引种时要了解引入品种的特点、习性，以及所在地区的气候、饲料和饲养管理等条件，以便确定引进以后的风土驯化工作，为引进的猪种创造必要的饲养管理条件。如南方猪引入北方，要在春季引入，让它夏季以后在气温逐渐降低的情况下，度过秋冬季节，入冬以后要做好防寒工作，逐步增强它的抗寒能力。北方猪种引入南方则可在冬季进行，让它逐渐适应南方的气候条件，夏季要做好防暑降温工作。也可实行间接引种法。比如，北方地区要引入内江猪作杂交父本，可不直接去四川引种，而是间接从较寒冷的地方引种。另外，从日粮搭配、饲喂方法上要尽量符合猪种原来的要求。如长白猪为肉用型，对蛋白质含量要求高，日粮中适当增加含蛋白质高的豆类或饼粕类饲料，并采用原来习惯的饲喂方法。这样，在合理的饲养管理条件下，经过一段时期以后，引入猪种就会逐渐适应当地的自然条件。在极端天气，最好避免引种，因难以做到理想的保护。

最后，猪在幼龄时期具有较强的适应性，容易接受外界条件的改变，故引进猪种时宜引入 4 月龄左右或稍小的猪。

按照规划有计划地引进品种，不宜过多。若掌握不好，会造成猪群混杂、退化。开始引进的猪种应集中在一个或几个猪场，以便加强饲养管理和进行引种观察，也便于进行选育工作，然后逐步推广。

为了防止疫病传播，引进猪种必须进行检疫，由外地引入时要隔离饲养，观察 1～2 个月，加强防疫措施，注意预防和消灭地方性传染病。

78 如何选留种猪？

对留作种用的母猪和公猪，必须进行全面细致的挑选，不可随意留用，可通过三个方面来挑选。一看猪本身的表现（包括外貌、发育和生产性能）；二看祖先；三看后代。坚持全面考察，有主有辅的原则。全面考察，就是选种时不要单看长相，而要做到七看，即看外形、看发育、看生产性能、看本身、看亲代、看后代、看同胞。一般是采取窝选、个体选、产仔选三次选择。

第一次窝选，看祖先。这次选是从优良公母猪交配所生后代、全窝都发育良好的仔猪中选留母猪，需是经产母猪（第二胎以上），产期最好是春季。选留的头数要尽量多些以便以后筛选，若要补充一头种公猪，就要选留断奶小公猪5头，这样可以根据它们在各个阶段表现的好坏再继续挑选。这次选择，主要是看前2～3代祖先的好坏，特别是父母代的好坏。对亲代的要求是，产仔数多，仔猪初生重大，全窝仔猪个体匀称；母猪的泌乳力高（以全窝仔猪20日龄体重来表示），乳房发育好，无瞎乳头，有效乳头在6对以上，肚脐前最少3对以上，同时选中年母猪产的仔，尽量不选初产母猪和老龄母猪产的仔。母性好，仔猪成活率高；体躯要长大，外形要符合该品种要求。其次是看选留的仔猪生长发育和外形，因为这时它的生长发育和外形还没有定型，只是作为选种的参考。还要注意同窝仔猪中有没有疝气（赫尔尼亚）、乳头内凹、肛门闭锁、隐睾等遗传缺陷。选留的仔猪应是同窝中最大的。对外形的要求是，胸宽，背腰长而平，腹线平直，屁股圆、均匀，被毛细软、光亮；小公猪的睾丸匀称，动作灵敏，食欲旺盛，具有该品种的特征。不能选留短矮、圆胸的，这样的仔猪将来很难发育成体形宽大的种猪。

第二次个体选，看猪只本身生长发育。在选留的断奶仔猪长到第一次配种时选择。这次选择的根据是猪的生长发育和体质外貌，并要注意选留耐粗饲、吃食好和适应性强的。

后备猪生长发育的好坏，可根据体重、体尺（体长和胸围）来评定，一般10月龄的后备猪要求体重达成年猪体重的40%～50%，体长达成年猪的70%～80%，若生长发育符合要求，再鉴定外形好坏。在外形方面，要求品种特征明显，体躯长，胸宽，大腿丰圆，四肢高而结实，结构紧凑匀称，母猪腹围较大，公猪睾丸发育正常。

第三次选产仔，看后代。在母猪生产第二胎以后和公猪1.5～2岁时进行。这次选择主要是看猪本身的生产性能和后代的表现，进一步了解这头猪的双亲能否把它们的优良特性遗传给后代。选择母猪时，要求母猪产仔多和断奶窝重大，这是两项主要指标。其次还要求所产仔猪初生重大，全窝仔猪发育匀称，母性好，泌乳力高。选择公猪时，要求公猪比同年龄的其他公猪体格健壮，雄性特征明显，即头颈粗重，前躯发育好，四肢特别是后肢结实，睾丸发育好，性欲旺盛，外形符合品种特征。要着重注意所繁育后代（至少要观察与配 5 头母猪的后代）的断奶重和 6 月龄体重要比同龄公猪的后代高，或比全场同龄后代的平均数高。有条件时，还要检查公猪的精液品质。如果精子数量过少，或畸形精子和死精子比例过高，常是遗传性疾患，这样的公猪即使其他方面都好，也不能留作种用。

留作种用的公、母猪，它们的后代中都不应出现遗传上的畸形和缺陷。

如有条件，可给选作种用的公、母猪（主要是公猪）的后代进行肥育测定，以了解种猪的肥育性能和肉的品质。如日增重、饲料利用率、膘厚等指标不能从种猪本身测得，而需要进行种猪后代肥育测定。猪的繁殖性状遗传力较低，选育提高速度不会很快，而肥育性能的遗传力较高，选育提高较易见效。所以，对种猪生产性能的评定，不能单看繁殖力指标。

有主有辅，就是根据全面考察结果对种猪进行选留时，要分清主次。应以种猪本身表现为主，同胞、亲代和后代表现为辅。而种猪本身、同胞、亲代和后代在外形、发育和生产性能方面的表现，应以生产性能表现为主，外形和发育表现为辅。生产性能表现又应以育肥力即生长速度和饲料报酬为主，繁殖力即产仔数、断奶窝重和育成仔猪数为辅。这样，我们在对该种猪实行全面考察的基础上，又本着有主有辅的原则加以分析比较，就可以作出较为正确的评定，决定弃取。

79 严防猪的近亲繁殖有什么意义？

用四代以内有共同祖先的公、母猪交配，叫近亲繁殖。

我们在选配公、母猪时，要注意避免近亲繁殖。因为近亲繁殖常常会产生有缺陷和生活力低的后代，如锁肛、隐睾、单睾、赫尔尼亚，母猪不育、产仔少、死胎、畸形怪胎，仔猪体质衰弱、生长缓慢，公猪无性欲，等等。虽然有些后代无畸形，但其饲料报酬低。

由于猪是多胎动物，繁殖周期短，同窝仔猪在母猪胚胎期生活在完全相同的环境中，所以受近亲繁殖的有害影响比其他家畜大（有缺陷，往往不是一头，而是几头有缺陷）。目前有些猪场繁殖比较快，但制度不严，血统不清，近交严重，应引起足够的重视。

为避免近亲繁殖，可采取以下方法：

（1）建立种猪档案。种公、母猪都要编耳号，详细记载它们的谱系，搞清猪群的血缘关系，有计划地进行选配。配种时要做好配种记录，为建立谱系提供依据。要防止公、母猪偷配，偷配生产的后代，就查不清它们的血统了。

（2）种猪群要有足够的公猪更换使用。一般仔猪场，一头公猪使用两年左右就应从外场再引进公猪，或与外场有计划地更换使用或交换精液，进行血缘更新。

（3）在母猪头数较多的猪场，可以采取不同品系（或品族）间杂交。

（4）在进行杂交改良时，可在几个猪群或几个猪场同时进行同样方式的杂交改良，以避免在自繁自养时发生近亲交配现象。

80 为什么要大力推行用三元杂交猪育肥？

育肥猪要选用杂种猪，且选用三元杂交猪育肥效果更好。

三元杂交就是首先用两个品种的公、母猪交配，产生一代杂交母猪，再从这些杂交母猪中选择优良猪留作种用，与第三个品种的公猪进行交配，所得后代即三元杂交（三品种杂交）后代，这种杂交后代育肥效益最好。

因为，三元杂交能获得100％的后代杂种优势和100％的母本杂种优势，既能使杂种母猪在繁殖性能方面的优势得到充分发挥，又能充分利用第一和第二父本在肥育性能和胴体品质方面的优势，特别是第二父本的影响更大，所以三元杂交的综合效果优于二元杂交（两品种杂交）。同时，这种杂交能更好地利用品种间的互补性。由于这种杂交对杂种优势的利用比较充分，相对组织也不困难，所以被广泛采用。

81 为什么僵猪不医，喂养必赔？

僵猪俗称小老猪，是在猪生长发育的某一阶段，由于遭到某些不利因素的影响，使猪生长发育长期停滞，月龄很大，但体格很小，被毛粗乱，极度消瘦，形成两头尖、中间大的刺猬猪。这种猪照常吃食，可只吃不长，白白消耗饲料。这种现象很常见，一群猪中出现一头这样的猪，这群猪的效益就没了，所以，养猪应特别注重僵猪的预防和治疗。

产生僵猪的原因很多，一是因为母猪在怀孕期饲养不当，母体内的营养供给不能满足胎儿生长发育的需要，致使胎儿发育受阻，产出初生重小的仔猪；二是由于母猪在泌乳期饲养不当，母猪泌乳不足或无乳，致使仔猪发生奶僵；三是由于仔猪长期患病，如仔猪白痢、气喘病、蛔虫病、肺丝虫病、疥癣病等；四是仔猪断奶后饲养管理不当，日粮营养不能满足仔猪生长发育的需要，特别是蛋白质、矿物质、维生素缺乏，以致引起断奶仔猪生长发育长期停滞，最后形成僵猪。其他如近亲交配、初配过早及猪舍阴冷、潮湿等因素都可形成僵猪，但其中以奶僵、病僵、断奶后僵最常见，且多数是由两个或两个以上原因引起的。

防止僵猪的产生可采取以下措施：

（1）加强母猪怀孕后期和泌乳期的饲养，保证仔猪在胎儿期能得到充分的发育，哺乳期能吃到充足的乳汁。

（2）给仔猪固定乳头，提早补料，提高仔猪断奶体重，保证仔猪健康成长。

（3）做好仔猪的断奶工作，断奶阶段饲料、环境和饲养管理等逐渐过渡。

(4) 防止饲料单一，做到青、粗、精饲料的合理搭配，特别要注意蛋白质、矿物质和维生素的平衡供应。

(5) 搞好猪舍环境卫生，保证母猪舍温暖、干燥，空气新鲜，阳光充足，一旦发生疾病应及时治疗。

(6) 严格禁止近亲繁殖，避免过早初配，不断更新猪群，及时淘汰哺乳性能差的母猪。

对已形成的僵猪，应单独喂养，加强运动，有病及时治疗，及时进行驱虫，另在日粮中每天加喂 25～30 毫克土霉素，并适当增喂一部分动物性饲料，如鱼粉、胎衣粉等，骨粉和食盐要每天加喂。青饲料更是不可缺少。为了促进食欲，也可以适当喂些健胃药。必要时可以采取饥饿疗法，即停喂 24 小时，仅饮些淡盐水，以达到促进食欲的目的。另外，可用药物治疗，如用维生素 B_{12} 注射液 0.5 毫克，肌苷注射液 4～8 毫升，一次肌内注射，每日一次，连用 3～5 天。也可用维丁胶性钙注射液 2～3 毫升，维生素 B_1 注射液 2～4 毫升，维生素 B_{12} 注射液 1～2 毫升，肌内注射。同时僵猪可注射生血素（α）、大旋糖苷铁注射液。

82 散养猪可否盈利？散养猪应注意哪些问题？

散养猪肉味好，是因为这种猪饲养期长，肉组织水分含量少，加上这种猪肉含油脂量大所以肉味道就香，因为吃着香，人们就觉得这种肉好。可采用这种模式养猪的人，据笔者了解，大多数人是赔钱的或利润很低，这是为什么呢？根据笔者掌握的情况，综合分析，其原因有下：

(1) 供给的食物单纯，不讲营养，猪生长发育迟缓，增重十分缓慢，饲养期过长，养一年左右出栏，这使猪的维持消耗过大，养猪成本过高。许多散养猪户错误认为，散养猪只能喂谷物类粮食及饲草，不能喂饲料及其他食物，否则猪肉的味道就变了，就不是散养猪肉了，所以长期只给喂大量饲草及少量玉米等谷类精料，而这些食物只提供了能量营养，其他营养均缺乏，使猪长期处于营养不良状态，养一年还是个小猪。

（2）管理粗放。许多户将猪仔放任于山头或深沟，任其存活，又没有提供舒适的圈舍等生活环境，且幼龄仔猪自我保护力差，对恶劣天气不能应对，加上供给的食物营养不全，常导致一些猪形成僵猪，只吃不长，严重影响效益。

（3）市场散养猪肉价与成本不符。散养猪生产猪肉最终还得进入猪肉市场销售，而该猪肉与其他圈养猪肉在外观上无明显差异，人们眼观又不能将两种肉区分开来，甚至散养“土猪肉”外观还没有“洋猪肉”好看，所以价格上不去，一般市场比其他肉价高2～3倍，再高就无人问津，可这种“土猪肉”的成本是“洋猪肉”的2倍以上。有些养猪户无暇自产自销，猪卖给猪贩子，这样养猪人的利润更低了。

那么怎样散养猪能有利可图呢？在此介绍主要方法。

（1）讲究营养，食物多样搭配。人们都认为“土猪肉”不能喂饲料（饲料厂家生产的饲料）。可以不喂饲料，但不能不讲营养，只喂草和玉米，这样饲养期太长，超过10个月，后期又主要长脂肪，长脂肪所需要的营养消耗远大于长肌肉的营养消耗，这样猪肉的成本才能降下来。

（2）缩短饲养期。上面已讲过饲养期过长，养猪的成本会很高，当然饲养期过短肉的味道也不会香的，但饲养期不应超过10个月，超过10个月以上即使行情好，肉价高于其他肉也难以盈利，因为肉价高的幅度是有限的，且饲养期达10个月其肉味也变得香了，达到了消费者对口味的要求。所以饲养者一定要树立饲养期的概念，不要怀着什么时候长大，什么时候出栏销售的态度。

（3）开辟销售途径，树立自己的品牌。如果你饲养的“土猪肉”也进入猪肉大市场，与其他猪肉一起销售，那你的猪肉一时很难被消费者认可，销量难以保障，会入不敷出。“土猪肉”应另立专售门市部，自己销售，或与酒店、饭店直接联系销售，这样的途径才能售特价，且逐渐会被人们接受认可。

（4）给猪提供舒适的圈舍。许多人认为散养猪是很容易的事，不需要多少技术，其他散养猪很难，其技术等要求高于圈养猪，所以在技术上绝不能马虎，要在饲养场地修建供猪避暑挡寒，避风、避雨雪的圈舍，且圈舍要保持干燥、清洁，并要有充足的清洁饮水。

（5）合理管理。散养猪同样要做到定期防疫接种，定期消毒，定期健胃、定期验虫。根据当地猪病流行情况，选用对应的猪疫苗进行免接接种，定期对圈舍进行消毒，粪便应集中发酵处理。每月对猪群进行一次验虫，散养猪因为与土壤接触，寄生虫的感染风险最大，所以要高度重视验虫，而且要使用两种以上成分的驱虫药物，以利驱除体内的不同寄生虫。

（6）重视环保。在选场址时，必须要考虑环保问题，国家近年高度重视环境保护，所以在建场前一定要考虑这个因素，否则养到中途因不符合环境要求，那就损失大了。场地应远离村庄，远离人的饮水源，尤其避免在人的饮水源上游建场，还应远离退耕还林地的幼树林区。

（7）实行圈放养结合。猪是适于圈养的动物，所以仅靠放养是不符合猪的生理特性的低效饲模式，所以要圈放养结合饲喂。同时应严格控制粗饲草的喂量，因为猪对粗纤维草料的消化利用率很低，大量喂给粗饲料不但不能使猪增重，还可使猪的消化代谢能力下降，甚至形成僵猪。

83 规模化养猪场可能出现哪些弊端？

规模化养猪以其高密度、高产出、高效益为主要特征。然而，人们在片面追求“三高”的同时，一些违背猪的生物学特性的建筑设计正威胁猪的健康，给养猪生产带来严重的不良后果。

规模化养猪场一般都存在以下三大弊端：

（1）母猪子宫内膜炎发生比例较高　母猪发生子宫内膜炎的原因主要是：①母猪生产时圈舍环境污染导致外阴感染；②发生难产时助产不当损坏产道引起；③怀孕时运动不足，分娩无力，导致胎儿滞留腹中，引起胎儿腐烂，进而造成子宫化脓。其中因母猪运动不足引起的子宫内膜炎相当普遍，归根结底还是规模猪场的建筑设计存在缺陷所致，猪场没有运动场，母猪笼养，致使母猪活动量太小。

(2) 黄白痢连绵不绝　规模化养猪场由于采用高密度笼养，笼与笼之间相互连通，疾病防控困难，只要一窝仔猪发生黄、白痢病，便很快传播到邻窝仔猪，致使整个猪场污染，循环感染，很难根除。

(3) 种用猪的高淘汰率　许多猪场的公猪舍没有运动场，公猪养在猪栏内，缺乏运动，加之猪栏内粪尿一般不能及时清除，常使公猪生活在污秽的环境中，引起与其配种的母猪感染；同时也容易引起公猪过肥，影响精子质量，增加肢蹄病的发生，直接导致种公猪的使用年限变短。母猪长期生活在狭窄的限饲栏中，运动不足，配种次数和配种方法随意，不予限制，公猪的日粮营养不平衡，尤其蛋白质不足。又担负繁重的生产任务，肢蹄病、产道病等时常发生，加上休产期不足，母猪未老先衰，缩短了使用年限，引起高淘汰率的发生，同时也降低了生产效率。

综上所述，我们对规模化养猪场要有一个客观的认识，既要充分利用现有的资源，争取生产更为合格的商品猪；同时又要遵循自然规律，尽可能满足猪的生物学特性，创造适宜其生长的生活环境，保证规模适度，密度合理。

84 恶劣刺激对瘦肉型猪有什么不良影响？

环境对猪的不良刺激，可使猪产生应激反应，但其他种类的猪反应比较轻微，而瘦肉型猪应激反应却特别大。

瘦肉型猪是经过几十年选育而成的，在长期选育过程中，以提高瘦肉率、生长速度和饲料报酬为主要选育目标，致使瘦肉型猪瘦肉率达到60%以上，日增重达到700～800克，料肉比达(3～3.2)∶1。瘦肉型猪在这些性状已经达到很高水平，但由于长期对少数性状的高强度选择，忽视了其他性状的选择，使瘦肉型猪有一些弱点，如四肢细而软，膘变薄，体形变长，体质变弱，肌肉纤维变粗和含水分增高，代谢强度增大等。在这些弱点方面，尤以长白猪表现最为突出，因此，它的适应性最差。

以长白猪为例，当外界环境发生变化或者受到特殊意外刺激，如追赶、捉拿、击打、长途运输、挤压，会出现强应激反应，表现为神经质、易兴奋、惊恐，呼吸和心跳加快，结果导致猪的应激综合征。

发生应激综合征时，就会导致灰白肉的发生，猪代谢增强，能量大量消耗，肌糖原酵解加速，引起肌肉蛋白的变性，细胞松弛，渗出液增多，结果呈现灰白色的肌肉，称 PSE 肉。灰白肉质量很差，并且不易保存，风味大减。

如果应激持续作用，肌肉继续变性，结果会使肉的颜色变成黑红色，表面干燥，肉质较硬，即出现了黑硬肉，称 DFD 肉。这种肉品质更差，不能作为商品肉在市场上销售。

综上所述，养猪与外界环境的关系是十分密切的，良好而适宜的环境，对生产起良好的作用，表现为生产的良性循环，会使生产效益提高；当环境恶劣时，会给养猪带来不良影响，表现为猪病增加，生产效率降低。

控制不好环境因素，或者不尽力改善环境，有时比猪的营养、饲料和饲喂方法对养猪生产的影响还大。比如，圈舍内又脏又臭、潮湿、闷热，会导致病原菌大量繁殖，加上猪的抵抗力降低，很容易发生传染病，甚至传播到其他猪场，造成大批猪死亡。幼猪过冬的问题也是一样，由于猪舍寒冷、潮湿，必然使猪产生冷的应激反应。如果这种寒冷的情况得不到改善，将会造成大批幼猪的死亡，即使幼猪侥幸没有死亡，也会变成僵猪，给生产带来损失。

85 为什么同圈猪要同进同出？

在养猪生产中，许多养猪户在出售猪时，将同圈饲养的猪分次个别出售，而不是同圈猪同时出售，往往是在每个圈里面挑选大一点的猪先出售，这是错误的做法。因为这样一个圈里饲养的同一群猪，出售一两头后，剩余的猪采食量明显减少，其增重自然就减缓，对饲料的报酬显著降低，这种情况的减食往往被人们认为是消化不良或其他疾病，但用健胃药或其他药物都无济于事。其实这种减食不是任何疾病所致，同群猪在一起共同生活几个月后，当这个群体中的一头或几头离开时，就打破了长期建立的平衡，加上拉出圈的猪在拉走时的嘶叫与反抗挣扎，对其他猪造成了应激，使其他猪的消化功能紊乱，引起消化不良。所以，出售猪忌同舍猪分批出售，应将猪饲喂至出栏的适宜体重时，同时出栏，以避免应激引起的损失。另外，同一个舍内的猪确定后，饲喂 20 多天以后就不要轻易更换猪，不要随意添加猪或减少猪，否则新进舍的猪就会被其他猪攻击。即使此前在这个群里一同饲养过的猪，当离开该群 1 周以上时间，再重新放入原群也会遭到其他猪攻击。

86 为什么养大肥猪不划算？

育肥猪适时屠宰出售，是提高养猪效益不可忽视的一环，养大肥猪是不划算的。理由是：①肥育猪体重超过 100 千克时，月龄也增加，7 月龄的猪对饲料的利用率降低，同时体重越大的猪维持消耗越大，饲料消耗增多，生长速度减慢，饲料成本提高；②体重超过 100 千克时，再增加的体重主要是脂肪，瘦肉比例相应降低；③体重较大的猪，由于肥肉多、瘦肉少，销售价格低。

肥育猪到底何时屠宰为宜，由多种因素决定，既取决于消费者对肉食的要求，又要符合养猪生产者的经济效益。适宜的屠宰体重，应该满足产肉量高、胴体品质好、饲养成本低等。

由于人们生活水平的提高，饮食保健越来越受人们关注，长期食用肥肉对人的健康不利，市场对瘦肉的需求逐步增加，瘦肉率高的猪卖价高，因此猪的屠宰必须提前。

猪随日龄和体重的增长，其增重速度并不是直线上升，而是在一定的体重范围内，日增重随体重的增加而增加；但达到一定体重以后则稳定在某一水平上；如果饲养时间再长，日增重反而下降，这样猪达到一定体重时，如果不屠宰继续养下去就很不合算了。从肉猪生长发育的规律来看，猪到达一定体重后，再增重的主要成分就是脂肪。代谢测定证明，生产 1 千克脂肪所消耗能量是生产 1 千克瘦肉所消耗能量的 2.25 倍，所以，育肥后期肉猪将出现耗料多而增重慢的现象。另外，体重越大，用于维持消耗的营养越多。

综上所述，为了追求出肉率而养大肥猪是很不经济的。别看体重大，卖钱多，但实际是不划算的，相反，为了追求饲料利用率，过早屠宰同样也是不经济的。为了提高养猪经济效益，必须控制肥育猪的适宜屠宰体重，以求得增重速度最高、饲料报酬最佳、胴体品质最好、出肉量最多的效果。

我国饲养的猪品种繁多，经济类型不同，适宜的屠宰体重也不同。我国地方优良品种多属早熟脂肪型品种，骨骼、肌肉、脂肪生长高峰出现较早，适宜的屠宰体重一般在 70～80 千克；国内培育的新品种，属晚熟品种，一般体重达 100～110 千克屠宰为宜。

87 育肥猪对环境有什么要求？

了解掌握育肥猪对环境的要求，给育肥猪提供一个理想的生活环境，才可使其抵抗力强，疾病少，生长发育快，饲料报酬高。在此谈谈怎样给猪提供一个符合要求的环境。

（1）温度　温度是猪最重要的环境因素。在温度低的情况下，猪为了维持体温恒定（猪是恒温动物），要通过加快分解代谢，即利用饲料中获得的能量或动用体内贮存的能量或脂肪代谢来产生热量以维持体温的恒定，把饲料中的部分养分用于维持体温，也就是猪体燃烧饲料供给的能量（葡萄糖等）来维持体温的恒定，就像冬天我们燃烧煤、电、气等能源来升高住房内的温度，饮料中的这些能量（营养）就为升温而白白被消耗掉了。即维持消耗，不增加体重，使猪的饲料报酬降低。在高温环境下，猪代谢所产生的热量散发到外界比较难，猪必须通过加强呼吸，加强外周血液循环来增加散热，这些活动都会增加能量的消耗，同时必须减少热量的产生，表现为减少采食，猪的生长也会减慢，降低饲料报酬。在冬天，猪舍内温度低于 10℃，料肉比增加 0.3～0.4，可见环境温度对饲料利用率的影响很大。这就是冬天为什么猪只吃不长的原因。在寒冷的环境中养猪等于用燃烧饲料来维持猪的体温。在冬季要提高猪的饲料报酬，就要提高猪舍环境温度，提高猪舍的隔热保温性能，减少热量的散失。猪本身能产生大量的热量，如果猪舍的保温性能好，猪舍内温度会明显高于舍外。但由于要进行通风换气，难免有热量损失，所以给猪舍提供热源十分重要。燃煤、用电虽然增加成本，但比“燃饲料”御寒合算。另外，也可采取用隔热材料修建猪舍墙体及顶棚、保持舍内干燥（高湿度会加快散热）、增加舍内猪的饲养量、加铺垫草、饮热水等措施提高猪舍温度。

（2）湿度　湿度一般指的是相对湿度，即空气中水汽的饱和度。猪舍内的水汽主要来自地面的水分蒸发和猪呼出的水汽。湿度影响猪的温度调节。在夏天高温环境阻碍猪蒸发散热，在冬天加快空气导热散热。同时，高湿度环境有利于微生物的繁殖存活，易导致猪患病。但是，过分的干燥，灰尘增加，也不利于猪的健康，会导致猪的黏膜干燥，呼吸困难，也不利于猪的健康。一般生长育肥猪舍内空气湿度 60%～80%为宜，可在猪舍内悬挂干湿温度计测得。猪舍内的湿度值，一般湿度计上有正常合适湿度的范围值。

控制猪舍内湿度的方法是：①尽量减少舍内地面水的存在，如及时排出舍内尿液，不要频繁清洗猪舍；②用天窗或换气扇排出猪舍内的湿气；③提高猪舍温度，方法是加温。冬天猪舍内温度过低时，10℃以下时，外界气温在 0℃以下时，舍内会形成大量雾气，舍顶会形成水珠滴下，使猪舍内湿度增大；当舍内温度升高时，就不会有雾气和水珠，湿度就会下降。

（3）气流　气流能影响猪的散热速度。气流的形成有自然通风和机械通风。在炎热的夏季，气流有助于猪体散热，对猪的健康和生长是有利的，所以，夏天应加强通风，开窗或用电风扇、吹风机加强通风。在冬天，气流会加大猪的散热，对猪不利，因此冬天应减弱气流。风速的分布范围也很重要，分布应均匀，如果风速分布不均匀，有疾风存在，外界寒冷的空气不经混合直接吹向猪体，会使猪产生冷应激；夏天如果有通风的死角，猪会感到闷热。如果没有风压，猪舍内空气的流动主要靠温差。在冬天，外面的空气温度比猪舍内的低很多，冷空气密度高、比重大，进入猪舍后向下走，而热空气密度低、比重小，向猪舍的上方走。在冬天，顶棚有天窗，热气可逸出，并且将猪舍内的有害气体排出。冬天顶棚的天窗和合理的进风口有助于控制猪舍内的空气质量，进气口应高一些，这样冷空气在进入猪舍后有机会与舍内高处的热空气混合，不至于直接吹至猪体。

（4）有害气体　在冬天气温低时，饲养员为了保证猪舍内温度，密闭猪舍四周，减少或取消通风换气，防止冷空气进入猪舍，使舍内有害气体含量很高，尤其是氨气浓度很大，人进入猪舍有很强的刺鼻味，有害气体超标，这对猪的健康及生长发育有严重影响，往往会出现猪气喘病、肺炎等呼吸道疾患，在这种环境下，发生这些疾病用什么药物治疗都不显效。对此应及时给猪舍通风换气，既在气温低时也要给猪舍留有一定的换气孔及时清理舍内的粪尿，以减少有害气体的生成源。

（5）微生物含量　无论是猪直接接触的地面，还是空气中都有大量的有害微生物存在，尤其在规模化养猪的情况下，猪向小环境中不断排放大量的有害微生物，如果舍内环境不良，则微生物浓度会很大，有害微生物不断侵袭猪体，不断影响猪的免疫系统，轻则降低其生长速度，重则引起猪发病死亡。要降低猪舍环境中微生物的浓度，必须改善猪舍内的环境状况，通风换气是减少环境中微生物含量最有效的措施，通风可带走一些微生物，提高环境空气的新鲜度。微生物喜在污浊的环境下生存繁殖，新鲜清洁的空气可拟制微生物的繁殖。及时清理舍内的杂物及排泄物，不留死角，定期对猪舍环境进行消毒，采用化学消毒（喷洒药物）和物理消毒（安装紫外线灯管）相结合，夏天每周消毒一次，冬天半月左右消毒一次。

（6）阳光　当前许多养猪场猪舍顶棚都是密闭遮光结构，使猪长年照不到阳光，这对育肥猪的健康生长不利。猪体经阳光照射，可产生促进钙吸收代谢的维生素 D，促进猪的新陈代谢，使猪生长发育加快，同时起到杀菌消毒的作用。所以，最好让猪生活在有阳光照射的环境中，如果做不到应在饲料中添加维生素 D 粉。猪舍设计一定要考虑光照。

88 怎样测定猪的体重和体尺？

猪的体重和体尺可反映猪生长发育状况。在种猪场或进行科学试验时，都要定期测定猪的体重和体尺，以便了解猪的生长发育情况。测定猪的体重和体尺，既可以正确判断猪的生长发育好坏，饲养管理是否合理，通过对测量数据进行统计分析，还可以了解猪的生长发育规律，作为合理培育和选种选配的依据。所以测量猪的体重和体尺，也是养猪生产中不可缺少的一项技术措施。

对留作种用的猪，一般要称初生重和断奶体重，在6月龄第一次配种和成年（2岁以上）时测量体重和体尺。猪的体尺一般只测量体长和胸围两项，因为体长和胸围两项指标足以表示猪的体躯大小，并可以此估测猪的体重。

猪的体重应在早晨空腹时进行称重，如称重不方便，可根据体尺测量的数据按下列公式推算：

$$\text{体重（千克）}=\frac{\text{胸围（厘米）}\times\text{体长（厘米）}}{142\text{ 或 }156\text{ 或 }162}\times 4$$

肥胖猪用142除，瘦猪用162除，不肥不瘦猪用156除。根据公式估算体重，一般允许有5%的误差。

测量猪的体尺，要在平坦地面上进行，猪站立的姿势要正，头要平，不能仰头或低头。

体长：从两耳根之间的中点起，沿背线一直量到尾根，此长度就是猪的体长。测量时猪常常移动，可采取分段测量的方法，即可等待猪头部平正时，用卷尺先由两耳根之间的中点量到背线任何一点，做好标记，然后再量以后的部分。

胸围：即肩胛后围绕体躯一周的长度。可用卷尺贴着猪体躯表面进行测量，不要太紧，也不要太松，测量要准确，以免出现大的误差。

89 农家怎样利用青、粗饲料多餐育肥猪？

农村青、粗饲料来源丰富，以粗代精饲喂育肥猪，可降低养猪成本。试验证明，用青粗饲料多餐喂猪，猪的日增重较快。我们将经过发酵的粗料、切碎的多汁青饲料与少量的精料拌和，每天定时喂猪六次，每次让猪吃完后，再放入部分不切碎的青饲料，让猪自由采食，猪吃饱了就睡，睡醒了排完粪便又吃。这样，猪的胃肠始终充满食物，不叫、不跳栏。体重 50 千克左右的猪，日增重可达 0.7～1 千克。为什么猪吃青、粗饲料也能长得快呢？其中的道理主要是：实行定时多餐饲喂，让猪多吃，保证营养供应，为猪快速生长提供丰富的物质基础。根据猪的消化机能情况，用精料日喂四餐，若用青、粗饲料则要日喂六餐，采用多餐制，猪吃得饱，消化正常，生长良好，防止猪出现嚎叫不安等现象。多餐喂食利于保持胃肠机能正常和营养吸收旺盛。传统喂法餐数少，饲料中水分多，猪一次采食很多，肚子撑得很大，干物质却很少，各餐之间间隔时间又很长，而且饲喂不定时，猪饱饿不均，营养吸收差，因而生长缓慢。采用多餐喂食，猪的总采食量增多，营养也就相应地增多。用青、粗饲料每天六餐喂食，正好补充了饲料中的营养不足部分，达到或超过日喂二餐或三餐精料的营养水平。采用多餐喂食，猪的睡眠增多（猪有饿感时不睡）。这样猪多吃、多睡、少动，身体的能量消耗减少，食入的营养物质充分地供给肥育用。因此用青、粗饲料采取多餐喂食，能达到快速育肥的目的。

90 农家庭院怎样组建“三位一体”的养猪模式？

这里介绍农家庭院的较好利用模式，即三位一体的养猪模式。方法如下：

根据地面面积大小修建一塑料大棚，大棚的一端修建猪舍，另一端安排种植蔬菜，一般猪舍占大棚的 1/3，蔬菜地占大棚的 2/3，在猪舍的下面修一沼气地。这样在大棚内的一端种植蔬菜，另一端养猪，猪舍下面产沼气。如此“猪—蔬—沼”三位一体的模式是一种良性循环，猪和蔬菜在同一个环境里，既有利于猪的生长发育，又有利于蔬菜的生长，因为蔬菜生长需要的是 CO_2，排出的是 O_2，而猪生长过程中需要的是 O_2，排出的是 CO_2，两者需求刚好相反，这样就起到了互补的作用。这样蔬菜经常放出大量的 O_2，保证了猪舍内空气的新鲜，有利于猪的健康与生长，可使猪提前 20 天出栏；同时猪排出的 CO_2 可给蔬菜起到营养作用，使蔬菜的产量提高。猪排出的粪尿进入沼气池，生产的沼气可用于做饭、取暖、照明，沼渣、沼液是供蔬菜的优质肥料。同时猪舍地面下建沼气池可使猪床位及猪舍温度提高。另外，猪、菜棚建在院落处便于管理。

91 怎样自制猪的饲槽？

猪的饲槽大体上分固定式、移动式、自动式三种。现在各地养猪多采用生湿料喂猪，猪有拱食的生活习惯，一般都采用固定式饲槽。固定式饲槽是用砖抹水泥或钢丝水泥制成，有的饲槽固定在圈内；有的在圈外设一个漏斗状的饲料进口，以便加料；有的饲槽多一半在圈内，少一半在圈外，饲料从外面加入，猪在里面吃食，一般来说，农村家庭养猪使用这一种饲槽比较合适。这种饲槽固定在猪栏下面，槽底宽度 45 厘米，圈内高 20 厘米，倾斜度为 15°～20°，圈外槽高 30 厘米，倾斜角为 10°左右。饲槽不能做成直角，因为直角饲槽各角边的饲料猪吃不到，会造成饲料浪费。在饲槽的底部外侧设置一个放水孔，喂食时用木塞堵住，冲洗食槽时拔出木塞。

92 怎样装置猪用自动饮水器？

猪在吃生湿拌料时，每天平均饮水 15 次以上；喂干粉料时，则饮水次数会更多，几乎吃几口料就要饮一次水。为保证猪饮水充足，在给水方式上最好让猪自由饮水，可采用自动饮水器供水。

自制自动饮水器的具体方法是：按养猪头数和饮水量的多少，做一个贮水桶。桶的上部安装一个带开关的加水斗，也可直接与自来水管相接；桶的下部装一个带阀门的水管，水管直接连到各猪舍的给水管上。每个猪栏内设一个够一头猪用的饮水槽，饮水槽不低于 12 厘米，每个饮水槽上方要与给水管接一根竖管，竖管的下面距饮水槽底部 5 厘米。

自动饮水器的使用方法，先将贮水桶底部阀门开关关闭，然后打开贮水桶上部的加水开关加水；加满水后，把底部阀门开关打开，水就会自动流入每个饮水槽。当水流到5厘米与注水的竖管相平时，水管就会自动停止向水槽流水。猪喝水时，水槽内水位下降，水低于竖管时，桶里的水又开始向饮水槽内流注，使饮水槽内的水位始终保持在5厘米深。贮水桶的水用完后，再用上述方法加满水，继续使用。

另外，自动饮水器也可以用一个小水桶和盛水底盘连接制成。方法是取一个小水桶，上开一个小进水口，在桶的侧面，距底部5厘米左右高处开一小出水口，再将水桶与盛水盘相连接；盛水盘高6～10厘米，口径大于水桶口径10厘米左右，且水桶连接于盛水盘的正中间。使用时，将水桶里加满水，然后打开出水口，这时水桶里的水就向水盘里流；当水盘里的水流至与水桶的出水口相平时，水就自动停止向外流；当猪饮用了盘里的水，水位下降后，水桶里的水便又向盘里流，就这样根据水位的升降自动调节流水量。水桶里的水用完后，再及时添上。

也可安装猪自动饮水器，方法是将自来水水管接至每一个猪舍，然后在每个猪舍内的水管上安装1～2个猪自动饮水器水嘴（兽医药品门市部有售）。当猪渴了时，会噙住水嘴，水咀会自动流出水来，猪饮足水，嘴离开水嘴后，水咀会自动关闭。

93 猪舍通风有什么意义及怎样给猪舍正确通风？

通风换气是控制猪舍环境的一个重要手段。通风换气的目的有两个，一是在气温高的时候，通过加大气流使猪感到舒适，以缓和高温对猪的不良影响；二是在猪舍封闭的情况下，促进舍内空气交换，引进舍外新鲜空气，排出舍内污浊空气和湿气，以改善猪舍内的环境。热天通风可将猪的产热和舍内其他热排出舍外，并通过加大气流动来增加猪体表面的蒸发散热，从而达到防暑降温的目的；冬季通风换气，可使猪舍经常保持空气新鲜，可排出过多的水汽，使舍内的相对湿度适宜，还可清除空气中的灰尘、微生物及舍内滞留的不利于猪生长的氨、硫化氢、二氧化碳等有害气体，可起到间接的消毒作用，并预防各种呼吸道疾病，可稳定气流，不形成贼风。

通风分为自然通风和机械通风。自然通风不需要专门设备，不需动力、能源，且管理简便，所以在实际应用中，开放舍和半开放舍以自然通风为主，在夏季热时辅以机械通风；在密闭猪舍中，以机械通风为主。但是随着养猪生产向集约化、现代化发展，机械通风已成为控制猪环境的重要手段。

机械通风按其机械操作方法便可，在此主要介绍自然通风。

寒冷情况下的自然通风：在猪舍内安装进气管和排气管。排气管垂直安置在屋脊两侧，下端从开棚开始，上端升出屋脊半米左右，尽可能安在猪舍粪水沟上方，沿屋脊两侧交错安装，以利舍内余热、有害气体和水汽的排出。管内设调带板，以控制风量，排气管一般直径为60～80厘米，两个排气管的位置距离8～12米。

为防止雨雪自排气管进入舍内，在排气管上端设风帽，其形式有伞形、百叶窗式等。

进气管一般距天棚40～50厘米，直径为30～35厘米，舍外端向下弯或加挡板，以防雨雪侵入。舍内端有向上的弯头，以便将气流挡向上方，防止冷空气直接吹到猪体，同时安装调节板，以控制风量，并在必要时关闭，进气管之间的距离为2～4米。在特别寒冷的地区，冬季受风一侧的墙壁应少设进气管。

在冬季，自然通风排出污浊空气主要靠热压，在不采暖的情况下，舍内余热有限，故只有适于冬季舍外温度不低于－15℃的地区，因此要保证在寒冷地区自然通风获得良效，必须给猪舍内补充供热，特别是产仔舍。猪舍要有良好的隔热性能，同时猪舍内的自然通风设计一定要合理，绝不能随意安装排气装置，也切忌冬天猪舍内不做排气。

炎热状况下，气温达35℃左右时，因气温接近猪的皮肤湿度，故靠蒸发散热很困难，所以组织好自然通风意义重大。自然通风主要组织好穿堂风。要增大猪舍内的穿堂风，在设计通风装置时应做到以下几方面。

（1）进气口与排气口之间距离越大，越有利通风，所以进气口设置越低越好，南方一些地区设地脚窗，就是这个道理。而排气口越高越好，这样设置可加大热压差，在无风的情况下有利通风，进气口要设在低处，但一定要设在迎风面，这样既有利于通风，又可直接在猪体周围形成凉爽舒适的气流。

（2）排气口要设在高处，但一定要设在背风面，这样才能抵消风压对热压通风的干扰。因为排气口设在屋顶上，并高出屋脊50～70 厘米，不仅不受风向的影响，且经常处于负压状况，既利于通风，又利于将积累在屋顶下方的热（猪体产生、太阳辐射）及时带走。排气口正对着进气口即气流方向，或加大排气口面积，也有利于加大舍内气流速度。

在此提示，在气温过高，靠自然通风不能降低猪舍温度时，应辅以机械通风。机械通风可根据所购机械的性能及使用方法安装使用。

94 怎样搭建塑料暖棚猪舍？

北方冬季气候寒冷，没有保温措施，自然气温下用敞圈养猪，猪长得很慢，饲料报酬很低，给养猪业造成很大的经济损失。塑料暖棚养猪解决了北方寒冷地区养猪生产的这一重大难题。塑料暖棚猪舍可以用原来的简易猪舍改造而成。总结各地经验，塑料暖棚猪舍建造要注意以下几点。

（1）建造尺寸　猪舍前高 1.7 米，后高 1.5 米，中高 2.5 米，内宽 2 米，跨高 3 米。猪舍房架为人字架，其前坡短、后坡长，房梁总长为 3 米，在房梁前的 0.7 米处竖立柱（即房子正中前），立柱上搭盖房梁，这样就形成都是 23°角的前坡短、后坡长的猪舍上盖的两面坡，而这个角度和冬季太阳光入射角相同，阳光可以直射到北墙上；而夏季太阳光入射角为 70°，阳光照不到猪床上，可达到冬暖夏凉。圈前留 1.2 米过道修围墙，围墙高 80 厘米，墙上每隔 1 米放 90 厘米高的立柱，立柱上铺一根通长的横杆，为冬季扣塑料膜用，每圈冬季饲养 7 头肥猪。

(2) 建筑要点　水泥底面打完压光后，再用旧竹扫帚拍一拍，形成麻面，这样猪在上面行走不打滑。猪舍的房顶要抹 3 厘米的泥，然后再上瓦，这样冬季防风寒，夏季防日晒。猪舍的墙最好用空心砖，空心砖既防寒又保暖。

(3) 冬季扣暖棚要领　一是扣暖棚时间应为 11 月初，拆除时间为 3 月下旬，可根据当地气温变化而定。二是扣暖棚时要用泥巴将塑料膜四周压严，并顺着前坡的木档将塑料膜固定住，以防大风刮破。三是在暖棚的最高点，每个猪舍要留一个通风孔，以排出棚内有害气体，降低棚内湿度。

95 不同季节养猪应注意哪些问题?

一年四季，气温相差很大，给养猪业带来了不同的要求，我们必须掌握客观规律，根据不同季节的特点，采取相应的饲养管理措施，这样才能养好猪。在此谈谈不同季节养猪应注意的问题。

(1) 春季注意防病　春季春暖花开，气候适宜，青饲料幼嫩可口，是养猪的好季节。但是，对越冬过来的畜禽来说，体质欠佳，抵抗力较弱，容易感染疫病。因此，春季也是疾病多发季节。群众中流传一句谚语：“桃花开，猪瘟来”，因而，在春季我们应采取以下防病措施。

1) 在春季到来之时，抓紧猪圈消毒工作。可用石灰水、草木灰水对猪圈进行消毒，是一种简便有效的措施。方法是：将猪圈打扫干净，把配制好的石灰水或草木灰水洒入猪圈内，角落、缝隙多洒一些，墙壁也用石灰水刷一刷。待栏圈里石灰水干后，再垫一些干草。勤垫草，勤出粪，保持猪舍干燥，搞好猪舍卫生。

2) 及时打防疫针。春季应对所有猪及时注射猪瘟、猪丹毒、猪肺疫等疫苗。

3) 预防感冒。春季气温多变，一旦天气变冷，要堵好进风口，预防冷空气侵入猪舍。气温低时仔猪喜爱扎堆，气温适宜时仔猪活泼，喜欢到处跑。因此，在气温变化较大的春天，应加强对仔猪的管理。

（2）夏季注意降温　盛夏气温高，对猪的生长有很大影响，有些人认为这种高温季节里喂什么猪都不长，从而放松对猪的饲养管理。其实在这种情况下，采取以下防暑降温措施，猪照样能长得快。运动场搭棚遮阳，不让太阳直射猪舍；给猪身和猪舍地面洒水降温（给猪身冲水洗澡时不要冲猪的头部）；在猪舍一角设浅水池，猪热了可以去水池泡一泡；保证猪有充足的清洁饮水，多喂青饲料，适当少喂热能高的饲料。此外，还要采取防蚊蝇措施，使猪能安静睡觉。

（3）秋季是养猪的黄金季节　秋末冬初气候适宜，饲料来源广泛，是猪生长发育的好季节。花生、甘薯、木薯和秋黄豆等陆续收获，花生藤、甘薯藤、木薯叶、豆秸等粉碎后发酵喂猪是很好的饲料。花生饼含蛋白质高达40%，薯类的块根含淀粉多、热能高。因此，应充分利用秋末冬初的大好时机，做好饲料的储备和肥育工作。40千克左右的中猪，一般催肥50～60天便可出栏。

（4）冬季注意防寒　冬季气候寒冷，猪为维持体温恒定会消耗大量的能量。所以，要保持猪在冬季也能较快生长，必须采取防寒措施。一般可采取以下措施：认真修整好猪舍，把漏风的地方遮堵严，防止冷风侵入，遮挡物可用草帘或塑料薄膜等。在中午前后，风和日暖时可适当打开南窗换气。在猪栏内勤垫干草，做到不让草垫潮湿。据测定，猪舍卧床上加垫草，可使床位温度升高8℃左右。增加饲养密度，多喂热能高的饲料，增加猪体内的热量。让猪睡在一起，既可互相取暖，又可提高舍温，有条件也可以在猪圈内避风一角建温室。温室的大小根据养猪多少而定，一般大猪每只按0.6米^2、小猪0.4米^2，砌1米高左右的墙，留一小门让猪能自由进出，上部用稻草等盖严，内垫干草，天气寒冷的时候，猪会自行进入保温室避寒。冬季青饲料少，要补充多种维生素饲料，或喂胡萝卜、发芽谷物，同时补充无机盐，喂热食、饮温水，可促进长膘，节约饲料。

96 为什么不喂饲料的黑毛猪肉好吃，而喂饲料的白毛猪肉不好吃?

目前，养猪业中存在两种猪，一种是“黑毛猪”，一种是“白毛猪”。人们公认黑毛猪是土猪，其肉香好吃，尤其是未用饲料（饲料厂家生产的饲料）饲喂的黑毛猪肉，而“白毛猪”普遍认为是洋猪，肉不香不好吃。同时，认为吃黑毛猪肉对人体有益，吃白毛猪肉对人体有害。为什么黑毛猪肉味香好吃，白毛猪肉不好吃呢?首先，因为黑毛猪一般都是脂用型品种，脂用型品种就是肉中多数是脂肪（油脂），其组织中所含的油脂比例很高，而白毛猪都是肉用型品种，其主要长的是瘦肉，其肉组织中油脂含量比例低，所以黑毛猪肉自然就比白毛猪肉香且好吃。其次，由于黑毛猪生长发育迟缓，饲养期长，而白毛猪生长发育快，饲养期短，猪在不同月龄机体组织生长的重点不同，幼龄阶段主要长肌肉（瘦肉），大月龄时就主要长脂肪（油脂），可黑毛猪长到大月龄才屠宰，白毛猪在幼龄就屠宰，这样黑毛猪肉自然就多脂肪，白毛猪就多瘦肉。最后，黑毛猪饲养期长，其肉含水分较少，肉质较老，而白毛猪饲养期短，水分含量高，肉质细嫩，所以白毛猪肉吃起来就没有黑毛猪肉口感好。

97 不同类型猪日粮有哪些配方?

在养猪生产中，我们经常要根据所饲养的不同类型的猪配制饲料，只有把各种饲料原料按照猪的生长发育需要依一定的比例配比，才能使猪发挥高的生产潜力，才能提高饲料报酬。表 1 至表 6 介绍了不同类型猪每 100 千克配合饲料的饲料配方，供养猪户参考。

表 1　后备母猪日粮配方表

单位：千克

饲料 \ 喂饲方式 / 日粮编号	自由采食		限制饲喂	
	1	2	1	2
玉米或高粱（含粗蛋白质 8%）	30	30	67.5	10

（续）

饲料 \ 喂饲方式 / 日粮编号	自由采食		限制饲喂	
	1	2	1	2
麦类（含粗蛋白质12%）	30	30	10	10
薯类（含粗蛋白质3%）				40
苜蓿干草（含粗蛋白质17%）	30	25	5	20
豆饼棉饼（含粗蛋白质36%）	10	15	17.5	20

表2　仔猪日粮配方表

单位：千克

饲料种类 \ 日粮编号	1	2
玉米面	11	30
高粱面	8.50	
小麦面	40	20
大米面		10
大豆粉	17	15
鱼　粉	12	12
酵母粉	4	3
麸　皮		7
白　糖	4.5	
骨　粉	1	1
微量元素	0.1	0.1
多维素	0.1	0.1
食　盐	0.5	0.5
小苏打	0.3	0.3
陈　皮	1	1

注：另添加适量稀盐酸、胃蛋白酶和抗生素

表 3　种公猪的日粮配方表

单位：千克

期　　别	豆饼	玉米	糠麸	酒糟	草粉	青料	骨粉	食盐
非配种期	18	10	16	20	—	35	0.6	0.5
配 种 期	15	—	20	14	20	30	0.6	0.5
非配种期	12	15	17	15	10	30	0.6	0.5
配 种 期	15	12	14	12	16	24	0.6	0.5

表 4　妊娠母猪日粮配方表

单位：千克

饲　料	妊娠前期	妊娠后期
玉　米	35	35
豆　饼	5	10
大　麦	5	5
麸　皮	5	5
粉　渣	20	20
青贮料	30	25

注：食盐、骨粉另加，分别加 0.5%、1.0%

表 5　哺乳母猪的日粮配方表

单位：千克

饲　料	用　　量	日粮重量及营养含量
玉　米	40	每日每头喂量 6.95 千克，折风干料 4.5 千克，含消化能 14.5 兆焦，含可消化粗蛋白质 573 克
豆　饼	12	
大　麦	5	
高　粱	10	
麸　皮	8	
粉　渣	10	
青贮料	8	
鱼　粉	7	

表 6　育肥猪日粮配方表

单位：千克

猪种	兼用型杂交猪				瘦肉型杂交猪			
日粮编号	1		2		1		2	
	前期	后期	前期	后期	前期	后期	前期	后期
玉　米	45	50	50	47	35	37	45	48
高　粱	10	10	15	10			10	12
大　麦					30	32		
麦　麸	10	10	6	6	10	14.5	10	8
花生饼			5	5			5	
豆　饼	12	8	9	7	5	4	12	12
菜籽饼	3	3	5	4				
葵花籽饼	5	7	5	4	5	4		
棉籽饼					5	5	8	8
米　糠	5	5		10			5	6
鱼　粉	3				8.5	2	3.5	
草　粉	5.5	5.5	3.5	5.5				4.5
贝壳粉	0.7	0.7	0.6	0.8	1.2	1.2	1	1
骨　粉	0.5	0.5	0.5	0.3			0.2	0.2
食　盐	0.3	0.3	0.4	0.4	0.3	0.3	0.3	0.3

注：另加20%～30%的青饲料，并可加多种维生素、微量元素及促长剂，按产品说明添加。

98 养猪场有哪些常用新型设备如何应用？

在养猪生产中，人们为了解决生产中遇到的一些难题，发明制造出许多新的设备，这些设备的问世给养猪带来了新的机遇，了解这些新设备的功能及应用方法，有助于提升养猪生产带来很大的方便及效益。

B超机。近年来养猪场尤其是母猪繁殖场因母猪空怀难以被人们发现，白白饲养一个妊娠期（4个月），给养猪企业带来的损失特别大。兽用B超机可诊断配种后母猪是否怀孕，可及时发现空怀母猪，以便采取措施使其发情再配种。方法是在母猪配种后的15天左右用B超机进行一次妊娠检查。其操作简便、准确率高、误差小。这样可大大减少养猪生产损失。因为，目前养猪场普遍存在母猪假怀孕，不发情的现象，人们靠其他诊断方法及观察猪的行为很难准确判断其怀孕与否，据统计种猪场应用B超机可减少损失20%左右。

无动力屋顶风机。保持猪舍内空气新鲜、干燥、减少氨臭味十分重要，对此人们常采取在猪舍墙壁上开窗户、开门及在墙壁上装换气扇等进行通风换气，这些换气方式效果并不理想，除氨气作用并不大，尤其这些换气方式在冬季气温低时，会降低猪舍低处的温度即降低猪生活处的温度，使猪生病。对此，可在猪舍舍顶安装无动力风机，在建猪舍时，在舍顶处开一与风机底座大小一样的口，将风机固定在屋顶上，这种换风机不需要任何动力，有微弱风即可旋转，可随时将猪舍内的氨气，潮气带走，且不影响猪舍内的温度。

套猪嘴保定器。养猪生产中，给猪进行检查、注射以及装运过程中要对猪进行保定，这是件比较困难的事。对此，可采用套猪嘴保定器进行保定，方便可靠。用保定器的绳套（为一个带有手柄的钢丝绳套）迅速套住猪的上嘴巴（猪的上嘴巴用此套很容易套住），然后用力向前方拉紧，这时猪会因人向前牵拉而向后退，致使绳套紧扣猪嘴巴使猪因疼痛而变得安静乖顺，这时便可顺利地进行各种操作（静脉注射等）或牵猪出舍。

红外线保温灯。在气候较冷的季节，初生仔猪成活率低及疾病多的一个重要因素是温度低，即使猪舍内有保温设施，一般也只能达到成年猪适合的温度，对仔猪来说温度还是偏低。这仔猪需要一个温度较高的小环境，对此，可在仔猪生活休息的地方悬挂保温灯，最好安放一仔猪保温箱，将保温灯吊在保温箱的顶部，仔猪会自动躺卧于温暖的保温灯下或保温箱内，这是提高仔猪生活处温度最有效、最省能源的简便方法，是提高仔猪成活率的一项重要措施。在气温过低的严寒季节也可在仔猪躺卧的地面放置电热板，仔猪休息时躺卧于上，可进一步提高仔猪生活处的温度。仔猪保温箱、保暖灯、电热板一起配套应用，效果更好。

猪自动饮水器。给猪饮水是猪饲养管理最重要的一环，人为给猪供水不但费力，而且不能准确掌握猪的需水量，少了影响猪饮水，多了造成浪费。冬天水易结冰，并经常发生弄脏污染水的情况。对此我们可在猪舍内安装自动饮水器，让猪按需自动随时饮用。方法是，在猪舍的墙壁上安设自来水管（日常用的自来水管，一般为4厘米粗），在每个猪舍的水管上安置数个猪自动饮水器，这样猪在需要饮水时便用嘴咬触自动饮水器，便会有水自动流出，猪嘴一离开，饮水器就自动关闭，水不再流出。

紫外线消毒灯。在猪舍内及猪门口处应安置紫外线消毒灯，以便对进入猪舍的人员（包括外出过的管理及饲管人员）及猪舍内空间环境、猪体、物具等进行消毒。用其他消毒液等不便进行消毒的人体、空间等，用紫外线灯管照射消毒方便而可靠。方法是，在猪舍门口处设一消毒室，室内安装紫外线消毒灯，进入猪舍的人员都先进到消毒室，打开紫外线灯，在灯下照射10分钟以上。同时，在猪舍的顶棚根据面积大小安置数个紫外线灯，每天早、晚开灯消毒各15分钟左右。剪牙钳和断尾钳：猪天生有两个犬齿，这两个犬齿长而利，常易咬伤母猪的乳头，并易咬伤其他猪，且对采食没有多大意义，故在仔猪生后的1小时之内，用专用剪牙钳将其剪掉。猪的尾巴在一生中也无多大的实际生理意义，且在以后的群养中易导致咬尾、咬架等恶癖，故在猪生后1小时内用专用剪尾钳将其剪掉。

显微镜。可用于猪精液品质及一些寄生虫病等的检测诊断。

恒温箱。一般为17℃的恒温箱，用于猪精液的保存，因为精液适宜的保存温度为17℃，在恒温箱内精液可保存1周，一般猪场可购小容积的，并可购车载式的，即车上也可连接通电使用。

太阳能热水器。猪场安置太阳能热水器有很重要的意义。这样可提供饲养人员所用的热水，提供清洗用具的用水，并可为猪提供冬季的热饮用水。

99 猪场如何驱除蚊、蝇等害虫?

猪场内的蚊、蝇等害虫骚扰人、畜，传染疾病，严重干扰猪的休息、采食等。为防止害虫的滋生和危害，我们可采取以下措施。

(1) 做好猪舍的环境卫生　时常保持猪舍的清洁、卫生、干燥，及时清除猪舍内的垃圾等蚊、蝇喜欢的污物。实行无害化处理，填平能积水尿的沟渠洼地及坑洞，保持排水系统的通畅，使用暗沟排水。堆粪场要远离猪舍和居民生活区，用堆积发酵法处理粪便，最好建沼气池处理粪便。

(2) 及时清除粪便　猪舍内的粪便应及时清除出去，供水装置应不漏水、不渗水，并安装排风机，以降低粪便中的含水量。当粪便中水分低于50%时，蛆卵不滋生。

(3) 定时用可排斥蚊、蝇的驱虫剂　平时可用伊维菌素或阿维菌素驱虫，防蚊、蝇、跳蚤等害虫。内服伊维菌素或阿维菌素后，蚊、蝇、跳蚤就不愿叮咬、骚扰猪，因为其皮肤、血液中有了该药的特殊味道，蚊、蝇、跳蚤就远离。内服阿维菌素后，猪粪便中排出的药效成分可有效驱杀蚊、蝇，应每周服用1次为好，同时服用伊维菌素和阿维菌素可驱除猪体内外的寄生虫。

(4) 喷洒化学杀虫剂

1) 菊酯类除虫剂　是一种神经毒素，杀虫力强、安全、残毒小，对螨、虱、蚤、蚊、蜱等均有杀灭作用。灭蚊可用25%油剂500倍稀释，灭蝇可用2 500倍稀释液，按每平方米50～100毫升的剂量喷雾，可保持1周以上无蝇。蝇类对菊酯类驱虫药物不产生耐药性。

配制药液时，水温以12℃为宜，超过25℃药效会降低。忌与碱性药物混合使用。

2) 蚊蝇速灭　其主要成分为甲基吡磷啶，是具有解暑降温、杀灭蝇蛆、改善猪舍环境、降低氨气、使用方便、可直接喷雾等功效的新一代灭蝇蛆产品。特效、长效，对蚊、蝇、蟑螂持续有效

13个月之久。

本品可干撒、药浴、喷雾。干撒使用时，可分放成堆状，放在害虫常聚的地方，效果持久；喷洒使用时，将本品100克加水7.5～10升，用喷雾器均匀喷洒于害虫易停留的地方，喷洒量以物体表面湿润为宜。注意禁止饮用和拌料内服。

3）蝇蛆净（灭蛆灵） 本品成分是环丙氨嗪。本品为内服驱杀蚊、蝇剂，加入饲料内让猪摄入后，再通过粪便排出体外，通过粪便将蝇、咀杀灭。它对动物无毒性，因进入体内后全部被排出体外，分布均匀，效果显著。本品可净化环境，降低畜禽舍内的氨气及臭味，且粪便作饲料对农作物无不良影响。使用方法是，本品100克拌料750～1 000千克，连用4～6周。

4）蝇毒磷 为硫化磷酸酯类化合物，能抑制及降低虫体内胆碱酯酶活性，使虫体高度兴奋，最后麻痹而死。其杀虫效果好，对螨、蚤、虱等均有效。可用0.03%乳剂喷洒地面、猪栏。

5）使用电气灭蝇灯 这种安置的荧光灯管放射一种对蝇有高度吸引力的紫外线，荧光管外围有格栅，流通有550伏特的10毫安电流，当蝇爬经电丝时，则被高压电流击毙。

100 什么是现代化养猪？

现代化养猪，就是采用先进的养猪科学技术，即采用先进的选种育种技术，先进的饲料配制技术，先进的猪舍环境调控技术，先进的粪污处理技术，先进的卫生防疫制度，先进的饲养管理工艺以及相应的产品加工、市场预测和市场营销等进行养猪生产。采用先进的科学技术，可以给猪创造适宜的生活、生产环境，有利于发挥出高生产水平、高劳动效益、高经济效益和获得优质的产品。

现代化养猪，是按现代化工业生产方式来进行猪的生产，实行流水生产工艺，将各生产群组织为具有工业生产特征的全进全出流水生产线，以期达到高生产水平、高生产效益及优质产品的“两高一优”的养猪生产。

101 现代化养猪有什么优点?

（1）使养猪生产变成企业化商品生产，可以追求最大的经济效益　由于实行规模生产，以规模求效益，从规模上提高工效和生产水平，降低成本，取得利润。如饲养出栏1头肉猪，可获利50元；年饲养出栏肉猪100头，可获利5万元；出栏2 000头，可获利10万元；出栏10 000头，可获利50万元。

（2）可以采用先进的科学管理方法与技术，使养猪生产水平大大提高　现代化养猪，母猪可年产仔猪2～2.5胎，年提供商品仔猪18～22.5头，仔猪成活率可达95%以上，25千克左右的仔猪开始育肥，育肥100～110天可出栏，平均体重达90千克左右，肥育期成活率98%左右。料肉比3.5∶1。

（3）可以批量供应商品猪，保障市场的稳定　由于现代化养猪的饲养设备完备，可有计划、有步骤地进行商品生产，按期批量向市场提供猪肉产品，从根本上保证了城镇居民对猪肉产品的需求。

（4）可以消除自然气候的不良影响，有利于养猪效率的提高　我国南方夏季炎热，北方冬季寒冷，不利于猪的生长发育。采用规模化养猪后，因为有了防寒保暖设施，避免了严冬季节低温、炎热季节高温的影响，使养猪生产效益大大提高。

（5）可以广泛采用先进养猪技术　在母猪繁殖方面，可采用同期发情及时配种，妊娠母猪在限位栏固定饲养，母猪在产房中的产仔栏分娩，仔猪断乳后进保育舍饲养。任何阶段的猪都可采用全进全出的饲养方式，从而大大地提高了养猪生产水平。采用科学技术的猪场比传统养猪场的母猪产仔数提高15%，仔猪成活率提高20%，商品猪肥育期缩短一半，节省了劳动力，降低了饲养成本。

（6）可以有效地节约土地资源　规模化猪场比传统养猪场提高土地和人工的利用率。以饲养繁殖母猪100头的猪场为例，在规模化养猪中，占耕地一般不超过3 000米^2，猪舍建筑约1 500米^2，需要4～6名饲养人员。而传统养猪则需要占地2～3公顷，需建猪舍6 000～8 000米^2，需要饲养人员十多名。

102 现代化养猪的关键技术措施有哪些？

（1）猪舍建筑及设施对规模化养猪影响极大　由于现代化养猪场占地少，不受气候的影响，集约养猪，全进全出，就要求有现代化的猪舍环境控制设施。也就是要求猪舍的建筑要保温隔热，冬暖夏凉，干燥不潮湿，保证空气新鲜和通风透光，十分适合猪的生长需要。猪生长在舒适的环境中才能充分发挥其生产潜力。经营者才能获得最大经济效益。

（2）建立健全猪场的防疫免疫制度　猪传染病对规模化养猪是最大的危险。由于猪群高度集约，猪所处的环境高度集中，一旦发生传染病，后果不堪设想。因此，现代化养猪场把猪疫病的防治摆在首位，建立完善的防疫免疫制度和疫苗使用监测制度，保证猪群的健康是现代化养猪的生命线。

（3）利用好的猪种和高产配套品系　养猪生产发展到工厂化阶段，必须选用多产和高效猪种或专门化配套系，以生产优良种猪和杂种商品猪，繁殖性能高的猪种或品系，1 头猪一年可育成仔猪 25 头左右；而 1 头繁殖力低的母猪，一年育成仔猪不到 15 头。高产猪种或配套品系，具有繁殖力高、生长快、饲料利用率高，胴体瘦肉率高和适应性强等优点。因此，在规模化养猪场要先优良猪种生产杂优猪，建立良好的繁育体系是十分重要的。

（4）应用全价饲料或优质配合饲料　在规模化养猪场中，多饲养优良的猪种和配套系，要保证这些猪种生产潜力的正常发挥，首要的任务是抓好饲料的供应，也就是抓好营养物质的供给。只有按猪的不同生产需要、不同生长阶段供给足够的、平衡的营养，才能发挥猪的最大生产潜力，获得最大的经济效益。如果饲料营养水平过低，营养物质不平衡或缺少某些营养物质，不但限制猪生产、生长潜力的发挥，还会导致猪抵抗力下降，发生疾病。

（5）母猪的同步发情配种　在现代化养猪生产中，所有建筑设施、人员的安排都按一定规模有计划、有秩序地进行，如果母猪不能同步发情配种，就会影响到妊娠、分娩阶段的生产，从而影响仔猪、生长猪、肥育猪全进全出的实施。因此，母猪的同步发情和同步配种是现代化养猪十分重要的技术环节。

（6）严格的流水式工艺流程　现代化养猪的一个特点是采用流水式饲养工艺流程，也就是在母猪同步发情的基础上，各阶段的饲养管理都是有一定期限的。如一个万头猪场，每周有 24 头母猪分娩，并进入产房，在产房中呆 4 周，仔猪断乳转入保育舍，母猪返回繁殖母猪舍等待发情配种，对原来的产房进行清洗消毒。进入保育舍的仔猪饲养 5～6 周后整批转入生长猪舍，保育舍空出进行清洗消毒。生长猪舍的幼猪饲养 6～8 周后，整批转入肥育舍，空出的生长舍进行清洗消毒。生长猪在肥育舍饲养 7～8 周后全部出栏，空出的肥育舍也进行清洗消毒。如此安排，仔猪从出生到出栏共饲养 22～26 周，体重可达 90～100 千克。这种流水式工艺便于管理和严格消毒。

（7）采用仔猪早期断乳　实行仔猪早期断乳是提高母猪生产力的重要措施，也是现代化养猪的关键性措施。仔猪 3 周龄断乳，母猪的繁殖周期为 142 天左右，母猪年产仔 2.5 胎，1 头猪一年可提供仔猪 25 头左右；仔猪 4 周龄断乳，母猪的繁殖周期为 149 天左右，母猪年产仔胎数为 2.4 左右，年提供仔猪数 24 头左右；仔猪 5 周龄断乳，母猪繁殖周期为 156 天，母猪产仔胎数为 2.3 左右，年提供仔猪 23 头左右；仔猪 6 周龄断乳，母猪繁殖周期为 163 天，母猪年产仔胎数为 2.2 左右，年提供仔猪 22 头左右。我国在现阶段养猪条件下，规模化养猪场仔猪多于 28～35 日龄断乳。

（8）采用直线肥育法　仔猪断乳后，应按日龄和体重分三个阶段配制饲料，为其提供相应的营养物质，使猪一直保持较快的生长速度，缩短肥育期，称之为直线肥育法。掌握好直线肥育法的关键技术有三点：①按猪不同体重的营养标准配制饲料，充分满足猪生长发育的需要；②在两个阶段之间转换好饲料，使猪在换料期间的生长速度不受影响，同时注意猪的环境调控；③猪在肥育期间尽量采用自由采食。

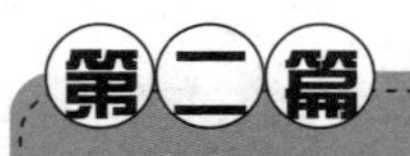

第二篇 猪病防制技术

1 如何对猪进行保定？

猪的保定即是用强制手段把猪固定住，以便于对猪进行诊病、用药。在此介绍猪的三个巧妙保定方法。

（1）绳环套嘴保定法　取一根筷子粗细的绳子，在一端打个活套结，保定时，人站在猪的前方，瞅住猪张嘴嚎叫时的机会，迅速将绳环套入猪上颌，并迅速拉紧。一般都能套上，若套不上的话，可拿一棒子，用棒子敲打猪嘴巴，这样猪就会张嘴，然后用棒子挑绳套套入猪上颌。若还套不上的话，可由一人抓住猪的两耳固定猪的头部，猪一定嚎叫，另一个人瞅准机会迅速将绳环套入猪上颌然后迅速拉紧。套住猪嘴巴后，再将绳的另一端拴在圈栏或木柱上，此时猪必然后退，当猪退至将绳拉紧时，便站立不动。这时便可放心地做注射和检查。

（2）掐耳根保定法　在保定猪时，首先由一人抓住猪的两耳，然后另一人用一手的拇指和食指紧掐猪两耳后凹陷中，这时猪便会变得温顺安静了。因为猪的两耳根后凹陷中有穴位，手指卡在两个穴位上，起到了镇静的作用。

（3）后腹部系绳保定法　对于个体较大且凶猛难以保定的猪，可采取此办法。方法是：取一根长绳，中部对折成两段，然后将绳的折头端从猪的腹下部穿过，再将绳的另一端（双头）从绳的对折孔内穿过，并迅速向后拉紧，这样绳环就系在猪的后腹部了，然后将绳拉于猪舍墙上或柱子上，将猪拴住或将其倒提起来，另一人抓住猪的两耳将猪头扶住，这时猪就变得很乖顺了，兽医或技术人员便可做各种检查和注射。此法对怀孕母猪禁用。

（4）提一前肢保定法　取一根绳子将一端拴系于猪的一前肢小腿部（系部附近），然后将绳绕过猪前胸背部至对侧前肢的腿弯处，用力拉绳使对侧的一前肢弯曲腾空，将绳打结固定。这样猪只能三条腿站立，就很容易控制了。

（5）长柄套袋保定法　在给猪诊断用药时，捕逮保定猪是非常令人头疼的事，在此介绍一种猪的长柄套袋保定法，将带来很大的方便与快捷。取一根2米左右的空心钢管，一根长3～4米的软钢丝绳，一个直径约50厘米、深30厘米的双层密织布袋或化纤袋。首先将布袋口的四周边向外翻折2～3厘米，用针线缝制一直径约2厘米的可穿过细绳的孔。使用时，先将钢丝绳的一端焊接在钢管的一端，钢丝绳的另一端穿过袋子的孔，使袋子套装在钢丝绳靠钢管端，然后钢丝绳的另一端穿过钢笔的孔至钢管的另一端。保定猪时，首先手握钢管及钢丝绳，先放松钢丝绳布袋口张开至最大，然后对准猪的嘴巴及头部，看准时机，迅速将猪的嘴及头部套入袋内，并将袋口迅速移至猪的耳后至颈部，然后快速拉动钢丝绳的头端，使袋口收缩并拉紧，这时猪因视线消失不敢动而变得温顺，此时人们可放心进行各种操作。

2 测定猪的体温有什么意义？怎样测定猪的体温？

测定猪的体温是诊断猪病的重要方法之一，尤其是在基层和一般条件下，常是对猪病进行检查的唯一方法，也是给病猪用药的重要依据。大多数猪的疾病都可引起体温变化，通常条件下，在给猪用药时，应考虑发热和不发热两种情况。许多情况下，由于病猪无特殊临床患病症状，从而难以对病猪做出具体诊断。但只要弄清楚病猪体温是高还是不高，合理用药，其治疗效果就会大大提高。所以，在诊治猪病给猪用药时一定要测定病猪的体温。一般多测定猪的肛门温度，用兽用体温计测定。测定时，先将体温计的水银柱甩到35℃以下，用酒精棉球擦拭体温计，使体温计清洁又光滑，然后拉起猪尾巴，将体温计经肛门徐徐捻转插入直肠，再将体温计尾部用连细线的夹子夹于猪背部毛上，经3～5分钟后取出，读取度数。猪的正常体温为38～40℃，低于或高于这个范围都属不正常。有许多人以人的正常体温值衡量猪的体温，当猪体温高于37℃就大量用退热药，这是严重的错误。除水银体温计外还可用电子体温计，这种温度计用数字显示，使用方便。

3 怎样判断猪发热？猪发热该怎样处理？

发热是猪常见的一种病症，是猪发病时经常伴随的一种表现，也常是我们给猪用药的重要依据。根据体温表测量，得出的结果，可以确定病猪是否发热。如果没有体温表时，可这样判断：手摸猪耳根、尾根较热，但耳尖却发凉，猪鼻镜（上嘴头）发干，甚至皲裂，喜卧阴冷处或泥水中，喜饮冷水，出气粗快，浑身发抖，大便干，小便黄，不吃食，猪有这些表现时即可怀疑为发热，养猪户一般可按以下办法处理。

（1）针刺耳尖、尾尖、鼻头、四蹄（蹄叉处），放血。若体温过高，或气候炎热时，在头部泼冷水，并多给饮水。

（2）用安乃近注射液或者氨基比林或者柴胡注射液5～10毫升，青霉素80万～320万单位或者庆大霉素10万～20万单位，一次肌内注射，同时可配合地塞米松，中药抗病毒注射液，有食欲的可喂服阿司匹林片或者安乃近片，并配合四环素、土霉素、磺胺嘧啶等。

4 为什么猪发热要慎用退热药？

发病猪大多数都有发热的表现。目前，许多养殖户发现猪有病就用退热药，并且有连续大剂量使用退热药的习惯。但是，其中也有许多对并不发热的病猪，使用大剂量的退热药。这是一种错误的做法。

因为发热是猪的一种防御保护性反应，是猪体抵抗疾病的一种防御形式，一定程度、一定时间的发热对病猪的康复是有利的。所以，当遇到猪发热的情况不能立即就用退热药，如立即退热，当时病情表面上有所好转，但对病猪的彻底痊愈是不利的。退热药还容易引起猪体虚脱，尤其是氨基比林、安乃近等退热药被大剂量使用，可能导致猪体白细胞减少，使发热猪的抗病力下降。

所以，当病猪发热初期且体温不太高时，一般不急于退热，仅用抗菌消炎剂即可。发热时间长、温度高时方可采取退热措施。退热时只用一两针解热药就行了，不可以长时间大剂量使用。若体温仍退不下来，就必须依靠抗生素等药物根治，靠退热药是去除不了病根的。对不发热的猪严禁使用退热药。

应当注意的是，给发热猪使用退热药后，猪的疾病症状缓解，使人认为退热药有效，常大量多次使用退热药，其实退热药是治标不治本，治疗疾病不能仅仅依靠退热药，使用退热药反而会延误疾病的治疗。尤其应注意的是，猪体温超过40℃才算发热，不高于这个值不可用退热药。

5 猪舍及环境消毒有什么意义？怎样正确进行消毒？

在猪生活的圈舍及其周围环境中，有大量的病原微生物存在，很易侵袭人和猪，尤其是在疫病流行期间及曾发生过疫病的老猪舍内病原微生物更多。消毒即是用化学、物理等方法将周围的病原体杀死，是防止这些病菌感染猪体的一种方法。这对预防猪病有十分重要的意义。下面介绍常用的消毒方法。

（1）机械清除　用机械的方法如清扫、洗刷、通风等清除病原体，这是最普通、最常用的方法。如对畜舍地面进行清扫和洗刷等，可以把畜舍内的粪便、垫草、饲料残渣清除干净。同时，清除畜体表的污物。随着这些污物的去除，可清除大量的病菌。在清除之前，应根据清扫的环境是否干燥、病原体危害大小，决定是否需要先用清水或消毒液喷洒，以免打扫时尘土飞扬，造成病原体散播，影响人畜健康。但机械性清除不能达到彻底消毒的目的，必须配合其他消毒方法进行。清扫出来的污物，根据病原体的性质，采取堆积发酵、掩埋、焚烧或其他药物消毒处理。清扫后，还需要对房舍地面喷洒化学消毒药，将残留的病原体消灭干净。

通风也具有很好的消毒效果。它虽不能杀灭病原体，但可在短期内更新舍内空气，减少病原体的数量。同时新鲜的空气不适于病原体生存，而污浊的空气适于病原体生长繁殖。通风的方法很多，如利用窗口或者气窗换气、机械通风等。通风时间可视温差大小进行调控，一般不少于 30 分钟。应当注意的是，冬天为了保温，许多养殖户常不注意舍内通风，猪舍长期密闭，使舍内有害气体的浓度大大增加。这种环境条件很适宜病原体的繁殖，因而猪很容易感染病原体而发病，且对猪的生长发育有很大影响。

（2）物理消毒法　物理消毒法的操作方法很多，有烧灼和烘烤消毒、煮沸消毒、蒸汽消毒、阳光消毒、紫外线消毒和干燥消毒。

阳光是天然的消毒剂，其光谱中的紫外线有较强的杀菌能力。干燥可使细菌死亡，因为细菌在长期干燥的环境条件下无法生存。一般的病原菌，在阳光直射下，几分钟至几小时便可以被杀死。就是抵抗力很强的细菌芽孢，在连续几天的强烈阳光反复曝晒下，也可以被杀死，因此阳光对于牧场、草场、畜栏、用具和物品等的消毒具有很大的现实意义，应该充分利用。目前，有许多猪场采用密闭式猪舍，猪舍长年照不到阳光，因而，不能充分利用阳光这种天然资源，加强猪舍的消毒效果。同时，阳光照射还可起到催情、促进性欲、促进钙质吸收的作用。

（3）化学消毒法　化学消毒法即是用化学消毒药品进行消毒的一种方法，这是实践中用得最多的方法。化学消毒剂种类繁多，应有选择地应用，选择的原则是选用对特定病原微生物敏感的消毒剂，对人畜的毒性小，不损害被消毒的物体，易溶于水，价廉易得。消毒剂应该交替使用，最忌长期使用一种药物。带畜消毒忌用刺激性较大的消毒药。消毒药应该现配现用，未经稀释的高浓度的消毒药严禁人畜接触。下面介绍常用的几种消毒剂的使用。

1）氢氧化钠　也叫烧碱、苛性钠、火碱，对病原微生物有强大的杀灭力，用热水稀释成浓度为 1%～2%的溶液消毒畜舍、场地和用具等。本品对皮肤和黏膜有刺激性，消毒畜舍时，应移出家畜，隔半天后用水冲洗饲槽、地面之后才能够让家畜进圈。

2）草木灰水　草木灰即柴、木材燃烧后的灰粉。用草木灰兑水而成的溶液有较好的消毒作用（其主要成分是氢氧化钾）。方法是用新鲜干燥的草木灰 10 千克，加水 50 千克，加热煮沸半小时左右，然后去渣使用，一般可用于畜舍地面的消毒。

3）石灰乳　将生石灰（氧化钙）1 份加水 1 份制成熟石灰（氢氧化钙），然后用水配成浓度为 10%～20%的水溶液用于消毒。应当注意，熟石灰放置过久，会吸收空气中的二氧化碳变成碳酸钙，失去消毒作用。风吹雨淋已化为粉末的石灰，无消毒作用。因此在配制石灰乳消毒时，应随配随用。石灰乳有较强的消毒作用，它适于粉刷墙壁、圈栏，消毒地面沟渠和粪尿等。有些人将石灰粉撒在干燥的地面上用以消毒，这是错误的，因为干石灰粉无消毒作用，反而可能导致家畜足部干燥开裂，并刺激眼结膜发炎，甚至引起失明。当然在潮湿的地方也可撒布石灰粉进行消毒。

4）来苏儿　本品对一般病原菌具有较好的杀菌作用，常配成 3%～5%的浓度，用于畜舍用具、日常器械的消毒。

5）福尔马林及熏蒸消毒　福尔马林有较强的消毒作用，常加水稀释成浓度为 2%～4%的溶液喷洒墙壁、地面、用具、饲槽等，1%水溶液可作畜体体表消毒。

6）聚维酮碘　是一种高效低毒的消毒药，对细菌、病毒、真菌等具有良好的杀灭作用。可用于皮肤、外伤、场地、环境消毒，用 0.1%～0.5%溶液涂擦或喷雾。

为达到彻底消毒的目的，可用福尔马林和高锰酸钾进行熏蒸消毒。本法适用于能够密闭的猪舍，方法是每立方米用高锰酸钾粉 15 克，福尔马林液 30 毫升（根据房舍大小可按比例放置多份）混合使用。关闭所有门窗（舍内不能有猪），先将高锰酸钾粉倒入一瓷器中（忌用铁器），然后将福尔马林液倒入高锰酸钾粉内，二者发生化学反应产生大量能够杀灭病菌的气体，12 小时以后打开门窗，通风 3 天以后，再进猪。此法因利用气体消毒，可将房内所有空间及每个角落彻底消毒。对已污染的猪舍，在新进猪时，最好采取此法消毒，比其他消毒法消毒更彻底，效果更可靠。

（4）生物热消毒　此法主要用于被污染粪便的无害化处理。将粪便堆积一起，利用使微生物粪便发酵产热，使粪便内温度升高达70℃以上，经过一段时间，可以杀死病原菌及寄生虫虫卵而达到消毒的目的。同时采用此法消毒可保持粪便的良好肥效。尤其在猪服用驱虫药后，其前两天排出的粪便一定要及时清除，堆积发酵，以杀灭粪便中的大量虫卵。否则，粪便中的虫卵还可能感染猪体引起发病。

（5）养猪生产中不同对象的具体消毒措施

1）猪场、猪舍地面的消毒　猪场、猪舍消毒是保证猪只健康的重要措施，猪舍一般每周消毒1～2次，一排或一个单元的猪舍腾空后，应进行彻底的清扫、消毒（包括空气、地面、墙壁、顶棚、设备、用具等）。

清扫和刷洗：先用清水喷洒浸湿地面，以防灰尘飞扬，然后进行彻底清扫，再用清水洗刷。

喷洒消毒液：猪舍地面洗刷干净后，即可用消毒液喷洒。喷洒消毒液时，其用量为每平方米用0.4～1升，土壤地面可适当增加。如果在猪舍内使用了对猪体有较重毒害的消毒药，作用一定时间后，应该再用清水冲洗干净。

猪场及猪舍门口应设消毒池，宽度与门的宽度相同，长度为车轮的一周半，内放浓度为2%的氢氧化钠溶液或其他消毒液，并经常更换。消毒池深5～10厘米，内放与池同宽、同厚、同长的草帘或者其他可沾水的垫料，然后将消毒液倒于草帘上，进出人和车辆都由此通过。

2）空气、人员及猪体的消毒

紫外线照射：猪场生产区门口除设消毒池外，还应设更衣消毒室，多采用紫外线照射法，主要对空气、地面和人的外衣进行消毒，一般9米^{2}面积安装30瓦紫外线灯管一根，而猪舍一般不用紫外线照射消毒。

化学消毒：消毒猪舍空气和猪体表时多采用喷雾消毒。在带猪消毒时应注意选择杀菌作用强而对猪体毒害小的药物，常用消毒药有过氧乙酸、百毒杀、百菌灭等。消毒时注意掌握浓度和用量，如用过氧乙酸喷雾消毒空气时，不带猪的条件下，浓度为0.3%～0.5%，用量为每立方米30毫升，喷雾后密闭1～2小时；带猪喷雾消毒时，浓度为0.1%～0.3%，用量为每立方米30毫升。此外，应注意无论用哪种消毒药，都不可长期使用，应用1个月左右调换一次药品，否则病原体会产生耐药性。

3）土壤的消毒　在自然界中，土壤是微生物存在的重要场所，并以10～20厘米浅层土壤中的微生物含量最多，其中含有大量病原微生物，不同种类的病原微生物在土壤中的生存时间各不相同，为了防止病原微生物的传播，对土壤的消毒、特别是对被病原微生物污染的土壤进行消毒是十分必要的。

疏松土壤：阳光中的紫外线照射，种植小麦、葱、蒜、三叶草等植物能够杀灭土壤中的病原微生物。在生产中，除利用上述方法净化外，还可以采用化学消毒法进行土壤消毒。消毒药主要有漂白粉、40%甲醛溶液、2%～4%氢氧化钠热溶液等。喷洒消毒时每平方米用消毒药1 000毫升，芽孢杆菌污染的地面还应掘地翻土30厘米，每立方米撒漂白粉干粉5千克，与土混匀，再加水混匀，原地压平。如为一般传染病，则每平方米撒漂白粉干粉0.5～2.5千克。

4）粪便的消毒

掩埋法：将粪便与漂白粉或者生石灰混匀，埋于2米深的地下。但该法浪费肥料，并且有污染地下水的危险。

化学消毒法：用漂白粉或者10%～20%漂白粉液，或者0.5%～1%过氧乙酸、20%石灰乳等与粪便混合均匀进行消毒。但该法操作麻烦，费用高，且消毒不彻底。

生物热消毒法：是靠堆积在一起的粪便自身产热消毒的方法。主要有发酵池法和堆积发酵法两种。发酵池法主要用于稀薄粪便、废弃物的消毒处理，此法可结合沼气利用进行。堆积发酵法主要用于较干的粪便、垫料、废弃物等消毒处理。生物热消毒法既可使被非芽孢细菌及寄生虫虫卵污染的粪便变为无害，且费用少，不丧失肥料的肥力，是最实用的消毒方法。

6 怎样给猪投药和进行注射？

（1）给猪投药的方法

因为猪灌服用药很容易发生事故，所以一般不采取直接灌服法给药。

1）喂饲法　凡是能吃食的病猪，最简便的给药方法就是将药物拌在少量的猪喜欢吃的饲料中，让猪食入。拌饲药物最好让猪饿上一顿再喂，这样猪采食积极、药物吸收好。所用饲料数量不可过多，过多猪吃不完，饲料量也不可太小，太小了药物浓度太大，味道太浓，猪不愿意采食。一些味道辛辣的药物，猪不喜食，不宜采用此法。一些猪不喜欢食的药物，可加点糖类诱母猪食入。

2）胃管投药法　病猪食欲废绝或者药物剂量较大时，可用胃管投服。方法是把猪侧卧保定后，将猪嘴用木棒撬开，放入开口器(开口器可自制，取一直径3～6厘米粗细、长25～35厘米的小木棒，小猪用细棒，大猪用粗棒，在棒的中间钻一个直径1厘米左右、能通过胃管的小孔，在棒的两端各系一根绳子。使用时，用此木棒撬开猪嘴，将此棒横衔于猪口中，并使棒上的小孔对准猪咽喉，然后将棒上系的绳子系在猪耳后根，这样木棒就固定在了猪口内，并使猪嘴保持张开)，这时，术者手持猪用胃管（市场有售，也可就地取材用手指粗细、表面光滑的橡胶管、塑料管等代替），对准开口器小孔缓慢地插至咽喉部，等猪出现吞咽动作时，趁机将胃管送进食管。注意，胃管插入后，有插入食管和气管的两种可能，必须准确判定是插入食管才可以灌药。否则，若插入气管灌药会立即引起猪死亡。判定方法是，胃管进入食管略有阻力，而进入气管内则无阻力，用手压扁胃管中间的橡皮球，橡皮球不膨起；或者在胃管外端口接上压扁的橡皮球但是不膨起，表明胃管插入食管。若橡皮球立即膨起，说明插入气管。将胃管外端口靠近耳边听，插入食管时，听不到随呼吸冲击的气流声；若能听到有节奏的气流声就表明插入了气管内。确认插入食管后，就可以接上漏斗，将药液灌入。

3）舌根涂抹灌服法　直接经口腔给猪灌服药物很容易引起猪呛药并导致死亡。所以，可将药物加入适量玉米面一类的粉料中，调兑成黏糊状，将猪保定好后，用木棒撬开猪嘴，用薄竹板或薄木板将药物涂抹在猪的舌根上，使它吞咽，若制成丸（将药粉兑少量蜂蜜而制成），只需将药丸扔至猪口腔深部，猪便可吞下。药丸较大，一般不易发生误咽而呛药。对发病较多的小猪，这是简单、迅速、安全的喂药方法，可以广泛采用。

4）仰卧灌药　给猪灌服药物是件较难的事，因为灌药最容易引起呛药而导致死亡。对此我们可采取仰卧法灌药来解决此问题。方法是将猪脊柱靠地面、四肢和嘴朝天保定，然后一人持一小木棒将猪的嘴撬开，另一人持药勺或药液瓶将药液顺猪口角倒入猪嘴内，一勺完了再灌一勺直至灌完，这样猪就不会发生呛药。

（2）给猪注射的方法

1）肌内注射　肌内注射是将药液注入肌肉中，通过肌肉中的血管吸收进血液及组织。猪常用的许多药物都可以采用肌内注射。注射部位选择在肌肉丰满、神经分布较少的颈部（耳根后至肩胛前）、臀部（屁股上侧），但体质瘦弱的猪，最好不要选臀部注射，以免针头刺伤坐骨神经，引起瘫痪。

注射时，注射部位剪毛消毒后，右手持注射器，将针头垂直刺入肌肉，注入深度不可太浅，有些人担心肌内注射时会弯折针头，常用短针头注射，这样药液注射很浅，效果不好。因为药液注入肌肉浅部或皮下脂肪，吸收缓慢，药效发挥不好，并且很容易引起注射部位肿胀。同时，注射浅会刺激皮下神经，猪疼痛加剧。所以，给猪肌内注射时，采取深部肌内注射。有人担心给猪肌内注射时，猪骚动发生针头弯折于猪体内的现象，对此我们采取如下方法可避免针头弯折事故的发生。注射时将针头全部刺入肌肉中，然后再用力垂直向猪体方向推注射器，这样针头底座紧靠猪体，当猪骚动时，它同时带动针头与针体（注射器）同步同向移动，就不会出现针头弯折现象。

同时应注意，一些刺激性大的药物，如氯化钙、葡萄糖酸钙、解磷啶等要求静脉注射的药物，不能进行肌内注射。还应注意，一处一次肌内注射药液量不可过大，一般大猪不超过20毫升，小猪不超过10毫升，若药液超过此量，应分点注射。一处注射量过大会引起该注射部位肿胀，药液吸收迟缓，见效慢，甚至还会引起注射部位发炎。为防止肌内注射时针头弯折，可用针管与针头之间连接注射用软管，这样即使猪骚动也不至于使针头弯折，甚至使折断的针头置留于猪的肌肉内。

2）静脉注射　是将药液直接注射到血管内，使药液迅速产生效果的一种给药方法。抢救危急病猪、补充体液、用刺激性大不宜作肌内注射的药物时可用此法。

一般常用的静脉注射部位在耳背部耳大静脉处。注射方法是：用酒精棉球擦拭猪耳朵背面耳大静脉（在猪耳背面靠外缘处）进行消毒，一人用手指强压耳根部静脉血管，使血管血流受阻而怒张。注射人员左手抓住猪耳尖，右手持接输液管的头皮针头（输液管和头皮针头都可以使用人医用一次性输液器），以10°～15°角斜刺入血管，见有回血，就表示针头已刺入血管。此时，助手放松压耳部血管的手指，然后注射者一手扶住针头及猪耳固定针头，或者用一夹子将头皮针头的小塑片与猪耳夹在一起固定，打开输液器开关，输入液体，药液注完后，用酒精棉球紧压针孔处，拔出针头。为了使患猪安静，便于静脉注射，可给猪使用镇静类药物，如氯丙嗪、静松灵注射液。

在注射过程中，应注意勿使药液漏出血管外，如果注射部位肿胀，就说明漏药了，应起针重扎。注射的速度不宜太快，尤其注射钙剂、钾剂应严格控制注射速度。注射药液量较大，或者冬天注射时，最好将药液加温至37℃左右再进行注射。

对小猪还可以进行四肢内侧静脉注射。小猪耳静脉注射往往因血管细小，猪骚动不安导致漏针而失败。对此，可以采取四肢内侧正中静脉处注射（适于小猪，大猪因皮下脂肪肥厚，此处血管难以看清）。方法是，将猪平卧保定，用一根细软绳或者胶管将猪一肢的上端扎紧，这时在该肢的内侧正中即可以看见有怒张的静脉血管，这时持针头对准血管斜向刺入，见有回血后去掉扎带，接上输液管将药液输入。注射针头用胶布固定。

3）腹腔内注射　就是将药液注射到猪腹腔内，通过腹腔内膜吸收发挥药效。这种注射方法一般在耳静脉不易注射时采用。小猪常采用此法。因为腹腔能容纳大量药液，腹膜有吸收能力，故可以用腹腔注射进行大量输液，注射部位在猪的后腹部。注射时，将猪两后肢提起，做倒提保定，局部剪毛消毒。注射人员左手把握猪的腹侧壁，右手持接针头的注射器或者连接输液管的针头于猪后腹部、腹部中线的两侧 1～2 厘米处，将针头垂直腹壁刺入 2～3 厘米，缓缓推入药液。注完后拔出针头，局部消毒处理。腹腔注射时，应该注意避免针头刺入膀胱或肠道内，判定的方法是针头刺入腹腔后，接上注射器向外抽液，若抽出粪、尿液则应重新进针。腹腔注射宜使用无刺激性的药物，如进行大量输液，则宜使用等渗溶液，如生理盐水、5%葡萄糖，并且最好将药液加温至 37℃左右。腹腔注射也可以用于大猪，但需进行侧卧保定。

4）后海穴注射　在猪的后海穴注射用药可显著提高药物疗效，提高病猪的治愈率，这种注射法的优点是见效快、操作方法简便。这种注射法既可发挥药物的药效作用，又可达到刺激穴位的针疗作用。注射方法是：注射人员一手将猪尾巴拉起，使猪尾巴与脊柱呈一条直线，后海穴在猪尾根下肛门口上的凹陷处，一手持注射器平行于猪脊柱方向将针头刺入后海穴内，刺入 3～5 厘米深，然后将药液推入。

（3）灌肠　灌肠是治疗猪病的一种辅助疗法。可以作为猪便秘、脱水、高温等的辅助治疗。常用的猪体平卧灌肠法效果较差，采用倒提灌肠法效果比较好。方法是，一人抓住猪的两后肢，将猪后躯提起，对大猪可以用绳子系住两后肢，将猪吊在树或架子上；另一个人持胃管或其他细软管缓缓插入猪肠深部，然后将药液灌入，这样灌肠灌得深，灌注的药液量大。

7 治疗猪病时应注意避免哪些习惯性错误？

在兽医临床上，有些人在医治猪病时存在许多习惯性错误，这成为猪病治愈率低的一个重要原因，在此列举一些以便人们引以为戒。

（1）连续大剂量应用退热剂　许多人在治疗猪病时，常常离不了退热剂，如氨基比林、安乃近、安痛定等，而且都是连续、大剂量使用，甚至有些并不发热的病猪以及一些体温已降至正常的猪也还使用这一类药。这是一种错误的做法，因为发热是猪的一种防御性保护反应，适度、适时的发热对抵御疾病具有一定的益处。发热是猪因感染病原微生物并产生炎症所致，而退热药只能起到退热的治标作用，却无抗菌消炎的治本作用，长时间、大剂量使用解热药还可能引起猪白细胞减少、抵抗力下降等严重副作用。所以，对确诊为高热的猪才可以使用退热药，并配合抗生素进行治疗，而且不能连续、大剂量使用。尤其对体温降至正常的猪应该立即停用退热药，用退热药后猪症状缓解，但退热药治标不治本，还要针对发病原因用药。

（2）用利尿药治尿闭　临床上常见尿闭及少尿患猪，遇到这种病猪人们都习惯使用利尿药来进行治疗，一般常用速尿进行肌内注射。其实，猪的尿闭大多是非肾源性尿闭，多数情况是由于膀胱、尿道炎症或者结石等所致。很显然，这些尿闭并非产尿量少所致，而是排尿不畅所致。所以用速尿等利尿剂治疗是不对症的，因为速尿等利尿药是增加肾脏产尿的药物，对此应该使用泌尿道消炎剂、排石治淋的中草药或者手术治疗。

（3）病毒灵治疗一切病毒病　猪因病毒性感染引起的疾病很多，而病毒灵听起来好像是抗病毒的灵药，所以人们在治疗猪病时常常会大量而广泛地使用病毒灵。其实病毒灵根本治不了病毒性疾病。病毒灵在兽医临床上，已被严禁使用。猪的病毒性疾病可以使用有抗病毒作用的中草药如黄芪多糖、鱼腥草、穿心莲、千里光等，并配合地塞米松、抗生素等进行治疗。

（4）用解毒药治疗有神经症状表现的突发性病猪　近年来，临床上突发性的、有神经症状表现（病猪痉挛、抽搐、转圈、狂跑、嘶叫或倒地不起、口吐白沫）的病猪很多，因为这类猪表现的症状与中毒病的症状很相似，因而人们常将这类病误认为是中毒病，并以解毒法治疗，如注射解磷啶、阿托品、解氟灵等解毒药。其实，这些病猪绝大多数不是因中毒所致，而是许多疫病（如猪传染性脑脊髓炎、猪伪狂犬病、猪链球菌病等）表现出的一种脑神经紊乱症，对此应该采取在抗病原（抗菌、抗病毒）治疗的基础上使用安定、氯丙嗪、脑炎清等镇静药物进行治疗。

（5）仅用抗生素治疗消化不良性腹泻　腹泻是猪常见病症之一，并且腹泻中有相当一些病猪是因为消化不良所引起的，对于这类腹泻人们也常使用抗生素进行治疗，效果当然是很差的。对于这类消化不良性腹泻应口服助消化类药物，如大黄苏打粉、多酶片、酵母片等。

（6）给猪一生只驱一次虫　猪的寄生虫病的发病率特别高，所以给猪驱虫是十分重要的，驱虫应该定期进行。而不是给猪一生只驱一次虫。猪驱一次虫后，还可能再感染虫卵，过一个月左右又发育成成虫，照样可能危害猪体，所以，对猪应每隔 45 天左右驱一次虫，应选用广谱低毒的驱虫药（如伊维菌素）。

（7）应用青霉素治疗胃肠道感染　青霉素是抗菌力强、副作用小的良好抗生素，所以，人们广泛应用青霉素治疗猪病。包括胃肠道感染，如胃肠炎、仔猪白痢、大肠杆菌病等都使用青霉素来治疗，这是错误的，对胃肠道感染不能使用青霉素进行治疗，而应该使用林可霉素、黄连素、乙酰甲喹等进行治疗。

8 自然消毒法有什么意义？怎样应用？

消毒是预防猪疫病的重要措施，已被多数养猪场及养猪户应用，但多数人只知道采用化学药物消毒，而不懂得非药物自然消毒也是预防猪疫病的重要措施。因为病原微生物不是在任何环境下都能存活，改变环境可起到彻底高效的消毒作用，而且这些改变环境的自然消毒法可给猪提供舒适的生活环境，有利于猪的生长发育，对猪可起到保健促生长的作用。同时，自然的非药物消毒省人力、省费用，不会伤害人、畜。下面介绍自然消毒的具体方法。

（1）阳光消毒　阳光是很好的广谱、高效杀菌剂。紫外线有较强的杀菌能力，阳光的灼热和蒸发水分引起的干燥也能起到杀菌作用。一般病毒和非芽孢性病菌，在直射的阳光下经几分钟到几小时可杀死，抵抗力较强的细菌芽孢，连续几天在强烈的阳光下反复暴晒，也可以被杀死。所以阳光对于牧场、草场、畜栏、用品和猪舍等有十分重要的消毒意义。应该尽量使猪体接触阳光，饲养用过的物品应暴露在阳光下照射，不要放置于暗处。

（2）通风消毒　空气虽然不能杀灭病原体，但通风可在短期内交换舍内空气，这样可减少病原体的数量（病原体随空气流动）。同时，新鲜空气进入猪舍内可改善舍内环境，不利于病原微生物生长繁殖，这样就起到了间接消毒的作用。通风的方法很多，如利用窗户通风、机械通风、换扇通风，或用通风调节猪舍内、外温差，即温差大时通风时间可短些，温差小时通风时间可长些，一般不少于 30 分钟。

（3）干燥消毒　细菌等病原微生物必须在有一定水分的环境下才能存活繁殖，在长期干燥的环境下就会“死亡”。所以应保持圈舍、用具等的干燥，创造不利于细菌存活的环境。物品、饲料应及时晒干，这样不易被细菌污染。

（4）生物热消毒　对猪的粪便等排泄物，用消毒药消毒很难起效，许多化学消毒剂遇粪便会减弱或消失，且费用大。对此可采取堆积发酵生物热消毒法，即将粪便堆积发酵产生生物热，这样可杀死病原及寄生虫卵等。消毒时，将粪便堆积成堆，外围泥土封严，堆放 1 周以上。此法既达到了消毒的目的，又增加了粪便肥效。

（5）清理消毒法　用机械的方法，如通过清扫、洗刷、通风等清除病原微生物，是最普通的方法。将猪舍地面清理、洗刷，猪体被毛的刷洗等，可以使猪舍内的粪便、垫草、饲料残渣清除干净，并将猪体表的污物清除，随着这些污物的去除，大量的病原体也被清除。在清洁之前，应根据清扫的环境是否干燥，病原体危害大小决定是否需要先用清水或化学消毒剂喷洒，避免打扫时尘土飞扬，造成病原体散播，影响人、畜健康。机械清理消毒不能达到彻底消毒的目的，但可配合其他消毒法。清扫出来的污物，根据病原体的性质，进行堆积发酵、掩埋、焚烧或其他药物处理。

（6）高温消毒　当猪发生抵抗力强的病原微生物引起的传染病时，如炭疽、气肿疽等，病猪的粪便、饲精残渣、垫草、污物、垃圾以及尸体，均可用火焚烧。猪舍地面、墙面可用喷灯火烧消毒，金属制品也可用火烧烤消毒。大部分病原微生物在100℃的沸水中迅速死亡，各种金属、木质、玻璃用具、衣物等都可煮沸消毒。利用水蒸气的热量可将病原体杀死而起到消毒的作用，可用铁锅、蒸笼或专用的蒸锅对物品进行高温消毒。

9 猪传染病发生有哪些条件？

猪传染病是由病原微生物引起的，具有一定潜伏期和临床症状，并且具有传染性的疾病。在生产实践中，绝大多数猪病是传染病，占临床病例的80%以上。传染病是养猪生产中的头号大敌。传染病的发生和流行是有一定条件的，必须具备传染源（病源）、传播途径、易感动物这三个条件，而且这三个条件必须同时存在并相互联系才会造成传染病的蔓延。因此我们掌握了传染病的流行条件，就能够采取相应的防制猪传染病的措施。

（1）病源　病原微生物是发生传染病的根本原因。没有病原微生物，传染病就不可能发生。但是，病原微生物侵入机体也不一定都能引起传染病的发生和发展。侵入机体的病原微生物需要有一定的毒力，并且要有足够的数量才能引起发病。有时病原微生物的毒力虽强，但数量很少，也不一定导致发病。所以，消灭传染源，是预防和控制传染病的重要措施。

（2）易感猪　不同种类的动物，对同一种病原微生物的易感性是不相同的，只有当病原体侵入有易感性的动物体内才可能引起发病。相反则不能致病，如猪瘟病毒只能引起猪发病，而不能使马、牛、羊发病。如果猪对某种病原体没有易感性，那么这种病原体即使毒力大也不至于引起猪发病。有时即使是同一种病原体侵入不同猪体，有的发病，有的却不发病，这是由于猪体自身因素不同所致，体况比较差、抵抗力弱的猪容易发病。因此，加强猪的日常饲养管理，增进猪体的抗病力是很重要的。

（3）传播途径　病原微生物可通过饲料、饮水、土壤、空气、各种动物、人、飞禽、昆虫、畜产品、饲喂用具及运输工具等媒介，经过猪体的消化道、呼吸道、皮肤伤口等侵入，致使传染病发生传播。

以上三个条件相互作用，相互关联，缺少任何一个环节，传染病都不可能发生和流行，这是引起传染病传播和流行的条件。我们应根据这些规律，在生产中制定有效的综合防制措施。如用消毒药消灭病原，给动物接种疫苗降低易感性，消灭蚊蝇，隔离猪只，切断传播途径等。

10 规模养猪怎样采取综合防病措施？

人们搞规模化养猪，最大的顾虑就是害怕猪发生疾病，但是猪病是可以预防的，在此介绍猪病的综合预防措施。

（1）免疫接种　给猪打防疫针是预防猪病很重要的一环，猪瘟、猪口蹄疫等病毒感染引起的猪传染病目前尚无有效治疗方法，只有打防疫针进行预防。所以应该定期给猪接种疫苗，一般猪群常接种的疫苗有猪瘟、猪口蹄疫、猪肺疫、猪丹毒、仔猪副伤寒菌（疫）苗等。尤其是一定要接种好猪瘟疫苗，这是预防猪瘟的关键措施。猪的免疫接种可与当地畜牧兽医部门联系，具体方法见防疫节。

（2）定期消毒　消毒是杀灭病原菌预防传染病的一个重要环节。定期对猪生活的环境、用具以及猪体进行消毒对预防疾病至关重要。方法见消毒节。

（3）合理建舍　猪舍是猪的主要生活场所，直接影响猪的身体健康。猪舍应做到向阳、干燥、通风、僻静、温暖、大小适中、地面硬化（这样便于清除粪尿，易于保持舍内干燥）。

（4）自繁自养　自家饲养一定量的母猪及公猪，实现自繁自养，不外购猪只，这样，可以减少带入疫病的机会，并且可以降低成本。也不会因为外购仔猪导致仔猪生活环境改变而发生应激等不良反应。

（5）隔离　在猪舍四周建围墙，将猪群与外界隔开，使猪群不与外界的牲畜及非饲养管理人员接触。饲养人员最好不与外界猪只接触，外出、回来进入猪舍前应该换衣消毒。新购猪只进入猪舍前也应该隔离观察1个月以上，确认无病后方可进群。对猪群应该细心观察，发现病猪应该及时挑出，并进行隔离、治疗和饲养。

（6）补饲添加剂　给猪喂服一些优质添加剂，如抗生素、维生素、微量元素（硒、碘）等，可以增强猪的体质，减少疾病的发生，如适量喂服土霉素粉可减少猪痢疾、气喘病的发生，并且可以促进猪的生长发育。

（7）定期驱虫　在猪群中90％以上猪都有寄生虫感染，虫体一方面掠夺猪体内的营养，使猪的抵抗力下降；另一方面，寄生虫可以继发猪的其他传染病，如猪气喘病、猪瘟等。所以，定期给猪驱虫，增强猪的免疫力，对预防猪的疾病有非常重要的意义。

（8）防暑、防寒　高热、严寒都对猪的健康有很大影响，所以夏天应该注意防暑，在猪圈上搭盖凉棚、保证通风，中午向猪舍内洒水以降温。冬季应该对猪舍进行防寒处理，圈内多加垫草，堵塞风洞，圈上加盖塑料棚。

（9）选择适宜的猪种　有些养猪户追求良种化，不管本地的气候环境，也不考虑自己的饲养条件，盲目引进猪种，不考虑猪的适应性也不顾自己的饲养水平能否达到引进猪种的要求，这样猪的疾病就多，是难以医治。

11 为什么猪场要慎防主人自己带给猪群传染病？

养猪从业人员随便出入猪舍，不做严格认真的消毒、换衣等处理养猪户及其家人随意进出猪舍，或仅做简单的消毒处理，达不到消毒的作用，这是很危险的行为。主人和外人是同样危险的，同样会把病原带入猪舍，引起猪群传染病的发生。养猪户应高度重视主人自己的传染性，高度重视自己进猪舍的防范措施，没有重要事情不要轻易出远门，尤其不要轻易去其他的养殖场、屠宰场、牲畜交易市场，不要轻易往家里购猪肉、猪内脏等，尤其在有猪病流行的情况下。如果主人及饲养人员必须外出，那进猪舍必须要采取无菌化处理，调换衣服，全面消毒，有条件的进行洗澡，换鞋袜，穿专用工作服，用紫外线消毒灯照射消毒。猪场工作人员及家人尽可能不吃来源不明的猪肉及猪产品。应严禁买猪者进猪场及猪舍，向他们卖猪时，谈好条件，直接将猪赶出猪舍。猪场的许多疫病可能是买猪者带进猪场的。

12 为什么免疫接种可预防传染病？怎样打好防疫针？

免疫接种即打防疫针，是预防传染病很重要、很有效的方法。那么为什么接种疫苗可以预防传染病呢？下面说明一下接种疫苗预防传染病的道理，以便指导我们正确接种疫苗。

（1）免疫接种的作用　动物机体感染了病原微生物后，即病菌进入畜体后，其机体就动用体内的免疫系统（动物体自身的防御外敌的抗病机构）来抵抗这种病原的侵袭，随即产生一种抵抗这种病原的物质叫抗体，这种抗体即可对这种病原产生抵抗作用。但是，一般病原体毒力都较强，猪体产生的抗体难以抵挡住病原的攻击感染，从而常常导致猪发病。根据这一原理，人们主动地给猪体接种、注射一种病原体，当然，这种病原体是经过处理，降低了毒力、失去了致病性的，但仍保持一定的活性，这种物质就是我们给猪使用的疫（菌）苗。由此可以看出，接种一种疫苗只能产生相应的一种抗体，只能预防一种传染病，因为这种抗体只能抵抗相应的这种病原微生物。有时给猪打了一种防疫针，猪还是生病了，就认为打防疫针不起防病作用了，这是不对的。要知道，首先，打一针防疫针只能预防一种或几种（联苗）相应的传染病，而不是预防所有的疾病。其次，因为疫苗是一种活性物质，不同于其他治疗药物，必须要在低温或冷冻条件下保存，常温条件下容易失去活性。保存不当，失去活性的疫苗就不起防病作用了。最后，疫苗虽然是降低毒性的物质，但它还是一种病原体，所以，对病畜、严重瘦弱畜及一些怀孕畜不能接种疫苗。

（2）正确进行预防注射　打防疫针虽然是许多养猪户经常做的一项工作，但往往许多防疫针打过之后并没有产生相应的保护力。要打好防疫针并不是件容易的事！因为，疫苗是一种特殊的药品，要让它充分发挥有效的防病作用，就必须满足疫苗在使用中的各项要求，任何一点达不到要求，防疫针就可能白打了，在此介绍一些打好有效防疫针的方法。

1）保证疫苗的活性　只有使用保存好活性的疫苗才能刺激猪体产生抗体，起到防病的作用。要保证疫苗的活性必须做到冷冻或低温、避光、真空保存。所有疫苗均不能在常温条件下保存，是必须冷冻或冷藏（注意冷藏保存的疫苗不能冷冻保存，冻结后疫苗失效），冷冻是在0℃以下保存，冷藏即在0℃以上、10℃以下保存。所以，疫苗在运输、保存、运转等各个环节中都要做到低温，其中任何一个环节受热，且时间稍长，都会失去活性。所以，疫苗在运输过程中应该用冷藏车或冷藏箱，除气温低的冬天。如无冷藏箱、车的话，可根据疫苗数量用广口瓶、塑料袋、纸箱、饮料桶等，内放冰块与疫苗一起存放，并严格密封。贮存时应放在冰箱、冰柜中，并且应该注意冰箱不能断电，停电时间过长，疫苗便会失效，不能使用。同时，疫苗应该避光保存和携带，因为疫苗受到阳光直射十几分钟后，就会失去活性，所以疫苗在保存、转运以及稀释、配制、注射时均应在无阳光照射下进行。另外，还要求疫苗在真空瓶中保存，即装疫苗的瓶内必须为真空，瓶口均为严格密封的，如果在转运、使用的过程中振动疫苗瓶塞使瓶口松动、开缝，空气进入疫苗瓶内，疫苗就会在不长时间内失去活性。有些人甚至把已经打开过瓶口的疫苗再次使用，这种疫苗是无效苗。要求低温保存的疫苗不能冻结，否则疫苗结晶失去活性，如多数混悬液疫苗均不能冻藏。对以上方面若有任何一点未做到，那么疫苗就可能失效。

2）注意疫苗的有效期　疫苗的有效期不仅考虑其出厂时间，即产品所标的有效期限，还要考虑其保存期间的外界环境情况，如果保存期间遇有停电或在常温下保存过，运转过程中无冷藏设施，天气炎热，在这些因素下，疫苗的有效期限就会大大缩短，未到期的疫苗也不能使用。同时，在使用疫苗前应该仔细阅读该产品的说明书，了解其用法、用量、用途、出厂日期等，并且严格按照要求使用。

3）现用现配　冻干苗一经稀释，其活性保存的时间就大大缩短了，所以疫苗应该尽量现稀释现使用，在很短的时间内用完。若一时用不完，则应该根据外界气温情况判定疫苗是否失效。在气温高时，稀释后的疫苗一般不要超过 2 小时，即使气温低，稀释后的疫苗也最多不超过 8 小时使用，超时的稀释疫苗就不能再用了。疫苗稀释后所能存放的时间，因外界环境温度不同而不同，并不是不变的。有许多人形成了稀释后的疫苗只要不过夜就能使用的概念，那是错误的。

4）稀释液及浓度　所有冻干苗必须按规定的稀释液进行稀释，不能随意更换，如猪瘟疫苗必须用生理盐水稀释，而不能用注射用水稀释，猪三联苗必须用氢氧化铝明胶盐水稀释，不能用注射用水或盐水稀释。稀释浓度也必须按该疫苗要求的稀释倍数稀释，而不能依据猪的数量多少随意加大或缩小稀释倍数，疫苗必须整瓶一次稀释使用，不能拆分使用。

5）注意母源抗体的影响　接种过猪瘟疫苗的母猪，它在免疫期内所产的初乳内存在猪瘟抗体，这个抗体来源于母体，所以叫母源抗体。仔猪吃了这种母乳便会获得猪瘟抗体，这种抗体会干扰仔猪接种猪瘟疫苗后的免疫反应。所以，对接种过猪瘟疫苗的母猪所产的仔猪，在哺乳期间一般不接种猪瘟疫苗，但在猪瘟病流行地区，应在哺乳期接种一次疫苗，断乳后（60天）再接种一次。

6）注射方法及剂量　各种疫苗有各种不同的接种方法，如猪瘟疫苗要求肌内注射，有许多人给猪打飞针，常将疫苗注射在皮下，这就产生不了强大的免疫力。各种疫苗在注射前均应充分摇匀，因为即使稀释了的疫苗，放置一会儿后也会发生沉淀。同时，在注射、稀释等操作过程中，进行消毒时，严禁疫苗与消毒液接触，疫苗对各种消毒药都非常敏感，一旦与消毒液接触，疫苗便会失去活性。

疫苗的用量与免疫力的产生也有一定的关系。就猪瘟疫苗而言，正常用量为1毫升，但是临床证实，此用量偏小，一般可应用2毫升（2头份剂量）。实际中，我们可根据具体情况适当增加接种剂量，如考虑到疫苗保存过程中有降低活性的可能（如温度高、阳光照射等）、有猪瘟病流行的同舍或同村猪、已接种过猪瘟疫苗未过免疫期的猪，均可增加接种剂量，可用至5～8头份。

7）畜体状况　健康的、体质强壮的猪接种疫苗后才可能产生强大的免疫力，瘦弱的猪和病猪产生的免疫力弱，甚至还会引起死亡。如果饲养条件不良，猪患有内、外寄生虫或其他慢性病，则可能影响免疫力的产生。在注射疫苗前，进行一次驱虫可以使免疫效果提高。接种疫苗后的猪，不能饲喂添加有抗菌药物的饲料，如喹乙醇、土霉素、四环素等。另外，一些养殖户在猪发生疾病时，一方面给猪接种疫苗，另一方面又给猪使用抗生素类药物，这是错误的。因为抗生素类药物有杀死菌（疫）苗活性的作用，这使双方的作用互为抵消，结果两方面目的都达不到。

8）免疫期　每一种疫苗接种畜体后，都有一定的免疫期，免疫期即抵抗该病的有效时间。一次接种疫苗后，必须等它的免疫期过了以后才能进行下一次接种，否则，不但起不到加强免疫力的作用，反而会减弱免疫力。因为后面进入体内的抗原（疫苗）和先前体内产生的抗体发生中和，致使免疫力下降，有许多养殖户常在周围猪发生疫病时，又给自己刚接种过疫苗的猪再接种一次疫苗，这只能是事与愿违。若对接种了疫苗的猪的免疫期及免疫力无法确定，或者怀疑其免疫力不足，这种情况下接种可以加大疫苗的使用剂量。这样，一部分抗原被原来的抗体中和，而剩余的部分则刺激机体产生新的抗体。

13 为什么养猪一定要接种好猪瘟疫苗？

猪瘟是养猪业的最大疫敌，多年来一直在各地流行，给养猪业带来了巨大的损失。虽然各地一直坚持猪瘟的预防接种，但猪瘟常防常流行，而且有些地方有愈演愈烈的趋势。分析其原因，一方面是人们对猪瘟认识还是不充分，有些地方未能认识到猪瘟的横行及危害，对存在和流行的猪瘟，由于诊断条件所限，确诊困难，不能判定是猪瘟。所以，有些养殖户对此视而不见，遇到有治不了的病猪，总认为是治疗方法上的问题，而没有意识到是猪瘟。其实，这些病猪有许多就是得了猪瘟。另外还有些病猪是接种过猪瘟疫苗的猪，这些猪虽然患了猪瘟，但人们往往不会想到猪瘟，认为是其他病，其实这类接种过猪瘟疫苗还患猪瘟的病例很不少，因为有许多猪接种不当，接种疫苗无效。另一方面，目前有许多地方流行的猪瘟病毒变异，成为非典型猪瘟，临床表现为无明显的猪瘟病状，这给人们判断猪瘟带来了很大的困难，造成对猪瘟的防疫工作不到位。

猪瘟是由猪瘟病毒感染引起的，目前尚无特效治疗方法，而且其传染性强、传播快、死亡率高。猪瘟目前虽无有效治疗方法，但免疫接种可以预防该病的发生，并且猪瘟疫苗副作用小，应用十分安全。所以，养猪户必须高度重视猪瘟疫苗的接种，养猪生产必须做到及时、有效接种猪瘟疫苗。那么，怎样正确接种猪瘟疫苗呢？请注意做到以下几点：

（1）哺乳仔猪的接种　由于接种过猪瘟疫苗的母猪所生产的仔猪在哺乳期间可获得来自母体内的母源抗体，该抗体影响仔猪接种猪瘟疫苗的免疫反应，致使哺乳期间接种疫苗的仔猪免疫有效期只能维持30～45天，所以，在猪瘟病的非疫区，一般在仔猪哺乳期不接种疫苗，待断乳后再接种疫苗。断乳后仔猪体内母源抗体很低，这时接种疫苗产生的免疫力强。但在疫区，为了防止仔猪在哺乳阶段就感染猪瘟（母源抗体不足以抵抗猪瘟病毒），可在产后一周接种一次疫苗，断乳后再接种一次疫苗，或在仔猪生后未吃初乳前接种一次疫苗，能够产生可靠的免疫力。

（2）怀孕母猪的接种　可以给怀孕的母猪接种猪瘟疫苗，这是安全的，不会因疫苗作用引起流产等不良反应。可有许多人一直认为怀孕母猪不能接种猪瘟疫苗，致使防疫密度上不去，往往导致许多猪场，尤其是母猪饲养量大的猪场，常常发生猪瘟。只是在给怀孕母猪接种注射时，在抓猪、按压时应该注意，以防引起机械性流产。许多地方的兽医仍是怀孕母猪不打防疫针，这是错误的做法。

（3）疫苗用量　猪瘟疫苗的标准用量是1头份，在目前情况下以2头份注射剂量的免疫效果为好，并且副作用小。对由于保存和运输不当，有可能使疫苗效价降低时，疫苗用量应该加大，可用3头份以上。

（4）发生猪瘟时，同群未发病猪的接种　同群或同场的猪部分发生猪瘟，那么给未发现病状的猪立即接种猪瘟疫苗，剂量可以大些，最大用量可以加至5头份。接种后，除少量病猪及潜伏期猪外，都可以产生保护力，能迅速扑灭疫情。许多人不敢给已发生猪瘟病的猪群中未发病猪接种疫苗，认为那样会加快发病，增加病猪，这是错误的。只是这种情况下接种，一定要做到一猪一支针头，以免通过针头导致传染。

（5）病猪的接种　一般情况下，牲畜发生某种传染病时，是严禁接种该病疫苗的。但猪发生猪瘟后，使用其他任何药物都无治疗效果，而接种猪瘟疫苗却可以挽救少数病猪，对猪瘟病猪接种猪瘟疫苗用量应该加大，可用10～20头份，一次肌内注射，一般接种一次，必要时，也可过一周再接种一次，并且应该及时注射。临床证实，及时早期接种可获得较好的效果，即一旦确定为猪瘟病猪或可疑猪瘟病猪就应该立即接种猪瘟疫苗，到发病的后期，猪体质衰弱了，再接种不但起不到医治作用，还可能加快病猪的死亡。

（6）注意免疫期　有的养殖户为了预防猪瘟，常常增加猪瘟疫苗的接种次数，这不但不能增强免疫效果，反而会削弱免疫效果。因为在免疫期内，猪体内已存在抗猪瘟的抗体，这时再接种该疫苗（抗原），疫苗就和体内的抗体发生中和，致使原来的抗体减弱，甚或消除，所以，猪在免疫期内不要再接种疫苗。

14 为什么要大力提倡养猪户自发进行免疫接种预防猪传染病？

免疫接种是预防猪病十分重要的一环，但目前我国执行的是每年春秋两季的防疫制度，这一防疫体制有很大的弊端，其根本是不能提高猪的免疫接种率。因为猪是常年繁殖的多胎动物，一年四季常有新增加的仔猪，这些新增仔猪在春秋季以外就错过了免疫接种，就不能及时接种疫苗。所以，靠畜牧兽医专业部门春秋两季的两次免疫接种，只能使少部分猪得到及时的接种，而绝大多数猪不能得到及时有效的接种，这部分猪的比例可达50%以上，这也是猪瘟猖獗，难以控制的一个重要原因。对此问题的解决办法是，不能仅靠兽医部门来负责各家各户随时新增加猪的免疫接种，一个行之有效的、简便的解决办法是养猪户自发进行免疫接种，自己对所饲养的猪群进行免疫接种，这样对自己猪场新增的猪能及时进行接种。目前当养猪户有新增猪时，可随时到当地畜牧部门购得疫苗或在自己的冰箱内取出贮存的疫苗，与冰块（冰冻水）一起携带（装于饮料桶内或塑料袋内、广口瓶内、冷藏箱内）至猪场，随时注射，这样从贮存到运转等各环节上都是可靠的，既可做到低温保存、运转疫苗，保证了疫苗的质量，又可以做到及时注射。注射疫苗是一件比较简单的工作，一般养猪户都可以熟练地掌握；养猪户自己接种的效果比畜牧部门在春秋季大面积接种时的效果要好，因为，畜牧部门在大批集中接种时需一次携带大量的疫苗，走村串户进行接种，这样大量的疫苗运转携带难以持续满足低温、避光等要求，而且稀释后的疫苗有时不能及时使用；另外，畜牧兽医站防疫人员在防疫期间因接触大量畜禽，一旦注射器具更换及消毒不严，遇到一头病畜，就可能携带病原，并且传播给健康畜群，造成接种性染病。养猪户通过自发进行免疫接种责任心强，能够做好防疫接种工作。

综上所述，推行养猪户自发进行免疫接种是可行又可靠的防疫措施，值得大力提倡。这一措施既可以提高免疫率，又可以取得良好的免疫效果，并且有效解决了新增猪漏免的问题，是控制猪传染病的有效措施。

15 如何用后海穴注射大剂量猪瘟疫苗治疗猪瘟？

猪瘟是兽医临床常见病，尤其近年来有些地方流行较为严重，而且该病目前尚无有效治疗方法，给养猪业带来了巨大的损失。笔者经过多年临床探索，用后海穴位注射大剂量猪瘟疫苗救治猪瘟病猪，取得了一定的效果。

方法是用猪瘟兔化弱毒疫苗6～10头份，在猪后海穴内一次性注射完成，隔一周再注射一次。该治法的意义是，猪瘟病猪注射猪瘟疫苗后可起到以毒攻毒的作用，进入体内的大剂量活疫苗一部分被体内已产生的少量抗体中和掉，一部分刺激机体的网状内皮系统产生猪瘟抗体，可抵抗猪瘟病毒，加上后海穴穴位注射，通过穴位刺激可增强机体的免疫力，促进机体的新陈代谢，使机体抵抗猪瘟的能力加强。后海穴在猪肛门上、尾根下的凹窝中，该穴位明显易找，注射操作简便。注射时，将猪侧卧保定，注射者一手拉直猪尾巴，使猪尾巴与猪脊柱呈一条直线，然后一手持注射器，对准该穴位的凹陷窝，刺入4～6厘米深，推入药液。

应用该治法应做到：对猪瘟病猪及可疑猪瘟病猪果断及早注射；保证疫苗可靠；加强患猪护理，做到冬季保温、夏季防暑等。

16 猪常用疫（菌）苗有哪些？免疫接种程序是怎样的？

猪常用疫（菌）苗及其接种程序见表7。

表7　猪常用疫（菌）苗及其接种程序

预防猪病	疫（菌）苗	接种猪类	接种时期
猪瘟	猪瘟兔化弱毒苗、猪瘟细胞活疫苗	仔猪、小猪	常发生猪瘟的场，哺乳前接种（接种后1小时再哺乳）或21～28日龄接种1次，60日龄再接种1次
		公、母猪	每年春秋季各接种1次
口蹄疫	猪口蹄疫灭活疫苗	小、中猪	35日龄 首次接种，90日龄二次接种
		各种猪	每年春秋各接种一次
猪肺疫 猪丹毒	猪肺疫、猪丹毒二联苗	仔猪、小猪	21～28日龄首免，60日龄二免
		公、母猪	每年春秋季各接种1次
仔猪副伤寒	仔猪副伤寒弱毒苗	仔猪	28～35日龄接种一次即可
猪气喘病	猪支原体肺炎活菌苗	仔猪	有气喘病猪场10日龄接种
		成年猪	3～4月龄（免疫前15天至免疫后30天禁用抗生素）
		种猪	每年接种1次（接种前15天至接后30天禁用抗生素）
猪大肠杆菌病（仔猪黄白痢、水肿病）	大肠杆菌K88、K99、987P三联苗	怀孕后期的母猪	母猪产前40天和15天各注射一次
细小病毒病	猪细小病毒灭活苗	种猪	配种前2～4周
猪乙脑	猪乙型脑炎活疫苗	种猪	每年春季
猪传染性腹泻	猪传染腹泻油佐剂灭活苗	所有猪只	每年秋季
猪伪狂犬病	猪伪狂犬病活疫苗	仔猪	首免21～28日龄
		种猪	每年春秋各1次

（续）

预防猪病	疫（菌）苗	接种猪类	接种时期
猪萎缩性鼻炎	猪传染性萎缩性鼻炎灭活苗	仔猪	首免28～35日龄，隔2～3周进行二免
蓝耳病	蓝耳病灭活苗	所有猪只	生产母猪、小猪断奶后肌注，后备母猪配种前1个月肌注
仔猪红痢	猪红痢氢氧化铝苗	怀孕母猪	于母猪产前30天和产前15天各接种1次
猪圆环病毒病	猪圆环病毒灭活疫苗	仔猪、母猪、公猪、育肥猪	仔猪15天首免，母猪配种前免疫，公猪、育肥猪普免，每年免疫1次

17 非洲猪瘟有哪些表现及危害？

非洲猪瘟是由非洲猪瘟病毒引起的猪的一种急性传染性疾病。其特征是高热、皮肤发绀以及淋巴结和内脏器官的严重出血，死亡率最高达100%。在临床与猪瘟极为相似，但病原不同。

病猪表现突然体温升高，达45℃，稽留约4天，此时还不表现临床症状，患猪还有食欲，至体温下降时或死前1～2天才开始表现精神沉郁、厌食、全身衰竭、后肢无力、跛行。眼、鼻有浆液性或黏液性脓性分泌物。鼻端、耳、腹下等处皮肤发绀。以后体温降至常温以下而死亡，死前仍能采食，病程4～7天，病死率95%～100%。

病理变化类似猪瘟，表现为全身各组织器官的严重出血和水肿。

如在已经进行过猪瘟免疫的猪群中发生了急性出血性传染病，且发病率和死亡率都很高，几乎为100%，那么可怀疑为非洲猪瘟。

非洲猪瘟有极大的危害性，且目前仍无有效治疗方法，也无可预防的疫苗。该病是我国新发现的烈性传染病，在我国多地发生。

18 猪圆环病毒病有哪些主要表现？怎样防治？

猪圆环病毒病是由猪圆环病毒引起的猪的一种新型传染病。其主要侵害 8～13 周龄的小猪。

该病主要感染断奶后仔猪，哺乳仔猪很少发病。猪感染该病后，可引起各个系统的功能衰竭。临床表现为生长发育不良，消瘦，皮肤苍白，肌肉轻弱无力，精神不振，食欲下降，腹泻，呼吸困难。

饲养管理条件差，猪舍通风不良，饲养密度高以及各种不良刺激，均可加重病情的发展，使死亡率增加。

该病无特异性治疗方法，对病猪可用中药抗病毒药，如黄芪多糖、板蓝根、穿心莲，配合抗生素，如氟本尼考等治疗。发生本病流行时，加强饲养管理，喂给全价配合日粮，圈舍保温、通风，保持圈舍清洁安静，避免不良刺激。发现可疑病猪，应及时隔离，加强消毒，切断传播途径，防止疫情传播。

对该病流行地区的猪只要及时接种猪圆环病毒病的疫苗。

19 以腹泻为主要症状的传染病怎样防制?

（1）仔猪黄、白痢

【流行特点】仔猪黄、白痢是由猪致病性大肠杆菌引起的，仔猪黄痢多发生在 1 周龄以内的哺乳仔猪，以 1～3 日龄以内最多见；仔猪白痢是 1 周龄后至断乳前后仔猪的多发病。仔猪黄、白痢发病率的高低与环境卫生、温度、湿度、饲养管理及哺乳母猪的乳汁等因素密切相关。3 日龄内仔猪黄痢发病最危急，死亡率最高，以后随着日龄增大，死亡率减少。一年四季均可发病。

【症状】初生仔猪发病突然，有的出生数小时就出现腹泻，粪便呈黄色水样，伴有气泡，恶臭，往往来不及治疗就出现死亡。日龄稍大，病情较缓和，粪便常呈黄色、黄白色，2 周龄以上粪便呈白色或者灰白色，伴有腥臭味，病猪被毛粗糙无光，体表不洁，弓背，精神沉郁，如能及时治疗绝大多数可治愈。

【剖检变化】病猪小肠膨胀，肠壁弹性消失，肠黏膜充血、出血，内容物含有气泡。

【防制措施】仔猪黄、白痢要采取综合措施进行防制，靠单一的方法是难以控制的，对此可采取以下防制方法：

1）给怀孕母猪提供营养全面的饲料，并加强怀孕母猪的运动；保证仔猪生活的环境温度适宜，尽早让仔猪吃到初乳。

2）搞好圈舍、产房及环境的卫生和消毒，因为猪场一旦有白痢病猪的出现，其场地就会被白痢杆菌污染，不消灭圈舍及环境中的病原菌是很难控制此病的。

3）给怀孕母猪在产前40天和产前14天各注射大肠杆菌K88、K99、987P三联苗一次。

4）给母猪喂服仔母安或仔母康。在母猪临产前2天喂服，连喂2天，产后继续喂服2天，或者在母猪产后喂服中药白头翁或者龙胆草，每次喂服200～250克，每天一次，连喂2～3天，同时，可给母猪在产前产后各喂服维生素C粉1周左右。

5）对于未开食的、无法喂服药的仔猪，肌内注射复方黄连素注射液或者林可霉素、地塞米松注射液，对已开食的仔猪可拌食痢菌净、庆大霉素、碳酸铋等。

6）仔猪出生后3天左右注射补铁剂，如牲血素，这对促进仔猪生长、预防及治疗仔猪的白痢有十分重要的意义。

7）缺硒地区应给仔猪补硒。仔猪出生后数天内给其注射亚硒酸钠注射液1～2毫升，15天后再注射一次。

（2）仔猪红痢

【流行特点】仔猪红痢又称猪梭菌性肠炎，是由C型产气荚膜梭菌引起的肠毒血症。C型产气荚膜梭菌在自然界分布很广泛，土壤中大多存在本菌，也存在于部分母猪肠道中。发病原因是仔猪出生后不久即感染本菌引起发病。本病主要侵害1～3日龄仔猪，1周龄以后很少发病。

【症状】初生仔猪突然排出红褐色血性稀粪，味腥臭，后躯沾染血样粪便，从发病到死亡很少超过3天，死前全身震颤、摇头、抽搐等，耐过者多为僵猪。

【防制措施】做好猪舍内外清洁卫生和消毒工作，常发病猪场的怀孕母猪在产前30天和产后15天各注射一次C型魏氏梭菌苗。常发病猪场的仔猪在生后3小时内肌内注射黄连素，也可灌服齐全一支灵。

（3）仔猪副伤寒

【流行特点】仔猪副伤寒是由沙门氏菌引起的一种传染病，临床可分为急性、亚急性和慢性三个型，病猪和带菌猪是本病的主要传染源。多发于1～4月龄猪，成年猪不发病，多呈散发形式。在饲养密度过大，环境污秽、潮湿、应激等条件下可导致本病流行，常和猪瘟并发或者继发感染。

【症状】本病以顽固性下痢为特征，以发热、呼吸迫促及四肢、下腹部出现紫红色出血点为主要特征，有时后躯麻痹，排黏液血性痢或便秘，经过1～4日死亡。亚急性和慢性多见，粪便呈灰白色、黄绿色、水样、恶臭，食欲不振，被毛粗乱无光泽，有的猪在几周内可反复发病2～3次，有的可能发生肺炎，出现咳嗽症状，如不及时治疗将成为僵猪。

【剖检变化】病猪急性病例脾肿大，有弹性，似橡皮，全身淋巴结肿大、充血、水肿，胃肠黏膜出血，肝、肾、心外膜出血，亚急性或慢性病例盲肠、结肠、回肠呈坏死性肠炎，糜烂，盲肠表面覆盖一层糠麸样坏死及肠系膜淋巴结高度肿胀是其特征性病变。

【防制措施】预防本病应加强饲养管理，消除发病诱因。对仔猪进行免疫注射。常发病猪场，30日龄左右用仔猪副伤寒苗首免，最好在首免后隔3周再进行一次免疫，在接种前3天和后7天应该停止使用抗菌药物。病猪可以使用肠道抗生素进行治疗，如肌内注射复方黄连素、土霉素、穿心莲等。

（4）传染性胃肠炎

【流行特点】本病是由肠道冠状病毒感染引起的，是猪的一种急性传染病，传播迅速，各种年龄的猪均可感染发病。多发于冬春寒冷季节，主要通过食入被肠道冠状病毒污染的饲料或者饮水而感染发病。

【症状】病猪的主要症状是水样腹泻和呕吐，数日即可波及全群，哺乳仔猪发病后呈喷射状水样腹泻，且粪中有未消化的凝乳块，恶臭，死亡率高。病猪严重脱水、消瘦、被毛粗乱，随着日龄的增大死亡率降低，水泻持续到3～7天，一旦停止，多不再发病，中、大猪很少死亡。

【剖检变化】病猪胃底黏膜充血，小肠扩张，肠壁（空肠）变薄、透明，肠内充满白色泡沫状液体及气泡，哺乳仔猪肠内充满凝乳块。

【防制措施】对本病应该采取综合防制措施，对常发本病的猪场的怀孕母猪在临产前30天肌内注射猪传染性胃肠炎灭活疫苗3毫升，可以减少哺乳仔猪的发病率和死亡率。对病猪可用穿心莲、复方黄连素注射液及地塞米松、黄芪多糖等进行治疗，并给猪饮服口服补液盐。本病治疗过程中，仅用抗生素效果不佳，因抗生素只能防止继发感染，并不针对本病病原，而应重视调理与抗病毒治疗。

（5）猪痢疾

【流行特点】猪痢疾俗称血痢，是一种厌氧的螺旋体感染所引起的，其特点是排黏液性、血性稀便。病猪或带菌猪是本病的主要传染源，康复猪的带菌率很高，并不断排出病原菌。不同年龄、品种的猪均有易感性，以7～12周龄的猪最多发。本病的流行过程缓慢，无季节性，猪场一旦传入本病，常不易根除。

【症状】本病的潜伏期长短不一，短的2天，长的可达3个月，病猪在病初体温升高，排出的粪便中含有黏液和血丝，以后含有鲜血，有的出现水样泻痢，或者排出红白相间的胶冻状粪便或者血便，弓背、脱水、贫血、消瘦、生长发育受阻进而成为僵猪。

【剖检变化】病猪腹腔可见有多量红色液体，空肠段全部肠壁呈红色，与正常肠道界线分明，结肠、直肠肠壁充血、水肿，甚或出血、坏死。

【防制措施】可在饲料中添加泰乐菌素、林可霉素等抗生素。引种时隔离检疫，发现病猪及时淘汰，并对圈舍进行彻底清洗和消毒，空圈2～3个月。病猪用乙酰甲喹等配合维生素K_3（止血药）

或者止血敏治疗。喂服或灌服白头翁散或白头翁口服液。

20 以呼吸困难、咳嗽为主要症状的传染病怎样防制？

（1）猪气喘病

【流行特点】猪气喘病又叫猪霉形体肺炎、猪支原体肺炎，其病原是猪肺炎支原体。猪场往往因为从外引种引起本病暴发，新疫区暴发初期呈急性经过，症状较重，致死率较高。

【症状】本病的主要临床症状是咳嗽与气喘，急性型呼吸困难，口鼻流沫，发出哮鸣声，体温一般正常；慢性型干咳、气喘可连续数周，甚至数月，咳嗽以清晨和晚间为甚，运动或者喂食后可加剧，生长发育受阻，饲养成本大大增加。病猪容易继发巴氏杆菌病，死亡率增加。

【剖检变化】病猪肺部可见肉样病变，肺水肿或气肿，肺门淋巴结肿大，切面外翻。

【防制措施】预防本病的主要措施是从无气喘病的猪场引种，隔离治疗或逐步淘汰有病猪，对无临床症状的种猪、后备猪每年春、秋季各注射 1 次猪气喘病菌苗。注意在接种前 1 周内不得使用抗生素。

预防可在饲料中添加土霉素、氟苯尼考、泰乐菌素。病猪可以通过使用注射卡那霉素、鱼腥草、地塞米松或者注射土霉素、泰乐菌素、氨苄青霉素等方法进行治疗。同时应注意加强通风，保持猪舍干燥、清洁。

（2）猪肺疫

【流行特点】猪肺疫又称巴氏杆菌病，是由多杀性巴氏杆菌引起的。多杀性巴氏杆菌在许多健康动物呼吸道中常存在，正常情况下不发病，当猪群管理不良，长途运输及各种应激时诱发该病。以气温骤变、多雨、潮湿、闷热时期多发，常与猪瘟混合感染。多呈散发。

【症状】猪肺疫临床分为最急性、急性和慢性三型。①最急性型：俗称“锁喉风”，病猪常无明显症状而突然死亡。病程稍长，表现为体温升高，呼吸极度困难，喉头肿胀、发热、红肿，耳根、腹侧、四肢内侧出现红斑，口鼻流沫，病猪在几小时内因窒息死亡。②急性型：除表现败血症外还表现胸膜肺炎，最初发生痉挛干咳，后流黏稠鼻液，有时混有血丝，呼吸困难，黏膜发绀，初便秘后腹泻，最后心力衰竭而死。③慢性型：多由急性转来，病程可拖延2周以上，除了出现持续性咳嗽与呼吸困难外，还出现关节肿胀、泻痢、消瘦等症状。

【剖检变化】最急性型病理变化不明显，急性型病猪咽喉部、颈部皮下有大量胶冻样、淡黄色组织浸润，肺水肿，表面发红，有灰白相间斑纹，气管、支气管内充满泡沫状液体，胸腔积液，肺与胸膜粘连，心包膜、消化道黏膜、膀胱等脏器有出血点，皮下淋巴结、皮肤有出血斑点。

【防制措施】加强饲养管理，做到水源清洁，营养均衡，圈舍干燥、温暖、通风，每年春、秋季节注射猪肺疫、猪丹毒二联苗各一次。饲料中添加抗生素对控制本病有很大的作用，如添加土霉素、四环素，病猪可注射青霉素、链霉素、磺胺类药物进行治疗。

（3）猪传染性萎缩性鼻炎

【流行特点】传染性萎缩性鼻炎是猪的一种慢性呼吸道传染病，病原是支气管败血波氏杆菌，任何年龄的猪只均可感染，但以幼猪的易感性最大，病猪和带菌猪是主要传染源。

【症状】病猪主要表现为打喷嚏，鼻流脓性分泌物，常出现摇头、拱地、擦鼻、流鼻血等症状，2月龄以内仔猪最明显，4月龄以内仔猪感染多数会引起鼻甲骨严重萎缩，大猪感染后症状轻微，成为带菌者。本病死亡率不高，但对猪的生长发育有很大影响。

【剖检变化】病变局限于病猪的鼻腔及邻近组织，可在上颌第一、第二对臼齿连线处与上颌垂直方向锯断鼻梁，观察鼻腔内及鼻甲骨的形状与变化，最突出的特征性病变是鼻腔软骨和鼻甲骨软化和萎缩，甚至消失，鼻中隔发生弯曲。

【防制措施】预防可在饲料中拌入磺胺二甲嘧啶 100～450 克/吨,或者泰乐菌素 100 克/吨，或者克林美。接种免疫，使用猪传染性萎缩性鼻炎灭活苗，肌内注射 1 毫升，首次免疫在 4～5 周龄，首免2～3 周后再加强免疫一次。治疗可使用联合磺胺类药物、泰乐菌素等进行肌内注射。

（4）猪流感

【流行特点】猪流感是由流感病毒和猪嗜血杆菌协同感染所引起，发病突然并且经常全群暴发，有较明显的季节性，多与气温骤变、寒冷潮湿有关。

【症状】本病的潜伏期很短，几小时到数天，几乎全群同时感染发病，病猪体温 40.3～41.5℃，食欲减退或废绝，精神差，呼吸急促，夹杂阵发性咳嗽，眼、鼻有黏液性液体流出。

【剖检变化】咽喉黏膜、气管和支气管黏膜轻度充血，气管内有多量黏液，肺病变处呈淡紫红色，肺门淋巴结和纵隔淋巴结极度肿大、水肿。

【防制措施】应加强饲养管理，寒冷季节避免贼风窜入猪舍，保持猪舍清洁、干燥。可选用克林美、维生素 C 粉等拌料来进行防治，也可以采用肌内注射黄芪多糖、安乃近、鱼腥草、地塞米松、庆大霉素等进行治疗。

（5）传染性胸膜肺炎

【流行特点】本病是由胸膜肺炎放线杆菌引起，病菌主要存在于病猪呼吸道，主要通过空气飞沫传播，各种年龄的猪都有易感性，但以 3 月龄仔猪最易感，在大群饲养条件下或者不良气候环境与长途运输之后容易引起流行。

【症状】本病与非典型猪瘟症状相似，病猪高热稽留，耳及腹下皮肤有出血斑点，并且发紫。最急性型病猪突然死亡，死前往往见不到任何症状，病死猪体躯末端发绀，口鼻流出带红色的泡沫；急性型病猪表现体温升高，呼吸极度困难，张口伸舌，鼻盘和耳朵发绀，如不及时治疗可在 1～2 天内窒息死亡；慢性型病猪有间歇性咳嗽，食欲不振，有时出现跛行，关节肿大，随着时间的拖延，症状逐渐消退，常能自行恢复。

【防制措施】预防本病可通过改善饲养环境，搞好卫生，减少应激的方法，也可以采用饲料中添加药物（如克林美、氨苄青霉素粉）来进行防制，治疗可以选用克林美、氟苯尼考等药物，应用酒石酸替米考星效果也很好。

21 以神经症状为主的传染病怎样防制？

（1）猪链球菌病

【流行特点】链球菌广泛存在于自然界中，主要经伤口或者呼吸道感染，在气候潮湿的环境和季节里散发，多发于架子猪和肥育猪。

【症状】本病根据临床症状，可分为败血型、脑膜炎型、关节炎型和化脓性淋巴炎型。败血型病猪体温 41.5～42℃以上，高热不退，精神委顿，呼吸困难，病后期耳尖、四肢下端、腹下出现紫红斑，如不及时治疗，可在 1～3 天内死亡，急性死亡可从天然孔流出凝固不良的暗红色血液；脑膜炎型多见于乳猪和断奶猪，以转圈、磨牙等神经症状为主；关节炎型病猪表现为关节肿胀、化脓，出现跛行；化脓性淋巴炎型病猪在咽、耳下、颈部、臀部及背部出现局灶性脓肿。

【剖检变化】急性败血型病猪全身淋巴结不同程度肿大、充血或出血，心包积液，胸腔有大量黄色混浊液体，有纤维素渗出物，脾肿大，脑膜炎型主要是脑膜充血、出血、溢血，心包膜粗糙，心包液中有纤维素渗出，全身淋巴结出血、充血。

【防制措施】搞好环境卫生，保持猪舍干燥和通风，并经常对猪舍定期消毒。链球菌极易产生抗药性，病猪用抗生素治疗剂量要足，疗程要长些，并可交替或者联合用药。脓肿应该外科处理，并注意创口及场所的消毒。预防可用氨苄青霉素、克林美拌饲，治疗可用青霉素、链霉素、土霉素及四环素类药物，也可用磺胺嘧啶、磺胺甲基嘧啶及抗菌增效剂。有神经症状者配合维生素 B_1 治疗，效果明显。

应当注意的是，本病可以感染人，可以引起人的死亡。所以，对本病存在地区，与猪经常接触人员要高度重视自身的防护，重视其场地、环境等的消毒。消毒药可用1%～2%碳酸氢钠、3%臭药水、10%草木灰水等。对猪发生的外伤要及时进行抗感染处理，因为外伤最易导致链球菌感染。

（2）猪瘟

【流行特点】猪瘟是由猪瘟病毒感染引起的，是一种呈多样性临床症状和病理变化的、严重危害猪群的急性传染病。

主要传染源是病猪，健康猪只因接触散布大量病毒的病猪尿、粪、各种分泌物及血、肉、内脏而发病。各种年龄、性别的猪均易感。新疫区发病率和死亡率在90%以上；老疫区表现症状不明显，感染猪瘟病毒症状相对轻微或者无临床症状，但会不断向外排出病毒，使猪场内猪瘟病猪不断出现。

【症状】猪瘟的临床症状比较复杂，最急性型的见于流行初期，病猪高烧不退，全身痉挛，四肢抽搐，皮肤和黏膜发绀，有出血点，可在一天至数天内死亡。急性型病猪高烧不退，怕冷发抖，喜卧或者钻入垫草内闭目嗜睡，眼结膜发炎，眼睑浮肿，分泌物增加，病后期病猪鼻端、唇、耳、四肢、腹下皮肤出血，呈紫黑色。病猪病初排粪困难，不久出现腹泻，呈糊状或水样，混有血丝，一般1～3周死亡。慢性型病猪体温升高不明显，病程长，可超过一个月，贫血、消瘦，食欲时好时坏，便秘与腹泻交替发生，耳尖、尾尖及皮肤经常发生坏死。怀孕母猪感染可能不发病，但猪瘟病毒通过胎盘传染给胎儿，引起死胎、弱胎及产出弱小仔猪或者断奶后出现腹泻。据研究，初生仔猪颤抖病有一部分是先天感染猪瘟引起的。

有些病猪主要表现神经症状，嗜睡、磨牙、全身痉挛、身体强拘、不易起立、运动障碍。有的感觉过敏，触动时发出尖叫声，急速爬起跑开。常在短期内死亡。

近年来，各地发现一种温和型猪瘟，即非典型猪瘟，是由一种毒力较弱的猪瘟病毒感染引起的，大猪症状、病变不典型，死亡率和发病率低，一般都能耐过；死亡的多为仔猪。

【剖检变化】典型猪瘟病猪各内脏器官普遍出血，淋巴结周边出血呈大理石样，严重的呈黑米样，肾脏贫血，呈土黄色，有针尖状出血点。膀胱黏膜、喉头、会厌软骨、胆囊黏膜等处有出血斑点。脾脏一般不肿大，边缘有紫红色梗死灶。病程较长的慢性猪瘟，以坏死性肠炎为特征，大肠（回盲瓣处）有纽扣状溃疡。

【防制措施】本病无特效的治疗方法，但有有效的预防方法，那就是接种猪瘟疫苗。首次接种免疫最好选用单价猪瘟疫苗（即猪瘟疫苗），首免时间为25～30日龄。第二次免疫可用猪瘟、猪丹毒二联苗或三联苗（猪瘟、猪丹毒、猪肺疫），在2月龄（转群时）进行。在猪场有猪瘟存在的情况下，对新生仔猪可以实施超前免疫，即仔猪出生后立即肌内注射猪瘟疫苗，注射疫苗1小时后再让仔猪吃初乳。实施超前免疫的仔猪到达35日龄时必须进行二次免疫。种猪春秋季节各免疫一次，确保所有猪只具有免疫力。接种猪瘟疫苗应注意，每头猪以注射2～3头份为宜，附近猪场发生猪瘟紧急接种时可用5头份。为提高免疫效果可采取后海穴注射。对发病的、可疑猪瘟的猪群，应及早采取综合方法确诊，确诊为猪瘟的猪群，应该果断停止抗生素等其他各种药物治疗，以免耗费大量的资金。

对猪瘟病猪可采用抗猪瘟血清治疗，也可通过后海穴注射大剂量猪瘟疫苗来治疗。据笔者临床验证，采用这种方法可抢救部分病猪，本法应该尽早采用可减少损失。

（3）猪水肿病

【流行特点】猪水肿病是由溶血性大肠杆菌引起的，通常在仔猪断奶后1～2周内发生，往往是一窝断奶仔猪中生长最快、健康活泼的猪最易发生本病。饲料突变引起的肠胃功能紊乱与肠道微生物区系紊乱，导致大肠杆菌大量繁殖产生毒素，这是发生水肿病的根本原因。

【症状】本病最典型的症状是运动失调，步态蹒跚。病猪盲目前进或做转圈运动，喜侧卧，口吐白沫，肌肉震颤、抽搐，四肢做游泳状。水肿是本病的特征性症状，仔细检查时，眼睑、眼结膜甚至前额皮下水肿。本病发病率不高，死亡率却很高，达 90%以上。

【剖检变化】可见病猪全身各组织水肿，尤以胃大弯处、肠系膜及头顶部、股部皮下水肿明显，水肿液呈胶冻样，清亮无色或呈淡红色。心包、胸、腹腔积液，暴露于空气后呈胶冻样。

【防制措施】应做到仔猪断奶时减少饲料喂量，尤其不要过量喂高蛋白质饲料，以后逐渐增加至正常喂量。切忌饲料及管理方式突然改变，如因突然改变而发生本病，应该暂时恢复使用原来的饲料和饲养方法，等发病停止后，再逐渐改变。在有本病的猪群内，可在断乳仔猪饲料内添加适宜的抗菌药物，如新霉素、土霉素，按每千克体重用 5～20 毫克加喂。另外，补充硒对预防本病也有一定的作用。

（4）猪传染性脑脊髓炎　本病是由猪传染性脑脊髓炎病毒所引起的，幼龄仔猪易感性较大。

【症状】病猪以神经、运动障碍为主要特征，病初体温升高、兴奋，前冲或转圈，不断跌倒，四肢僵直，咀嚼，磨牙，进一步发展则知觉麻痹、倒卧、四肢做游泳状，最后因呼吸中枢麻痹死亡，病程1～4 天。慢性病猪常见于老龄猪，神经症状轻微，很少死亡。

【防制措施】本病尚无特效疗法，使用对症治疗，结合护理和营养疗法，仅可延长病程，麻痹症状难以消退，病死率很高。很多国家实行扑杀病猪的办法来消灭本病。

（5）猪破伤风　破伤风又称“强直症”“锁口风”，是由伤口感染破伤风杆菌引起的一种人兽共患的传染病。

【流行特点】本病常见于猪去势、外伤及脐部感染。破伤风杆菌抵抗力很强，广泛存在于土壤、尘埃及食草兽的粪便中，所以，自然界中到处都有感染破伤风的可能。破伤风杆菌感染伤口引起发病，并非所有伤口都可感染发病，只有伤口无氧（即不通空气），杆菌才可能在伤口内生长、繁殖和产生毒素，而使动物发病。因为破伤风杆菌为厌氧菌，有氧时不能繁殖，所以小而深的伤口（如刺伤、钉伤）被粪便、凝血块、结痂等物封盖，伤口内空气不能进入，形成无氧环境时，才有利于破伤风杆菌繁殖。相反，即使大的损伤，如果伤口开放，未封闭，空气能进入伤口底部，则不会感染发病。

【症状】本病表现症状典型，即病猪全身僵直和对外界刺激反应敏感。病猪病初采食缓慢，四肢运步稍直，随后全身肌肉强直。病猪牙关紧闭，两耳竖直，项颈直伸，尾巴根挑起，四肢强直，行走艰难，叫声嘶哑，对声响和其他刺激敏感，外界稍有响动，就惊恐不安，并有外伤史，可找到伤口。

【防制措施】发生外伤应该及时处理，方法是伤口周围剪毛，除去异物，涂擦碘酒，遇小而深的伤口不要包扎，让其充分暴露，有人为了防止伤口感染，常将伤口严密包扎，但又不进行严格消毒处理，这样会造成伤口内不透气而形成无氧环境，引起破伤风的发生。对有外伤的猪，如去势，可注射破伤风抗毒素预防。

另据临床发现，猪发生破伤风的病例多见于公猪因去势引起，为预防公猪因去势引起破伤风，可采取皮肤处开两个口去势法。一般给公猪去势人们都习惯采用在阴囊皮肤处开一个口的方法。由于这种方法外露伤口小，人们错误地认为这种方法伤势轻、愈合快，其实这种去势法并不好，因为它的一个切口在阴囊内侧的纵隔上，与外界不直接相通，空气难以进入，且伤口内的炎性渗出物不易排出，这样内侧的伤口容易形成无氧环境，再加上消毒不严格，很容易引起破伤风杆菌的繁殖而发病。而在外开两个口的去势法可减少破伤风的发生。对病猪可采用注射破伤风抗毒素的办法进行治疗，抗毒素价格较高，同时配合使用强力解毒敏注射液（复方甘草酸铵注射液）进行治疗。方法是用 2 毫升强力解毒敏注射液 5～10 支，一次肌内注射，每日 2 次，连用 3～5 日；同时注射镇静、解痉药如硫酸镁针，并对伤口进行彻底消毒。病猪治疗期间应保持安静、避强光不能惊扰。最好将病猪单独圈于僻静避光的圈舍内治疗。

22 与繁殖障碍关系密切的传染病如何防制？

繁殖障碍临床表现为猪发情不规律或者不发情，隐性发情，久配不孕，受胎率降低，母猪流产或者产出死胎、畸胎、木乃伊，早产。除传染病因素外，中毒、环境恶劣（如高温）、维生素缺乏及生理因素等亦会造成猪的繁殖障碍。

（1）猪繁殖与呼吸综合征（蓝耳病） 本病是以母猪妊娠后期发生流产和新生仔猪高死亡率以及呼吸道症状为特征的病毒性传染病。

【症状】病初母猪出现发热、嗜睡、食欲不振、咳嗽、呼吸困难，后期呈现流产、早产或产出木乃伊、弱仔等，死胎率20%～30%。病猪耳尖、四肢末端发绀，呈紫蓝色，故称“蓝耳病”。仔猪体温升高，呼吸困难，眼睑水肿，共济失调，有的呈八字形站立，后躯瘫痪；有的仔猪出现流鼻涕、打喷嚏、口鼻奇痒等症状。仔猪出生4周龄以内感染，死亡率可达80%以上。育肥猪临床症状不明显，仅表现为呼吸困难、咳嗽等症状。

【剖检变化】可见母猪肺水肿、间质性肺炎；仔猪皮下、头部水肿，胸膜腔积液。

本病目前尚无特效药物可以治疗，主要采取综合防制措施及对症治疗。最根本的办法是消除病猪、带毒猪和彻底切断传播途径。在本病流行地区给猪接种疫苗，对预防猪繁殖与呼吸综合征是比较有效的。一般认为弱毒苗较灭活苗效果更理想，在应用中既要强调效果性，又要注意安全性，因此弱毒苗多在受污染猪场使用，在无该病的猪场一般不使用。免疫程序为后备母猪在配种前2个月首免，间隔1个月后进行二免，仔猪在3周龄首免，7周龄进行二免。

另外，从外地购入猪只要严格检疫、消毒、隔离观察，坚持自繁自养，尽量不从外地购入种猪。出栏后猪舍要彻底消毒。平时应加强饲养管理，搞好环境卫生，做好经常性的消毒和防疫工作。一旦发生该病，应该加强饲养管理，对病猪采取对症治疗，可使用庆大霉素每千克体重1 000单位，安乃近5毫升/头，先锋霉素每千克体重10～20毫克，维生素C每千克体重50～300毫克，配合中药抗病毒药物进行治疗，以控制病猪的继发感染。

（2）猪流行性乙型脑炎　猪流行性乙型脑炎俗称乙脑，病原是乙型脑炎病毒。本病是一种由蚊子传播的人畜共患的传染病，有比较明显的季节性，多发于夏末秋初。

【症状】最明显的临床症状是头胎母猪流产、早产，产死胎或木乃伊。临近产期早产的胎儿是活的，但因极度衰弱不久死亡；有的出生不久便出现全身痉挛抽搐，口吐白沫，倒地而死。母猪产前体温升高，持续数天，呈稽留热，精神沉郁，嗜睡喜卧，食欲减退。流产后体温、食欲很快恢复正常，个别母猪有神经兴奋症状，也有的猪因后肢关节疼痛而出现跛行。公猪常发生睾丸炎，一侧或双侧睾丸肿胀，经过2～3天后，炎症开始消退，睾丸萎缩变硬。

【防制措施】防制可以对疫区猪群采取防制措施，时间一般安排在3—4月份（蚊子出来活动前）。给配种前半个月至1个月的公、母猪接种猪乙型脑炎疫苗，4月龄以上至2岁的公、母猪都可以接种，免疫后1个月即可产生坚强的免疫力，可以防止母猪流产。

（3）猪细小病毒病

【流行特点】本病的病原是细小病毒，不同年龄、性别、品种的猪都可能感染，呈地方流行性或者散发，在易感猪群初次感染时，可呈急性暴发。传染源主要是感染本病毒的公猪或母猪，被感染母猪通过胎盘将病毒传给胎儿，发病母猪所产死胎、活胎及子宫分泌物中均含有较高浓度的病毒，所以圈舍污染造成病毒扩散，感染健康猪只也是一个重要传染途径。

【症状】妊娠母猪在妊娠早期感染，胎儿死亡后会很快被母体吸收，此时，母体往往反复发情而又屡配不孕；在妊娠中前期感染胎儿死亡后形成木乃伊，中后期感染常发生流产。有25%～40%的新生仔猪在1周龄内死亡。怀孕母猪除表现为流产或者产死胎外，无其他明显的临床症状。

【防制措施】本病主要存在于猪场及周边地区，防制措施是给母猪接种细小病毒病疫苗。猪细小病毒病有两种疫苗。一种为油佐剂灭活苗，使用方法是：皮下注射1毫升，2周后再注射一次；另一种为弱毒苗，使用方法是用生理盐水稀释后肌内注射，疫苗的接种时间应该在配种前2个月。

（4）伪狂犬病　由伪狂犬病病毒引起的家畜及野生动物的急性传染病。除猪以外的其他动物发病通常具有发热、奇痒及脑脊髓炎症状。

【症状】成年猪常为隐性感染，怀孕母猪可有流产、死胎及呼吸系统症状；新生仔猪表现为神经症状及消化系统症状。其发病率及死亡率极高，往往是出生第一天未见异常，第二天开始发病，第三天即大量死亡。哺乳仔猪发生明显的神经症状，如全身发抖、运动失调、四肢僵直等。1月龄以后发病症状显著减轻，死亡率也大大下降，病猪呈现发热、精神沉郁或者伴有呕吐、咳嗽、腹泻等症状。育肥猪被感染后多数不发病，但是增重减慢，饲料报酬降低。

【防制措施】鼠类是本病的重要传播者，灭鼠、消毒是预防本病的重要措施。本病具有终身潜伏进而感染、长期带毒和散毒的危险性。对已发病猪场，建议进行全群免疫。疫苗有灭活苗与弱毒苗两种。对于种猪（包括公猪），在进行第一次注射后，间隔4～6周应该加强免疫一次，以后每隔6个月注射一次，可获得非常好的免疫效果。

做好猪舍的清洁与消毒工作，并坚持反复进行，房舍消毒后要保持干燥。消毒药可使用浓度为5%的石炭酸。饲养过病猪的房舍用上法消毒，在最后一次消毒后至少空置30日，才可以再进猪。

（5）猪附红细胞体病

【流行特点】本病是近年来新发现的广泛流行的传染病，是由寄生在猪红细胞表面上的一种附红细胞小体引起的，各种年龄的猪均可感染。本病的传播途径目前还不十分清楚，一般认为在正常管理条件下的健康猪只单纯感染附红细胞体不至于发生急性症状，临床上常因感染其他传染病而并发，一般多发于温暖的夏季，尤其是雨后湿度大的时候。

【症状】本病是以高热稽留、皮肤发红、黄疸和母猪繁殖障碍为主要临床症状的猪的传染病。仔猪和生长猪死亡率较高，病猪表现厌食，嗜睡，体温升高，贫血，黄疸，皮肤红紫，指压不退色；便秘或腹泻，也有的后肢麻痹；流涎，呼吸困难，咳嗽等；严重的眼睑粘连、发绀。部分怀孕母猪早产、流产、死胎，偶见母猪乳房或外阴水肿，不发情或者屡配不孕。本病常与猪瘟等传染病混合感染。

【剖检变化】可见病猪全身脂肪和内脏器官显著黄染，肝、胆、脾、淋巴结肿大，心包及胸腹腔积液，血液稀薄似水样，经血液涂片染色镜检可以确诊。

【防制措施】应该加强饲养管理，驱除螨、蜱、蚤等吸血昆虫，消除各种不良因素。病猪可用长效土霉素针、联合磺胺、附红灭等肌内注射，同时与血虫净配合肌内注射效果更佳，血虫净每千克体重用5～10毫克，每天一次，连用3天。

23 以体表特征性表现为主的传染病怎样防制？

（1）口蹄疫

【流行特点】口蹄疫是由口蹄疫病毒引起，本病的传染源很广，病猪的各种组织、分泌物和排泄物都具有传染性。传播方式复杂，直接和间接均可传染。流行方式多为蔓延式，间或有跳跃式流行。一年四季均可发生，以春、秋季多发，寒冷天气条件下，病毒在外界能够长期存活，天气转暖时有大流行的危险。

【症状】本病特征性症状是在蹄冠、蹄叉、鼻镜、母猪乳头上出现水疱，水疱充满灰白色或者淡黄色液体，水疱仅米粒至绿豆大，后融合在一起达到核桃大，几天后水疱破裂、溃烂或者结痂，有的蹄壳脱落，35天后逐渐康复。病初体温40～41℃，食欲减退，出现跛行。应当注意的是，猪发生口蹄疫的初期猪并不表现口蹄溃烂等典型症状，只表现跛行、不愿行走。即使蹄部和口腔无可见的病状，如同群猪同时大批出现跛行应考虑口蹄疫。

【防制措施】按照国家规定，对患有口蹄疫的病猪、带毒猪（即与病猪同圈饲养的未发病猪）坚决实行隔离扑杀，做无害化处理。猪场一旦发现周边地区有口蹄疫流行，应采取有效措施，杜绝一切带入病原的可能性，每年春秋季节对所有猪进行免疫接种。即使怀孕的母猪也应定期接种，这样才可提高免疫力，达到预防的效果。

（2）猪痘　其病原是猪痘病毒。猪痘是一种接触性传染病，常成群发生。幼龄猪具有易感性，年龄较大或者成年猪有较强的抵抗力，发病较少。

【症状】病初体温升高，食欲减退，鼻、眼结膜呈卡他性炎症，鼻镜、眼皮、股内侧、下腹等被毛稀少处出现明显的、肉眼可见的红斑、水疱、结痂，俗称“疙瘩”，有时蔓延至颈部和背部，病程较长，为20～60天，病猪一般呈良性经过，死亡率很小，但是明显影响生长速度和饲料利用率。

【防制措施】隔离病猪，对污染的猪圈进行彻底消毒。治疗病猪使用复方黄芪多糖注射液、地塞米松注射液、鱼腥草注射液、板蓝根注射液，肌内或者后海穴注射治疗。皮肤表面的溃烂伤口可涂以碘酒、皮炎平软膏，或者用浓度为0.1%的高锰酸钾水冲洗。用聚肌胞注射液治疗有好的疗效。注意本病属病毒感染引起，仅用抗生素治疗无效。

（3）猪丹毒　猪丹毒是由猪丹毒杆菌引起的。猪丹毒广泛存在于世界各地，多数呈散发或者地方流行，夏秋炎热季节多发，猪丹毒杆菌对环境的抵抗力很强，如在37℃普通水沟和污水中都可以存活与繁殖10～20天，所以病原菌广泛存在，猪很容易被感染。

【症状】本病一般分为急性败血型、亚急性疹块型和慢性型，急性型暴发初期，病猪常未见症状即突然死亡，体温高达42～43℃，寒战、嚎叫，部分病猪死前皮肤上出现红斑，颜色从浅红色转为暗紫色，指压退色，后又恢复为红色。亚急性病例病猪体温升高至40～41℃，便秘，发病1～2天后在颈部、肩胛部、后肢外侧等处出现菱形、圆形及不规则疹块，疹块处与健康皮肤的界限十分明显，疹块扁平，稍凸起于皮肤表面，初期呈红色，后期变为暗红色、紫红色，严重的疹块中心坏死、结痂，有时皮肤整块坏死，耳、尾部分脱落。慢性型病猪出现关节肿胀、发炎和心内膜炎等症状。

【防制措施】应做好环境卫生及消毒工作，定期用石灰乳消毒。粪便、垫草要堆积起来进行生物热处理。每年春、秋季节定期对猪群进行猪丹毒免疫接种。对病猪可以使用青霉素进行治疗，猪丹毒杆菌对青霉素高度敏感。对败血型病猪要及早治疗，最好用水剂青霉素按每千克体重 10 万单位静脉注射，同时肌内注射常规剂量水剂或者油剂青霉素。以后按抗生素常规疗法进行治疗。直至病猪体温下降至正常，食欲恢复。不能停药过早，否则容易复发或者转为慢性型。

若发现有些病猪使用青霉素无效时，可改用四环素进行肌内注射，每天 1～2 次，直至痊愈为止。

注意：人对猪丹毒有易感性，人感染猪丹毒杆菌所致的疾病称为“类丹毒”。人的病例多数是由皮肤损伤感染引起的，发生于手掌部或者指部，3～4 天后，感染部位肿胀、发硬、暗红、灼热、疼痛，不化脓，不坏死，肿胀可向周围扩散，甚至波及手的全部。常伴有腋窝淋巴结肿大，有时还可能发生败血症、关节炎和心内膜炎。一般经2～3 周后可自愈，使用青霉素治疗可以迅速治愈。

24 猪场仔猪腹泻病怎样防控？

仔猪腹泻是养猪场普遍存在的一大顽疾，靠一两种治疗方法是很难根治的，控制该病必须采取综合措施。

（1）改善母猪的饲养管理　母猪应供给营养全面的日粮，使母猪的奶汁营养平衡，尤其应注意补给蛋白质、矿物元素及维生素，实践中饲养母猪最易缺乏的就是这些营养。严禁给母猪饲喂发霉变质的食物，给母猪充足饮水，及时治疗母猪的产后不食症等疾病。同时给临产（一般是 3 天）的母猪饲喂预防仔猪腹泻的中成药止痢药（母仔安康），产后再饲喂数天。

（2）做好圈舍消毒清洁工作　经常发生仔猪腹泻的猪场，大都是猪场内被大肠杆菌等病原污染，所以要控制此病必须注意舍内消毒，彻底消灭场内的病原微生物，尤其在仔猪产出前后要彻底消毒。同时保持猪舍清洁干净，使病菌无藏身之地。

（3）给仔猪补铁　仔猪初生阶段存在缺铁可致仔猪发生缺铁性贫血，使仔猪抵抗力下降，出现腹泻。所以，在仔猪生后 3 天、14 天各注射 1 次补铁剂，这对预防仔猪腹泻、促进仔猪生长有十分重要的意义。

（4）驱虫　有许多养猪户不能把腹泻与寄生虫感染联系起来，也就想不到用驱虫法防治仔猪腹泻。实际上仔猪腹泻与寄生虫感染有很大关系，因为各地猪群寄生虫病的感染率都很高，有许多寄生虫可引起仔猪腹泻，故仔猪要重视驱虫，用驱除猪线虫的药物认真驱虫。

（5）注意仔猪的保温　仔猪皮薄毛稀，皮下脂肪少，所以抗寒能力很差，故仔猪一定要注意保温，给其提供一个温暖的圈舍，寒冷状态下仔猪腹泻是很难医治的。为避免初生仔猪受寒，给刚出生的猪身上涂抹洁身粉，这既可使刚出生的仔猪身体立即干净，又可起到消毒、补充矿物元素和预防痢疾的作用。

25 如何防制断奶猪多系统衰弱综合征？

断奶猪多系统衰弱综合征是由猪圆环病毒 2 型引起的一种断奶后仔猪以全身消耗为主要特征的传染病。是近年来新发现的一种猪传染病。

【流行特点】猪圆环病毒 2 型是断奶仔猪多系统衰弱综合征的主要病原，但不是唯一病原，很可能与猪繁殖和呼吸综合征病毒、猪细小病毒、伪狂犬病毒、猪附红细胞体等的混合感染有关。圆环病毒 2 型对猪具有较强的易感性，可经口腔、呼吸道途径感染不同年龄的猪，少数怀孕母猪感染圆环病毒后，可经胎盘垂直感染给仔猪，恶劣的饲养管理条件容易诱发本病，本病主要危害 6～8 周龄的仔猪。

【临床症状】表现为生长发育不良，生长停滞或者体重减轻，进行性消瘦，贫血，呼吸困难，咳嗽，被毛粗乱，有时可见皮肤、可视黏膜黄染，腹泻，嗜睡和中枢神经系统症状，病猪死亡率达50%以上。

【剖检变化】病猪呈现多器官病理变化，病变程度差异很大，常见的变化为全身淋巴结，特别是腹股沟、肠系膜、肺门以及颌下淋巴结显著肿大，切面呈均匀的白色；肺脏质地坚实似橡皮，表面散在有灰白色至淡黄色的小叶，呈花斑状外观，肺脏萎缩；脾脏轻度肿大；肾脏水肿、苍白，皮质和髓质散在大小不一的白色坏死点。继发细菌感染时，病猪可出现浆液性纤维素性多发性浆膜炎。

【防制措施】目前尚无特定疫苗，所以，对于该病引起的病症的防制只能是预防继发感染，加强饲养管理，降低饲养密度，保证理想的环境条件，严格实行全进全出制度，提高猪群健康水平和抗病力。

26 怎样防制猪蛔虫病？

猪蛔虫病是由猪蛔虫引起的寄生虫病，本病主要造成猪的生长发育不良和饲料消耗增加。

猪蛔虫产卵量非常大，虫卵对外界环境及一般消毒药抵抗力很强，所以猪蛔虫病感染十分普遍，并且主要为害 3～6 月龄的猪。但虫卵对干燥和高温耐受力差，猪粪经发酵处理可将其中的虫卵杀死。

【症状】幼虫移行到肺可引起蛔虫性肺炎，病猪体温升高、咳嗽、呼吸急促，成虫寄生于小肠时一般无明显症状，严重时表现为消化不良，腹泻，食欲不振，生长缓慢，有时磨牙。

【防制措施】平时搞好环境卫生和消毒工作，注意粪便的堆积发酵。

猪应该在 2～5 月龄期间驱虫 2 次，可以使用左旋咪唑按照每千克体重 8 毫克喂服，或者使用伊维菌素喂服或者颈部皮下注射。驱虫时要注意，对便秘猪要先喂服泻药，否则，虫子难以打下，最好在空腹饥饿时服药。服驱虫药后猪排出的粪便要随时收集发酵处理。育肥猪一生最少驱虫 2 次以上，并且应该重视刚断乳时期的仔猪驱虫，猪只服用驱虫药期间，不要同时服用其他药物，以免发生中毒。应当注意的是，猪服用驱虫药后即使见不到粪便内有成虫，也不应放弃驱虫，因为幼虫和虫卵用肉眼是看不清的，看不见成虫不等于没有蛔虫。同时也不能反复连续多次用驱虫药物，因为驱虫药物都是有毒性的。

给猪服用驱虫药后 2～3 天，要及时清理猪排出的粪便，集中堆积发酵或进行无害化处理，以杀灭粪便中携带的虫卵，避免循环感染。

27 猪皮肤疥螨病应该怎样防制？

疥螨病俗称疥癣，是一种接触性传染的皮肤寄生虫病，主要通过病猪与健康猪直接接触或者通过被螨虫及其卵污染的圈舍、垫草和用具间接接触传染。秋天、冬天和早春以及阴雨天气时，本病蔓延最快，5 月龄以下的猪最易感。以皮肤剧痒、结痂为主要特征。

【症状】病猪病初病变部位从眼周、颊部和耳根开始，以后蔓延到背部、体侧和股内侧，由于感染处剧痒，病猪到处摩擦或者以肢蹄搔擦患处，以致患处脱毛、结痂、皮肤增厚，形成皱褶和龟裂。

【防制措施】应该保持猪舍干燥、清洁、通风，防止引入疥螨病猪。对病猪使用 1%敌百虫水溶液或者 0.005%溴氢菊酯洗擦或者喷洒猪体，每周 1 次，连用 2～3 次。在用药前先将猪皮肤上的干痂刮掉，以利于药物与皮肤深层的虫体接触。注意在喷洒猪体的同时，对猪接触过的圈舍、墙壁、用具、栅栏等都应该喷洒，以消灭环境中的疥螨虫。该病的病原是一种虫体，而不是细菌，所以，要靠有毒性的药物（如有机磷农药）毒杀消灭，一般的消毒药物是杀不死疥螨虫的。

也可以用伊维菌素按照每千克体重 300 毫克的用药量进行颈部皮下注射，间隔 5 天用一次，连用 2 次。伊维菌素既可以杀灭体内寄生虫，又可以杀灭体外寄生虫。

28 猪虱病怎样防制?

猪虱病是猪最常见的皮肤寄生虫病，因为该病是慢性消耗性疾病，所以，常常被人们忽视，但是由本病引起的损失是不容忽视的。

【危害】虱吸血及分泌唾液等的刺激，使猪体发生痒觉、不安，由于摩擦和抓咬可引起皮肤创伤。当虱大量寄生时，病猪被毛脱落、皮肤发炎、疲惫、消瘦，尤以幼猪为甚。其次，猪血虱对猪的危害比较严重，它可以传播某些传染病，如猪瘟。

【防制措施】以上用于治疗疥螨的方法对治疗虱都有效，但虱卵难以杀灭，最好在12～14天后重复治疗一次，以杀死在此期间新孵出而尚未完全发育的幼虫。

在杀灭猪体虱的同时，还应该对猪舍以及猪接触过的物体进行灭虱（用杀虱的同一种药）。此外，要经常保持猪舍的清洁卫生以及干燥。由外地购进新猪时，必须经过检查，发现有虱时，应隔离饲养，并彻底治疗。应该注意的是猪虱一般都寄生在四肢内侧、下腹部等隐蔽的地方，所以喷洒药液时应该把药充分喷洒在这些地方。另外，为了防制虱病，在给猪驱虫时，可以选用对体内外虫体均具有杀灭作用的广谱驱虫剂，如伊维菌素、阿维菌素等。内服伊维菌素或阿维菌素也可驱除体外的寄生虫。

29 怎样防制猪的消化不良（厌食症）?

消化不良是猪最常见的一种病症，又称作胃肠卡他，是胃肠黏膜表层的炎症反应，是消化器官机能紊乱，胃肠的消化、吸收功能减退，食欲不振或者废绝的一种病症。实践中，有80%以上的猪都出现过不同程度的消化不良症。因为这种症状的表现是慢性的，对猪无明显的伤害，所以常被人忽视，但结养猪效益带来的影响是非常大的。

【病因】多数病例因饲养不当而引起，如饲喂条件突然改变，饲料温度变化无常，时饥时饱或者喂食过多，饲喂霉烂变质、过于粗硬或者冰冻的饲料，饲料中混有泥沙或者带有有毒物质，饮水不洁等。另外，某些传染病、热性病和胃肠道寄生虫病等也会继发本病。

【症状】病猪不爱吃食，精神不振，咀嚼缓慢，饮水增加，或者只喝稀料不吃稠料，重病例有时出现腹痛、肚胀和呕吐，呕吐物酸臭，粪便干硬，有时腹泻，粪内混有黏液和未消化的饲料。体温一般无变化。

【预防】改善饲养管理，合理调整饲料，定时、定量、定温饲喂，不喂发霉、变质或者混有泥沙的饲料，不饮脏水，不喂仔猪粗纤维过多的饲料，每天补给适量的（不超过饲料总量的 0.5%）食盐。

【治疗】对病猪可以首先采取饥饿疗法，即病猪禁食 2～3 天，重者停喂 4～5 天，这期间只给饮水。因为，给消化不良病猪禁食可以减轻胃的负担，有利于生理机能的恢复，还有利于内服治疗药物的喂饲及吸收，尤其对便秘、肚胀、腹泻的猪很重要，是不可忽视的一环，在采取饥饿措施的基础上可采用以下方法进行药物治疗。

（1）清肠制酵　可用硫酸钠（镁）或者人工盐 30～80 克，植物油（食用的各种油）100 毫升，鱼石脂或者来苏儿 2～4 毫升，加水适量，一次内服，连服 3～4 次。

（2）调整胃肠功能　一般在使用以上方法清肠后进行。如胃肠内容物腐败发酵不重，粪便不恶臭时，也可以直接进行，即不采取清肠措施，应用各种健胃剂，如酵母片或者大黄苏打片10～20 片，混于少量饲料内喂给，每天两次，或者用大黄末 80 克，龙胆草 80 克，碳酸氢钠 40 克，分为 4 包，每日两次，每次 1 包，或者用紫皮蒜 10～20 克，捣碎后加水适量，混于少量饲料中喂给，仔猪可用乳酶生、胃蛋白酶各 2～5 克，混合后一次内服，病猪较多时，可取人工盐 3.5 千克、焦三仙 1 千克，混合在一起，按每头每次 5～15 克，拌饲料喂给，便秘时加倍，小猪酌减。

便秘者，喂服大黄末、硫酸钠或人工盐，用量随症加减，初期用量大些，粪便希软后用量减少。腹泻者，喂服健脾片或参苓白术散。顽固性消化不良可注射维生素 B_1、维生素 B_{12}、维丁胶性钙注射液。

在此强调一点，我们饲养的猪种，即使平时饮食正常，都应该定期健胃。健胃对提高饲料的消化利用率有很重要的意义，因为定期健胃可保证猪胃的消化吸收功能长期正常，能促进其对食物的充分消化吸收。

30 猪异食、不安、不肯吃是怎样引起的？如何矫治？

在农村，有许多养殖户饲养的猪表现不肯吃，吃异物（抢食煤渣、纸片、破布，喝尿水，吃泥土等），不安（掀圈、跳墙、到处乱跑、吭叫、相互追逐撕咬、整天不多睡），这种猪生长发育迟缓，喂了几个月，费了好多工夫、饲料，可还是毛焦体瘦，而且这种猪管理起来特别困难，主人对此叫苦不迭，有些人给猪鼻头上上铁环以制止其掀圈，但还是无济于事。养殖户常认为这是一些猪的天性，是无法改变的，所以任其自然存在而不进行矫治，这给养猪户带来了不少的损失。

其实这种猪表现出的异常行为是由于饲养管理不当引起的一种病态，如饲喂饥饱不匀，食物种类经常变更，或者食物种类单一，饲喂大量粗硬食物，或者喂给腐败变质的食物以及长期不驱虫，环境突然变化等，引起胃肠消化功能紊乱，消化不良，出现不肯吃、厌食。发生消化不良后，胃肠对食物的消化吸收功能降低，时间一久，猪就发生营养不良，因而出现异食，猪为寻找异物就到处乱跑，掀圈（土壤深层有猪需要的猪可嗅到的微量矿物元素，如铁、铜），跳墙。饲料单调、营养不全、寄生虫感染、群体过大、环境嘈杂等，也会引起猪只不安和撕咬。

对有以上表现的猪应及时进行矫治，否则养这种猪是划不来的，主要的方法是采取健胃、驱虫及改善饲养管理。首先将患猪饥饿两天，只给饮水，然后喂给健胃类药物，可用大黄苏打片或者龙胆苏打粉、酵母片、山楂粉、多酶片、健脾片等，任选 2 种，连喂数天。对便秘猪喂服大黄末，对腹泻者加服痢菌净、土霉素等。驱虫可用伊维菌素、左旋咪唑等，同时，应该改善饲养管理，供给配合饲料或者多样搭配饲料，并每日加喂食盐、骨粉、鱼粉或其他添加剂。

31 怎样防制猪便秘?

猪便秘多数是由于消化不良以及喂给的饲料中含有过多的粗纤维，或者经常喂给干粉状饲料而饮水不足所致。其次是吃食过饱，夏天饮水不足，缺乏青绿多汁饲料，猪啃吃泥土、砂砾或者褥草。此外，一些热性病、传染病等，也可以继发本病。

猪病初食欲减退，常弓腰举尾，摆出排粪姿势，但是排粪滞慢，排出羊粪样的干硬粪球。表现口渴贪饮。

预防便秘的措施是，经常供给充足的饮水，特别是缺乏多汁饲料的猪场。炎热季节及长途运输时尤其应该注意，喂给充足的青绿多汁饲料。干硬或者含粗纤维多的饲料，应经粉碎、发酵后饲喂。饲喂时，要定时定量，适口性好的饲料不宜喂得过饱，适当运动。

对已经发病的猪，在进行药物治疗的同时，暂时停止喂给粗饲料，给予青绿多汁饲料，用温肥皂水灌肠，并喂服或者灌服以下药物。

（1）大黄 30～50 克，硫酸钠或硫酸镁 30～100 克，加水600～2 000毫升，一次灌服或者拌入食中喂服。

（2）食用油 100～250 毫升，一次灌服；或者用石蜡油100～300 毫升，一次灌服，怀孕母猪也可以服用。

（3）用比赛可灵注射液 5～10 毫升，或者新斯的明注射液4～8毫升，一次肌内注射，每天 2 次，连用 3～4 天。

（4）用番泻叶 10～15 克，开水冲调，浸泡半小时，拌料喂服。

同时根据便秘可能产生的原因，采取驱虫、抗菌、退热等措施。

32 猪腹泻怎样防制？

引起猪腹泻的原因很多，如猪瘟、传染性胃肠炎、仔猪副伤寒、寄生虫病以及某些中毒性疾病，这些疾病都有它特殊的表现，要根据患病原因进行治疗。这里所说的腹泻，主要是指由常见的普通胃肠疾患所引起的腹泻。

本病发生的主要原因是饲养管理不当，因此，主要的预防措施是加强饲养管理，粗料要加工粉碎后或者发酵后喂猪，适量喂给青绿多汁饲料，不喂有毒、发霉、腐烂的饲料，饲料更换不要太突然，要逐渐过渡。猪圈冬季要注意保温，夏季要通风良好。

发病后要除去病原，排出猪只胃肠内的有害物质，喂给营养好、易消化的饲料。

（1）用磺胺合剂（磺胺 1 份、酵母粉 1 份、鞣酸蛋白 2 份）10～15 克，一次内服，每日 2 次。水泻严重的猪可以静脉或者腹腔注射 5%葡萄糖生理盐水 250～500 毫升。

（2）土霉素片 3～8 片，阿托品片 3～5 片，地塞米松片 2～4 片，一次灌服或喂服，每天 2 次。

（3）痢菌净注射液 5～10 毫升，阿托品注射液 4～6 毫升，分别选取两侧颈部肌内进行注射。

（4）健脾片 30～50 片，酵母片 20～40 片，一次喂服，每天 2 次，连用 3～5 天。

（5）白头翁散 30～60 克，一次喂服，每天 2 次，连用 2～4 天。

（6）安普霉素注射液 5～10 毫升，一次肌内注射，每天 2 次，连用数天。

（7）腹泻不止可选用硝酸铋、鞣酸蛋白注射用碘胺间甲氧嘧啶钠、博落回注射液等涩肠止泻的药物。对于大群猪的严重腹泻，应采取综合防治措施，如消毒、通风，口服用药与注射用药相结合，给猪只饮服补液盐水。

33 怎样防制猪的咳嗽？

咳嗽是动物机体的一种防御保护性功能，借以排出呼吸道内的异物以及炎性产物。

引起咳嗽的原因很多，如猪气喘病、猪肺疫、猪传染性萎缩性鼻炎等，这些已在前面作过介绍。这里所说的主要是由上呼吸道感染等引起的咳嗽，如肺炎、气管炎、咽喉炎等。治疗咳嗽的原则是抗菌消炎、祛痰止咳以及改善饲养管理，可以选用肺部消炎药物。如青霉素、卡那霉素、土霉素。祛痰止咳可以选用清肺止咳散、咳特灵、理肺散，对有食欲的猪可采用喂服给药，对无食欲的猪可以采取肌内注射用药。多数咳嗽患猪，喂服或注射替米考星效果很好。

治疗：①白萝卜2～3个切片，杏仁10克，水煎加冰糖或者白糖，一次灌服或者喂服。②萝卜数个挖洞，放入蜂蜜适量，生姜1块，水煎灌服或者喂服。③卡那霉素注射液5～10毫升，地塞米松注射液2～5毫升，一次肌内注射，1日2次。④泰乐菌素粉按1%浓度加入水中饮服。

目前常见的一种猪咳嗽是由于冬天气温低时，养猪户为了提高舍内温度，长时间将猪舍密闭，不通风换气，这样猪舍内氨气等有害气体浓度过大，引起猪气管发炎，对此应该在改变环境的前提下再辅以药物治疗才可能有效。

另外，咳嗽往往由慢性疾病引起，一般不会导致死亡，所以许多养猪户常不重视咳嗽的医治。要知道，咳嗽虽然一般不会引起猪的死亡，但会严重影响猪的生长发育，所以应重视并及时医治，以免带来更大的损失。

34 如何采用后海穴注射黄芪多糖法治疗猪无名高热？

猪无名高热是兽医临床常见症，该病目前病因尚不清楚，也无特效疗法，是兽医临床上的一大顽症。多年来，笔者用后海穴注射黄芪多糖注射液治疗该症，取得了很好的效果。

方法是用黄芪多糖注射液5～10毫升，在猪的后海穴注射，每天1次，连用2～3天。后海穴在猪的尾巴下、肛门上的凹窝中，注射时，将猪侧卧保定，然后注射者一手持注射器将针头对准凹窝，顺脊柱向内刺入5～10厘米后将药液推入。为防止感染，可用黄芪多糖注射液稀释青霉素头孢噻夫钠注射。

黄芪多糖注射液是中草药黄芪提取物，有些产品的商品名叫抗病毒1号，或者干扰素，或叫多芪康。它能诱导机体产生干扰素，调节机体免疫功能，促进抗体形成，增强机体的抗病力，并可起到抗病毒、抗菌的作用。

本法治疗见效快，用一次体温即有所下降；疗效高，治愈率达90%以上；费用小，无副作用，用药方法简便，畜主可自行用药。

35 如何用大剂量维生素C治疗猪感冒类疾病？

感冒是猪最常见的一种疾病，大多由于气候突然变冷引起猪抵抗力降低，病毒感染所引起的上呼吸道炎症为主的急性、全身性疾病。该病（包括流感）因为是由病毒感染所致，目前尚无特效治疗方法，临床上可用大剂量维生素C配合治疗有较好的效果。

方法是，用10%维生素C注射液3～6克，采用静脉注射或者肌内注射（分点肌内注射），每日2次，连用至体温恢复正常，开食为止，一般用药2～3次即可达到效果。在应用维生素C的同时，对高烧严重者（超过41.5℃），注射解热剂（如安乃近、柴胡）1～2次。为防止继发感染，可配合抗生素如卡那霉素、庆大霉素、阿莫西林等，心力衰弱的病猪可用安钠咖，便秘的病猪注射比赛可灵，皮肤有紫斑的病猪可以注射维生素B_6或者复合维生素B。注意维生素C酸性较大，不可与其他药物混合注射，否则破坏其他药物的药性。

猪感冒类疾病是猪体抵抗力下降，免疫功能紊乱所致的一种急性上呼吸道疾病，而维生素C有增强猪体抵抗力，提高猪体免疫功能，并有一定的抗炎作用，可改善和调节大脑中枢对体温的调节作用。并且维生素 C 对畜体的副作用较小。后海穴注射维生素 C 效果更好，配合应用两次黄芪多糖注射液效果更佳。

36 猪呕吐怎么办？

呕吐常由中毒等因素引起，有些疾病，如胃肠病（胃肠炎、过食、便秘、蛔虫病）等也会引发呕吐。

【治疗】由于呕吐是许多病的一个表现症状，所以应该从治疗原发病上着手。

如果呕吐伴随胃肠病症状（见胃肠炎）则按胃肠炎治疗；如伴有流涎、痉挛、兴奋等中毒表现，并有食入毒物的可能性时，则按中毒治疗（见中毒）；如贪食过多，则按积食治疗。

如果是轻微地呕吐 1～2 次，一般不予止吐，因为呕吐也是猪自身的一种防御保护性反射。但如果是严重的长时间的呕吐，则不利于疾病的恢复，并且还影响服药，那就应该进行止吐。方法是肌内注射爱茂尔或者胃福安针 8～15 毫升，或者取生姜 20 克，煎汁灌服。如果是食入毒物引起的，反而要促使呕吐，以加快毒物的排出。用维生素 B_6 配合爱茂或异丙嗪治疗顽固性呕吐，同时应用抗生素，疗效较好。同时，还可喂服或灌服藿香正气水或藿香正气散。

另外，应注意，呕吐最易引起猪脱水，对发生呕吐的猪应注意补充体液，供给饮水，最好饮服口服补液盐，有条件的采取静脉或腹腔注射方式补液。

37 猪发生尿闭如何处治？

尿闭也叫无尿，即猪无尿或者少尿，是猪泌尿系统（肾脏、膀胱、尿道）发生病变或者阻塞引起。可分为真性无尿和假性无尿，真性无尿即尿液生成减少，见于肾炎（尿液是由肾脏生成）、脱水、失血、心脏病；假性无尿为尿生成并未减少，而是尿道阻塞，膀胱内有尿液潴留，但排出受阻，见于尿道结石、膀胱括约肌痉挛、结症（结粪块压迫尿道）。

猪的尿闭常见于母猪产后（泌尿道感染）、母猪瘫痪以及公猪做去势手术后。

猪发生尿闭时，首先应检查膀胱里是否有尿潴留，方法是在猪体外触诊，于右侧腹部由下方或者侧方进行触按，以判断尿液的多少。如果是无尿液潴留的真性无尿（猪此种情况一般少见），并伴有腰痛（肾脏痛）、水肿、尿液中混有血液，则按肾炎治疗，给予抗生素，如青霉素、链霉素，并给予乌洛托品 5～10 克内服，同时给予利尿剂，如速尿，每千克体重 1～2 毫克，每日1～2 次，肌内注射；或者给予双氢克尿噻 0.05～0.1 克，内服，每日 1～2 次。也可用鱼腥草注射液配合地塞米松、头孢噻夫钠肌内注射，效果良好。应注意的是，使用抗生素治疗肾炎应该坚持较长一段时间，病猪应该绝对休息，禁止喂盐，并减少饮水。

膀胱和尿道发炎时（母猪产后最易发生），可给予尿道消毒剂，如乌洛托品、呋喃西林等，并且可以使用抗生素以及磺胺类药物，也可以使用消毒液冲洗膀胱，方法见导尿。

对膀胱内大量积尿，而长时间不见尿液排出的猪（常见于运动障碍、瘫痪不起以及产后感染的情况）应该及时进行导尿，否则，膀胱过度积尿会导致膀胱破裂的恶劣后果。

母猪的导尿法：取一根导尿管（可采用人医用一次性输液管上剪下一节代替，或者用细胶管、塑料管代替），术者手臂及母猪阴门部清洗消毒，将猪侧卧保定，右手食指和中指伸入母猪阴道，在阴道口一指深的下方触摸尿道口（阴道方向向上，尿道方向向下），左手将导尿管送入阴道，用右手手指将导尿管头引入尿道口，再送入 5～10 厘米深，达膀胱内，尿液即可流出。母猪尿液被导出后，可以通过导尿管向膀胱内灌入浓度为 0.1％高锰酸钾溶液或者 0.1％雷佛奴尔溶液冲洗膀胱及尿道。应当注意的是，发生非真性尿闭，不是由于尿液生成减少的尿闭，而是由于膀胱和尿道疾患引起的尿闭，忌用速尿等利尿剂。有许多人见猪不尿就用速尿注射液，这不但不能治病，反而会加重病情，使膀胱积尿更多。

38 猪瘙痒症怎样处治？

瘙痒，为皮肤病的一个特征症状，表现为时常摩擦、啃咬、舔踢皮肤，皮肤表现干燥、脱毛，起疙瘩、痂皮。常见于湿疹（皮炎）、荨麻疹（皮刺）、疥癣，有时也见于营养不良（B族维生素等缺乏，多数是由慢性病引起）。

【治疗】在家庭治疗中，一般难以具体区分是哪一种病所引起，但应弄清是癣还是非癣。癣有高度的接触传染性，常为一起放牧、饲喂的猪大群发病，发病较慢，在皮肤上形成大量皮屑、痂皮。其他皮肤病（主要为湿疹）无传染性，多为零星个别发病，发病比较急。

对于癣，用药剂敌百虫、林丹乳油或除癣灵，为增强这些药物的疗效，可将这些药物放入凡士林中外涂应用。外洗，治疗方法见本书22问。对于非疥癣的皮肤病（主要见于皮炎即湿疹），用抗过敏药物治疗，具体方法如下：

用2毫升强力解毒敏注射液（也叫复方甘草酸铵注射液）8～15毫升，一次肌内注射，每日1次，连用3～5天，对于病情严重的猪可以配合使用扑尔敏注射液，混合后，一次肌内注射。

内服药，可以内服苯海拉明片0.2～0.3克，或者内服水合氯醛5～6克，或者同时静脉注射葡萄糖酸钙或者氯化钙200～300毫升。

外用药，用2%明矾液或者0.1%高锰酸钾清洗患部，并涂布消毒、抗菌、收敛的软膏，如氧化锌软膏、呋喃西林软膏、肤氢松软膏。剧痒不安时，可以外涂3%石炭酸酒精液，每天涂药2次。下面介绍两个成方。

扑尔敏片4～8片，维生素C8～18片，钙片10～20片，复合维生素B片10～15片，研末后，一次喂服，每日2次，连用数日。

中药五参散，党参10克、玄参10克、丹参10克、苦参10克、沙参10克、首乌6克、白藓皮10克、荆芥10克、防己5克、生地5克、黄芩10克、地肤子5克，研末或者水煎，一次喂服。

伊维菌素注射液，每只猪皮下注射 2～3 毫升，隔一周一次，连用 2～3 次。或口服伊维菌素。

39 猪发生抽风症怎么治疗？

抽风也叫痉挛、抽筋、惊厥，是由于肌肉过度收缩引起的病症。常见于高热、神经疾患（如癫痫）、传染病（猪瘟、猪水肿病、猪脑脊髓炎）、中毒（有机磷农药中毒、霉败饲料中毒、氢氰酸中毒等）、营养缺乏（钙、镁缺乏），病猪表现为肌肉不随意地收缩，头颈向一侧弯曲，四肢直硬，东倒西歪，出粗气，有些是阵发性，有些是持续不断地发生。

【治疗】寻找病因，治疗原发病。如不明病因时，在猪疾病发作时，可给予解痉药，如肌内注射安定，硫酸镁注射液，或者静脉注射氯化钙（溴化钙、葡萄糖酸钙）注射液。另外，注射维生素 B_1 也有很好的效果。同时，可采取针刺或者手指掐压太冲、风池、十宣（放血）、涌泉等穴。

病猪高热时，可以给予解热药和抗菌药，并采用物理降温方法控制体温；发生破伤风时，可以给予破伤风抗毒素和强力解毒敏注射液；因中毒引起的，可以给予解毒剂。

验方：蝎子 10 条、蜈蚣 10 条，烤黄，研末，灌服，每日 1 次。适用于各种原因引起的猪抽风。

40 如何防制猪的应激综合征？

猪应激综合征（简称 PSS）是猪遭受各种不良因素的强烈刺激而产生的一种非特异性的应答反应。其特征表现是猪死亡或者屠宰后，胴体肌肉出现苍白、柔软以及水分渗出等变化。此种猪肉称为“白猪肉”或者“水猪肉”，其肉质低劣，营养以及适口性都很差，该病多发生于瘦肉型猪。长期应激会导致猪抵抗力下降、疾病多、生长发育迟缓。

【病因】

（1）超常的不良刺激　如注射疫苗、长途赶运、追捕、鞭打、捆绑、斗殴、电击、狂风暴雨等。

（2）环境突然改变　如肥猪出栏、运输转移，或者长期处于不适环境，如环境温度过高或者过低，或者处于嘈杂、振动的环境中等。

（3）饲料营养成分不全　日粮中维生素和微量元素缺乏，可造成营养应激，如猪缺乏硒和维生素 E 是引起应激的重要因素。硒和维生素 E 有抗应激、抗氧化、防止心肌和骨骼肌衰退以及促进末梢血管血液循环的作用。

（4）遗传因素　猪应激综合征与体型和血型有关，应激敏感几乎是体形矮小、腿短、肌肉丰满的卵圆形猪，应激敏感猪常为隐性遗传。

【症状】应激反应初期，发病猪的肌肉和尾巴震颤，以后呼吸困难，皮肤红一阵白一阵，体温迅速升高，黏膜发绀。应激反应后期，发病猪的肌肉显著僵硬，站立困难，眼球突出，全身高热，呈休克状态，约有 80%以上的发病猪在 20～90 分钟内死亡。应激反应最严重的猪，见不到任何症状就突然死亡，即所谓“突死型综合征”。

解剖：因本病死亡或者急宰的猪中，有 60%～70%的猪在死亡半小时内，肌肉苍白、柔软，渗出水分增多，即形成“白猪肉”。

【预防】主要从两方面着手，一是依据应激敏感的遗传特性，注意选种选育；二是改善饲养管理，减少或者避免各种应激原的刺激。

选种选育方面，应注意凡外观丰满、皮紧、腿短、股圆、背腰有肌沟，以及易惊恐，皮肤易发红斑，体温易升高的应激敏感猪，一律不作种用，选择对应激有抵抗力的猪作为种用。

改善猪场日常饲养管理，猪舍应避免高温、潮湿和拥挤，饲料要合理加工调制，饮水要充足，日粮营养要全价，特别要保证足够的微量元素硒和维生素 A、维生素 D、维生素 E。在收购、运输猪的过程中，要尽量减少各种不良刺激，避免猪惊恐，肥猪被运到屠宰场后，应该让其充分休息，恢复体温至正常范围后再屠宰。屠宰过程要快，胴体冷却也要快，以防止产生劣质的“白猪肉”。

对于某些具有应激敏感性的猪，在可能发生应激之前，先给予镇静剂，有助于降低本病的死亡损失。

【治疗】根据引起应激的原因及发生应激的程度，选用合适的抗应激药物。

猪群中如发现某些猪出现应激综合征的早期征候，如肌肉和尾巴震颤，呼吸困难而无节律，皮肤时红时白时，应立即挑出来单养，并保障充分和安静的休息环境，用凉水浇洒皮肤降温，症状不严重者多自愈。对皮肤已经污秽发绀，肌肉已经僵硬的重症病猪，则必须使用镇静剂、皮质激素、解除酸中毒的药物。如巴比妥钠、苯海拉明、氯丙嗪葡萄糖酸钙以及维生素C等有较好的抗应激作用，同时可预防应激反应。为解除酸中毒，可采用5%碳酸氢钠溶液静脉注射。

41 如何防制仔猪白肌病？

仔猪白肌病也叫硒和维生素E缺乏症。该病常发生于20～60日龄的小猪，成年猪很少见，原因是饲料中缺硒和维生素E引起的。

我国大部分地区土壤里含硒量低，因而农作物的含硒量少，猪长期食用含硒量低的食物就会发生缺硒症。

【症状】患病仔猪一般营养良好，身体健壮而突然发病，体温一般无变化，食欲减退，精神不振，呼吸急迫，常突然死亡。病程稍长的仔猪，可见后肢强硬，拱背，行走摇晃，肌肉发抖，步幅短而呈痛苦状，有时两前肢跪地移动，后躯麻痹。部分仔猪出现转圈运动或者头向侧弯，最后呼吸困难，心脏衰弱死亡。死后剖检：骨骼肌和心肌有特征性变化，骨骼肌特别是后躯臀部和股部肌肉色淡，呈灰白色条纹，膈肌呈放射状条纹，切面粗糙不平，有坏死灶，心包积水，心肌色淡。

【预防】在饲料中添加亚硒酸钠，可以预防小猪白肌病的发生，添加的比例为每吨饲料中加亚硒酸钠1～2千克。缺硒地区的妊娠母猪，产前15～25天内以及仔猪生后第二天起，每30天肌内注射0.1%亚硒酸钠1次，母猪3～5毫升，仔猪1毫升，也可以在母猪产前10～15天喂给适量的硒和维生素E制剂。

【治疗】对已发病仔猪可用0.1%亚硒酸钠注射液进行皮下或者肌内注射，每次2～4毫升，隔20日再注射1次，配合使用维生素E 50～100毫升肌内注射，效果更佳。

42 仔猪贫血病如何防治？

仔猪贫血是指15～30日龄哺乳仔猪发生的一种营养性贫血，主要原因是缺铁，多发生于寒冷的冬末春初季节的舍饲仔猪，特别是猪舍为木板或水泥地面而又不采取补铁措施的猪场，常大批发生，导致严重的损失。

【病因】本病主要是由于铁的需要量大而供应不足所致。15～30天的哺乳仔猪生长发育很快，对铁的需要急剧增加，但从母乳中供给的铁量远远满足不了仔猪的需要，必须人为专门补给铁剂，方能防止猪因缺铁而发生贫血。放牧的母猪及仔猪，可以从青草及土壤中得到一定量的铁。而长期在水泥、木板、石板地面的猪舍内饲养的仔猪，由于不能与土壤接触，失去了对铁的摄取来源，所以难于度过生理性贫血期，而发生缺铁性贫血。

此外，贫血与铜和铁质的运输及利用也有关系，有的仔猪贫血不仅缺铁，而且缺铜。故在补铁的同时注意对铜的补充。

【症状】发生于封闭饲养的15～30日龄的哺乳仔猪，病猪精神沉郁，离群伏卧，食欲减退，腹泻，营养不良，被毛竖立，体温不高，可视黏膜呈淡蔷薇色，轻度黄染。严重病例，黏膜苍白如白瓷，光照耳壳呈灰白色，几乎见不到明显的血管，针刺也很少出血，呼吸、脉搏均增加，可听到贫血性心内杂音，稍加运动，则心悸亢进，喘息不定。有的仔猪，外观很肥胖，生长发育也较快，可在奔跑中突然死亡，剖检可见典型贫血变化。

【预防】最好让仔猪随同母猪到舍外活动或放牧，也可在猪舍内放置土盘，加添红黏土或深层泥土，任仔猪自由拱食。

北方寒冷地区，应尽量避免母猪在严寒季节产仔。在水泥地面的猪舍内长期舍饲的仔猪，必须从仔猪生后3～5日开始补加铁剂。补铁方法是将铁铜合剂洒在料盘内，或涂于母猪乳头上，或逐头按量给仔猪灌服，最好在仔猪3日龄深部肌内注射牲血素（右旋糖酐铁1～2毫升）。

【治疗】主要是补铁。可口服或注射铁剂，口服常用的铁剂有硫酸亚铁、乳酸铁以及还原铁等。其中以硫酸亚铁为首选药物，为促进铁的吸收，常配伍硫酸铜。常用处方是硫酸亚铁2.5克、硫酸铜1克、常水1 000毫升，每千克体重用0.25毫升，用汤匙灌服，每日1次，连服7～14日。注射铁剂效果确实而迅速，即用右旋糖酐铁1～2毫升，深部肌内注射，通常用1次即可，必要时隔周减量再用1次。

43 仔猪低血糖症怎样防治？

仔猪低血糖症又称乳猪病或憔悴猪病，是仔猪出生后1～4天内发生的一种病症，往往造成全窝或部分仔猪发生急性死亡，其特征是血糖显著下降，不到健康猪的1/30。发生低血糖的原因主要是由于母猪在怀孕后期饲养不当，母猪缺乳或无乳，造成小猪饥饿而死。

【症状】仔猪在出生后2～3天内发病，病猪表现精神不振，四肢软弱无力，约有半数以上小猪卧地后呈现阵发性神经症状，头部后仰，四肢做游泳状，有时四肢伸直。眼球不能活动，瞳孔散大，但仍有角膜反射。口微张并有少量的白沫流出。有的猪四肢绵软可随意摆动，有的四肢伸向四处伏卧在地不能站立。在痉挛性收缩时，体表感觉迟钝，用针刺时，除耳部、蹄部稍有反射外其他部位无痛感。病猪体温常在37℃左右，病状严重时，体温可降到36℃左右。小猪一出现症状即停食，对外界事物均无感觉，最后昏迷而死。大部分病猪在2小时内死亡，也有拖到一天才死亡的。发病小猪几乎100％死亡。一窝猪里有一头发病，其余小猪相继发病，常在半天之内全部死亡。

【预防】应加强怀孕母猪后期的饲养管理，保证在怀孕期给胎儿提供足够的营养，在小猪出生后有充足的乳汁供吸吮，这样一般可避免仔猪低血糖病的发生。

【治疗】当发现仔猪出现低血糖时，应尽快给其补糖，用5%葡萄糖生理盐水，每次每头腹腔注射10～25毫升，每隔5～6小时注射1次，连续2～3天，效果良好，一般发病的仔猪经过上述处理后均可恢复健康，也可灌服20%葡萄糖5～10毫升或喂服白糖水。

44 猪发生中毒怎样救治？

（1）猪中毒的一般判断

1）询问并了解猪舍周围毒物存在情况，猪有无食入或者接触的可能，是什么毒物，通过什么途径进入体内，表现症状是否与该毒物中毒的表现相似，草料是否发霉变质，这些都是判定中毒的重要依据。如果有确切的食入或者接触毒物的证据，那就可以确定为中毒。

2）猪群突然发病，并且症状大致相同，同槽多数猪发病，而且体大采食较多者发病较早并且病情严重，又不像传染病，发生这种现象应该考虑中毒的可能。

3）观察表现。大多数猪中毒的表现症状是呕吐、流涎、腹泻、痉挛、体温下降，并且不同中毒又有其特有表现，如有机磷农药中毒瞳孔缩小，荞麦苗中毒出现皮肤疹块等。

4）剖检尸体。中毒的猪死后内脏都发生一定的损害，剖检可以得到重要依据。如氢氰酸中毒，尸体不易腐败，血液不易凝固，呈鲜红色；亚硝酸盐中毒，尸体容易腐败而且血液呈黑褐色；有机磷农药中毒可见肺水肿。

（2）中毒的综合治疗　猪发生中毒时，应该及时采取急救措施，如果不能及时确定为何物中毒，可以采取综合治疗。

1）更换饲料、饮水，或者让猪离开中毒现场，防止继续中毒。

2）排出未被吸收入血的毒物。

催吐。猪刚吃了毒物时，可进行催吐，内服硫酸铜0.5～1克（加水配成2%的溶液），或者用筷子伸入猪口中刺激咽喉诱吐。

洗胃。不宜催吐的猪或者催吐不彻底时，可进行洗胃，将胃管插入胃内，将温水或者0.01%～0.02%的高锰酸钾液通过胃管灌入胃内，并来回拉动胃管，然后放低胃管的外端口，这时胃液便向外流出，如此反复数次，便可将胃内部分毒物排出。

泻下。为促进毒物排出，可给予泻药，如灌服硫酸钠或者硫酸镁粉，皮肤接触中毒的猪要尽快用清水冲洗去毒。

3）解毒　灌服通用解毒剂，其组成为：活性炭（药用炭）、鞣酸、氧化镁各10～20克，混合均匀，猪灌服20～30克，或者灌服有吸附、沉淀、包埋毒物，保护胃肠黏膜作用的物质，如牛奶、蛋清、豆浆、绿豆水、甘草水。对各种中毒，尤其对一时确诊不了是什么毒物中毒，可注射广谱通用解毒剂，如维生素C注射液、强力解毒敏注射液、葡萄糖注射液。

在确定了是什么毒物中毒时，可给予该类毒物的特效解毒剂，如有机磷农药中毒用解磷啶和阿托品，氢氰酸中毒用亚硝酸钠和硫代硫酸钠，亚硝酸盐中毒用美蓝，有机氟中毒用乙酰胺，砷、汞、锑等重金属中毒可用二羟基丙酸或硫代硫酸钠。

4）对症治疗　针对猪中毒后的表现突出症状，采取对症措施治疗。如心脏衰弱时用安钠咖、肾上腺素；呼吸困难时肌内注射阿托品、山梗菜碱；狂躁不安时，肌内注射苯巴比妥或氯丙嗪、安定针。

对六六六粉、马铃薯、氮肥（尿素、碳酸氢铵、氨水）、荞麦苗、蓖麻、棉籽饼、霉玉米中毒等都无特效解毒药，应该采取上述综合措施解救。

下面介绍几种常见中毒的表现及解救。

氢氰酸中毒

氢氰酸中毒是猪食入大量含有氢氰酸成分的植物引起的中毒。常见的含氢氰酸成分的植物有高粱幼苗和玉米幼苗，亚麻叶和亚麻饼，苦杏仁，木薯，这些植物食入量大时可引起中毒。

【症状】氢氰酸为一种剧毒，中毒发生很快，病程很短，猪采食后很快出现气喘，呼出气体带苦杏仁味，流涎，全身抽筋，四肢麻痹，腹痛不安，起卧滚转，黏膜和皮肤青紫。

【剖检变化】血液呈鲜红色，不凝固，尸体不易腐败，气管黏膜有出血点，口腔内有带血泡沫，胃内充满气体，并发出苦杏仁臭味。

【治疗】氢氰酸中毒猪死亡很快，所以，治疗应及时。立即静脉注射1%～2%亚硝酸钠液，并且随时静脉注射10%硫代硫酸钠，每千克体重2毫升，或者静脉注射1%～2%美蓝每千克体重1毫克。

亚硝酸盐中毒

含硝酸盐较多的青绿饲料，因贮存、调制方法不当，使其中的硝酸盐变成剧毒的亚硝酸盐，被猪采食后引起的中毒为亚硝酸盐中毒。

含硝酸盐较多的青菜有小白菜、菠菜、萝卜、芥菜叶、甘蓝等，这些青菜如果蒸煮不透或者在锅内长时间闷煮，不搅拌，或者这类饲菜长期堆放，会使其中的硝酸盐变成亚硝酸盐，猪采食后即可引起中毒。腌制酸白菜的地方，用大量的酸白菜喂猪也可引起亚硝酸盐中毒，因为其中含有亚硝酸盐。

【症状】一般在饱食后20～30分钟即出现病状，故又称饱潲病。病势严重的猪不表现任何症状即倒地死亡，患猪表现不安、腹痛、呕吐、流涎、发抖痉挛，站立不稳，呼吸困难，张口伸舌，下痢，体温多数下降，耳鼻发凉，初期黏膜苍白，后期发紫。

【剖检变化】口腔黏膜灰白，眼结膜苍白，口内有黏液，血液为紫黄色，像酱油一样，不易凝固，尸体易腐败。

【治疗】发现中毒后，立即采取如下紧急解救措施。

用0.2%高锰酸钾液洗胃，之后灌服盐类泻药，如硫酸镁，还可以灌服牛奶、蛋清，并且立即剪耳、断尾放血，随后向猪全身泼冷水，驱赶猪运动。

紧接着静脉注射1%美蓝液（配制方法是美蓝1克，75%酒精10毫升，蒸馏水90毫升），每千克体重1毫升，用量不可过大，没有美蓝时可以大量静脉注射维生素C。

根据病症可进行输液，强心，如输入5%葡萄糖液和0.9%生理盐水，肌内注射安钠咖，或者皮下注射肾上腺素。

【预防】

①青菜喂猪应生喂，生喂既可以防止中毒，又可以避免养分受热而破坏，又可以节省燃料。

②必须熟喂时，应该把火添足，迅速烧开揭开锅盖，不断搅拌，不在锅里过夜。

③青菜贮存时应摊开存放，不要堆积存放。

④不要一次性大量饲喂剩余的酸菜及酸菜汤。

食 盐 中 毒

适量的食盐可以增进食欲，帮助消化，维持机体生理功能，但是猪对食盐特别敏感，食入过量，极易引起中毒，其中毒以神经症状和消化功能紊乱为特征。

【病因】猪采食了含盐过多的食物，饲喂过多的酱渣、咸菜，或者日粮内添加食盐过多，都可以引起食盐中毒，特别是仔猪更为敏感。食盐中毒的实质是钠离子中毒，食盐对猪的致死量为每千克体重2.2克。

【症状】发病初期，患猪表现食欲减退或者废绝，精神沉郁，黏膜潮红，便秘或者下痢，口渴和皮肤瘙痒等前驱症状；继之出现呕吐和明显的神经症状，兴奋不安，频频点头，张口咬牙，口吐白沫，四肢痉挛，肌肉震颤，来回转圈或者前冲、后退，听觉和视觉障碍，对刺激无反应，不避障碍，猛顶墙壁，严重的病例进一步发展为癫痫样痉挛，每间隔一定时间，发作一次。发作时，依次地出现鼻盘抽缩或扭曲，头颈高抬或向一侧歪斜，脊柱上弯或侧弯，呈角弓反张或侧弓反张姿势，以致整个身躯后退而呈犬坐姿势，甚至仰翻倒地，每次发作持续 2～3 分钟，甚至连续发作，呼吸困难，最后四肢瘫痪，卧地不起，一般 1～6 天死亡。

【剖检】胃肠黏膜充血、出血，以胃底部最严重，肝肿大、质脆，肠系膜淋巴结充血、出血，心内膜出血，大脑内膜有出血。

【预防】不宜用过咸的饲料喂猪，日粮含盐量不能超过 0.5%，不能以牛、羊的喂盐量喂猪猪比牛、羊对食盐更敏感。平时供给猪足够的饮水，有利于体内多余的氯离子和钠离子及时随尿液排出，维持体液离子的动态平衡。

【治疗】食盐中毒无特效解毒药，主要是促进食盐排出及对症治疗。

发现猪中毒后，立即停喂含盐的饲料以及咸水，改喂稀糊状饲料。口渴时多次少量给予饮水，切忌猛然大量给水或者任意自由饮水，以免胃肠内水分吸收过速，使血钠水平迅速下降，加重脑水肿，而使病情突然恶化。同群的猪亦不应该突然随意饮水，否则会促使处于前驱期钠潴留的猪大批暴发中毒。

急性中毒的猪，用 1%硫酸铜 50～100 毫升内服催吐后，内服黏浆剂及油类泻剂 50～100 毫升，使胃肠内未吸收的食盐泻下和保护胃肠黏膜。也可在催吐后内服白糖 150～200 克。

为恢复体内离子平衡，可静脉注射 10%葡萄糖酸钙 50～100 毫升；为缓解脑水肿，降低脑内压，可静脉注射 25%甘露醇或 50%葡萄糖 50～100 毫升；为缓解兴奋和痉挛发作，可静脉注射 25%硫酸镁注射液 20～40 毫升；心脏衰弱时，可皮下注射安钠咖、强尔心。

有机磷中毒

有机磷农药目前使用很广，对人畜毒性很大，很容易引起中毒。常用的 1605、1059、3911、乐果、敌敌畏、敌百虫、敌杀死及甲敌粉等都为有机磷制剂，家畜采食了这些农药喷洒、拌种的作物、种子、菜叶等，或接触这类农药，经皮肤吸收而引起中毒。

【症状】中毒后猪很快表现流涎，出汗，瞳孔缩小，磨牙，肠音高鸣，腹痛，腹泻，腹胀，呕吐，口吐白沫，浑身打战。有的出现神经症状，如狂躁不安，盲目乱撞，呼吸困难。

【剖检】可见肝脏肿大，肺水肿，胃内容物有大蒜味。

【治疗】中毒初期，用催吐剂（硫酸铜）催吐，或者投以盐类泻剂，以加速毒物排出，如为皮肤接触中毒，用肥皂水（敌百虫除外，因敌百虫遇碱后毒性增强，肥皂水显碱性）或清水充分冲洗。

及时应用特效解毒剂（这类药只对有机磷中毒有特效，而不是对所有中毒都有解毒作用），有机磷中毒的特效解毒药有两类，一类是解磷啶（碘磷啶）、氯磷啶、双复磷；一类是阿托品。两类药最好同时都用，也可以单独使用其中的一类，但对敌百虫、敌敌畏、乐果中毒，应该着重使用阿托品。它们的用法是解磷啶类第一次用 0.2～1 克，静脉或皮下注射，以后减半，每隔 3～4 小时注射 1 次；阿托品病情严重者隔 30 分钟用药 1 次。皮下或肌内注射 0.5～1 毫升，隔 1～2 小时使用 1 次，用药后出现瞳孔散大、口干时，可停药或者减量，注意：如果阿托品用量过大，会引起药物中毒。中毒症状解除后，应继续维持用药 2 天，每天 1 次，用量减半。

【预防】保管好农药和有机磷农药处理的种子。在用喷洒过农药的田间野草喂猪时，应反复用清水泡洗，已经喷洒过农药的作物上附有药液，一般 7 天内不得用作饲料饲草，并且禁止在喷洒过农药的地块放牧。

马铃薯中毒

猪采食了大量发芽、腐烂、变青以及贮藏过久的马铃薯或者采食了大量马铃薯茎叶引起的中毒。因为这些变质的马铃薯内含有大量的龙葵素，龙葵素对猪体有毒害作用。

猪一般多于采食后 2～4 天发病。严重的病猪发病初期兴奋不安，并发生呕吐，有腹痛症状，病猪兴奋不安时，向前冲撞，狂躁，然后精神逐渐沉郁，后肢软弱无力，四肢麻痹，走路摇摆或者倒地，呼吸微弱，喘气，黏膜发绀，瞳孔散大，肌肉痉挛，1～3 天死亡。

中毒程度较轻的猪呈胃肠炎症状，食欲减退，体温升高，低头站立或伏卧，下腹皮肤有疹块。发生肠炎时，急剧下痢。孕猪可发生流产。

中毒猪尸体剖检时，有暗红色腹水，皮下脂肪发黄，胃膨胀，黏膜出血。小肠外观呈暗红色，内容物呈红褐色粥状，肠系膜淋巴结肿大。

（1）解毒　发生中毒时可采取以下方法解毒：

1）发现中毒后应立即用0.1%高锰酸钾水或2%双氧水洗胃。

2）内服硫酸镁等盐类泻剂，清理胃肠，以减少毒素的吸收，并配合用醋灌肠。

3）对病情严重的可注射10%安钠咖5～10毫升，并静脉输给10%葡萄糖溶液，对兴奋不安的猪可注射氯丙嗪注射液。

（2）预防　预防中毒应做到以下几点：

1）已经发芽或者腐烂、变青的马铃薯不宜喂猪，如需利用时应切去薯芽及腐烂部分，并需高温煮熟后再喂。

2）贮存时间过久的马铃薯不宜饲喂量过大，并且要与其他饲料搭配饲喂。

3）新鲜的马铃薯嫩芽、茎叶和花蕾不宜喂猪，必须喂时，应晒干或青贮再喂。

4）怀孕母猪最好不喂久存的马铃薯或者马铃薯的茎叶，以免发生流产。

霉玉米中毒

猪食入大量发霉的玉米可引起中毒。发霉的玉米有些是外观可以看出霉变的，即玉米外观颜色变成黑、褐、红色，而有些发霉玉米，外观看是正常的，可是玉米粒内已经发生霉变，打开玉米粒，才发现其内部色泽变为红、灰色，并有异味，这种看似正常的玉米喂猪照样可能引起中毒。另外，应该注意的是，有些玉米并非贮藏的时候沾水、潮湿引起发霉，而是在玉米秸秆上生长的时候就发霉了。用这种刚收获的外观无异常的玉米喂猪，猪拒食或者食后中毒，往往使人们想不到是霉玉米的问题。

猪吃霉玉米中毒是一种慢性中毒性疾病，大猪病程较长，有时可达2个月，一般呈慢性中毒症状；小猪常呈急性。慢性中毒病猪，一般体温不升高，吃食逐渐减少，粪便先稀后变干，有时排粪带血，尿液先浑浊后变黄。病猪不爱走动，低头，弓背，步态不稳。部分病猪股部皮肤有红斑，眼结膜发白或者呈黄色。急性型病猪除前述症状严重外，还可以见到神经症状，病猪兴奋不安，有时跳出猪栏或头顶墙壁；也有的病猪呈沉郁和麻痹型，病猪精神沉郁，两耳下垂，后躯无力，走路摇晃，或者卧地不起，磨牙空嚼、流涎，往往于数日内死亡。

【防制措施】

（1）平时不喂已经发霉腐烂的玉米。

（2）发现中毒立即停喂霉烂玉米，并改喂青嫩易消化的饲料。在猪轻度中毒的情况下，一般可自行逐渐康复。

（3）结合具体情况，采取对症治疗。内服硫酸钠25～50克，静脉注射10%乌洛托品20毫升。若兴奋不安时，可给予溴化钠5～10克；若黄疸明显，给予保肝脏的药物，如葡萄糖、维生素C、维生素B_{12}等。

（4）对于发霉的玉米可使用水洗法去毒。方法是先将玉米放入盆内，加清水搅拌，将上面的霉玉米浮去，旧水倒去再加清水搅拌，再去掉浮起的霉玉米、反复3～5次，直到霉玉米洗去，再用剩下的好玉米喂猪。

（5）为防霉玉米中毒，可在玉米里拌入脱霉剂，可解除轻度霉变，照产品用量拌料。

45 猪发生外伤怎样处理？

外伤是指因外力作用，导致猪体发生的损伤，包括皮肤开放、伤口外露的开放伤和皮肤完整、无伤口外露，在皮下组织发生的挫伤。

开放伤显而易见，而挫伤的主要表现是受伤处皮肤发紫、肿胀，触摸疼痛，初期发热柔软，后期冰冷坚硬。发生于肢蹄部时，可出现跛行；发生于胸腹部时，可出现呼吸困难。

（1）急救　当猪发生严重开放性外伤时，应立即采取以下急救措施。

1）止血　有止血药物时在伤口上撒上药粉以止血；如用肾上腺素，然后垫入消毒纱布，压迫止血（注意，用纱布止血不能来回擦动，而应按压），并可肌内注射止血药，如止血敏、维生素 K_3；大血管出血时，可用止血钳夹住血管断端（往外冒血处），或者用细绳捆绑伤口上端，以扎住血管上部，中断血流，此法适用于肢蹄部发生外伤的出血。

2）包扎　受伤部剪毛消毒后，用布条做临时包扎。

3）腹部发生开放性外伤有内脏脱出时，应将内脏按压入内，然后立即用一大块布条绕过背部紧紧缚住伤口，以制止内脏继续脱出。

（2）治疗

1）清洁创围　将创口周围的被毛剪掉，再用肥皂水或盐水刷洗，注意，勿使刷洗液流入伤口，然后用碘酒或酒精棉球消毒创围皮肤。

2）清理创腔　如果有被毛等异物时，用镊子夹出，然后用生理盐水或0.1%高锰酸钾反复冲洗，直至脓汁等除去为止。如果创口内有坏死肌肉，异物时，应予切除，然后再用消毒液冲洗。

经上述处理，如果处理彻底，并且创面整齐，又便于缝合时不必用药，如果创口不能缝合而且有明显污染时，可向创口内撒布青霉素粉或者磺胺粉。

3）缝合包扎　缝合可以防止继发感染与损伤，加速愈合。当创面比较整齐，清洗比较彻底时，可进行密闭缝合；有感染危险时，可进行部分缝合，并于创口下角留下排液口；对化脓创伤可以在创口内放一根引流布条即纱布条，即取一条布蘸上10%食盐水，一端留于伤口内，另一端露在伤口外，这样，一方面可以使药液与创伤面作用，另一方面可使伤口内的炎性物质随布条向外流出。待炎症基本消除，引流条上不再滴液时，再将布条取出。

缝合后，创内发生感染，病猪出现体温升高，食欲减退，伤口肿胀、疼痛，缝合处紧张或者有液体呈滴状流出，则应拆除部分缝线，让创口开放，并在创伤周围用1%普鲁卡因加入80万单位青霉素作封闭注射，每天一次。

对于四肢下部的创伤，缝合后应予包扎，冬季防寒，夏季防蝇。

4）对于皮肤完整未开口的外伤，即挫伤，在24小时内局部用毛巾蘸冷水敷患部，对24小时以后的肿伤用热水敷。

46 脓肿怎样处理？

在猪的组织或器官中形成蓄脓的肿胀块叫脓肿。

【病因】各种化脓菌通过损伤的皮肤或黏膜进入体内而引起发病。常见的原因是肌肉或皮下注射时消毒不严，尖锐物体的刺伤或手术时局部污染所致。

【表现】急性脓肿常伴发急性炎症的症状。若病灶浅在时，局部增温、疼痛，并显著肿胀。病初肿胀为弥漫性的，以后逐渐局限化，四周坚实、中央软化，触之有波动感，以至被毛脱落，皮肤变薄，最后破溃排脓。如病部在深处，则肿胀不明显，但局部稍有炎性水肿，有疼痛反应，指压时有压痕，波动感不明显。慢性脓肿仅有肿胀，缺乏热痛。

【治疗】病初可进行热敷，严重者可用抗生素或磺胺类药物进行全身治疗，如果上述疗法不能使炎症消散，可用刺激性软膏外涂，如鱼石脂软膏，目的是促进脓肿成熟。当出现波动感时，即表明脓肿已成熟，这时应及时手术切开，彻底排出脓汁（注意不要用力挤压，应使脓汁自然流出），再用3%双氧水或0.1%高锰酸钾水反复冲洗干净，涂布松碘流膏，以加速坏死组织的净化。

47 怎样给公猪去势？

养猪生产中，公猪是必须要去势的，不做去势的公猪是很难饲养管理的，生长发育速度缓慢，尤其宰后肉有腥味不能食用。在此介绍去势公猪的方法，掌握后养猪户可自行对饲养的公猪进行去势。

一般在出生后1～2月龄去势，但在断乳期间、患病或猪场周围有传染病时，禁止去势。术前应禁食一餐。

由一人抓住猪的右耳、右后肢、将仔猪左侧卧按压在地面上，并呈半蹲状，一条腿膝关节顶压在猪的肩胛部，一只手将猪的右后肢向前方拉住将猪保定，并使后躯阴囊部充分暴露，也可行倒提保定，猪背部朝向术者。

清洗阴囊，拭干，用碘酒消毒，术者左手拇指和食指呈虎口状握住睾丸基部，右手持刀在阴囊底部做一与阴囊缝平行的切口，长约睾丸的3/4（切口大小以能挤出睾丸为宜）。挤出睾丸后，分离提睾韧带，然后一手握住睾丸，用另一手的拇指和食指用力捻住并刮断精素。或一手捻住精索，另一手揉转睾丸，将精索拧断。对于大公猪可用细线将精索结扎，这样做是为防精索处发生出血，然后将睾丸剪除，再在另一侧阴囊处切口，以同样方法摘除另一侧睾丸。实践中许多人常在阴囊皮肤处开一个口，在阴囊纵隔处开一个口（两个阴囊之间的隔层），取出两侧睾丸。这种方法从外观看伤势轻（外面看是一个伤口），其实这种方法伤口愈合迟缓，因为睾丸摘除后伤口内难免会有杂性的异物要产生，这些异物要通过伤口向外排出，可皮肤处开一口，从内侧开一个口，排液就不顺畅，伤口内就会聚积杂性产物，尤其是这种开口很容易导致破伤风，破伤风杆菌在无氧的环境下则可致病。而皮肤外开一个口，内侧开一个口，阴囊内易形成无氧环境（国为与外界不通），这样就易导致破伤风。切口不必缝合，以便杂性产物排出，涂擦碘酊消毒便可。去势后的1周内注意保持圈舍的干净及消毒，以防伤口感染，最好再用数天抗菌药，促进伤口愈合。

48 给猪去势有哪些注意事项？

猪的去势，俗称劁猪、阉割，是摘除公猪睾丸、母猪卵巢，使其失去性功能，目的是使公母猪便于管理，易于育肥，并保持较好肉质。

公仔猪生至2～3月龄应该去势，公猪不去势难以管理，难以育肥，而且肉质膻味较大、品质差。近年来，猪场对母猪仔不去势，对那些性成熟迟的晚熟品种，在5月龄之前出栏的母猪可以考虑不去势，因为这些猪在其发情出现前已育肥出栏，不会因发情影响育肥。给猪去势时应注意以下几点：

（1）剧烈追赶而逮住的猪不应该立即施行手术　经常遇到有许多需去势的猪捕捉起来很困难，常常要经过长时间的剧烈追赶才能将其逮住。对于这样的猪不应该逮住后立即施行手术，这时猪因为过度奔跑引起心肺负担加重，如果此时立即施行手术，会使猪心肺超负荷而导致急性死亡。所以，对于这种猪，逮住后应该让其休息一会儿，待呼吸平稳后再进行手术。

（2）去势公猪应开两个口　在去势公猪时，人们往往采取的是皮肤上开一个口、阴囊纵隔处开一个口的方法。皮肤处开一个口的去势法从外表看似乎是伤轻一些，其实不然，在皮肤处开一个口一方面因伤口内炎性产物排出不畅，影响伤口愈合；另一方面，因伤口内（皮肤外未开口的那一侧）易形成无氧环境（不透气），容易引起破伤风的发生（因破伤风杆菌是厌氧菌），故公猪去势还是在皮肤处开两个口的方法更好。

（3）发情刚过的大母猪不能去势　一些已经有了发情表现的母猪去势时，注意不要发情刚过就进行去势手术。因为发情刚过的母猪，虽然表面恢复了正常，没有了发情表现，但子宫、输卵管、卵巢还有充血、肿胀，这时去势很容易引起大出血而死亡。故发情刚过的母猪不应该进行去势手术，应该在发情过后4天以上施行手术。

（4）母猪去势后应禁食10小时以上　母猪去势时难免要打开腹腔，打开腹腔会通过神经反射引起胃肠蠕动减弱或停止，一般要经过10小时以上才能完全恢复。在胃肠蠕动未完全恢复前给食，容易引起消化紊乱，出现消化不良、便秘、腹泻、肚胀、尿闭等，所以，母猪去势后应禁食10小时以上。

（5）伤口缝合1周后应该拆线　因为缝合1周后伤口已愈合，缝合线对组织有不良刺激，会使猪产生疼痛和不适感，影响猪的生长发育。因而对经缝合的伤口，1周后伤口愈合应该拆线。但如果伤口感染未愈合的话，可以推迟到10天左右拆线。

（6）去势后的猪应该注意圈舍卫生及消毒　因为圈舍卫生不好，去势伤口容易感染，难以愈合，甚至引起发炎、化脓、肠粘连。所以猪去势后的1周内必须保持圈舍清洁、干燥，并应坚持消毒。

49 母猪不发情有哪些原因及解决办法？

当前养猪业中存在一个普遍的问题是母猪乏情，有些是不安时发情，可有些是长期不发情，分析实际情况，主要有以下原因所致。

（1）营养不合理　母猪场饲喂的日粮营养水平过低或过高，饲喂量过少或过多，或体况正常但长期缺乏维生素A、维生素B族、维生素E、生物素和叶酸，这样都会影响腺体的发育，从而延缓体成熟，进而导致不发情。另外，母猪饲喂发酶变质的饲料，尤其是玉米霉菌毒素影响更大。

（2）环境不良及应激　高温天气对母猪发情有较大影响，如长期处于30℃以上的高温环境会引起高温性不孕症。另外，母猪在夏、秋季节出现推迟发情，与其他季节相比有较高的不发情率。如果气候过于寒冷，饲养管理跟不上，也会导致发情排卵时症状不明显。环境过于恶劣，舍内含有大量有害气体，卫生条件差，母猪饲养密度过大，频繁驱赶，长途运输，都会导致应激反应，从而影响母猪的发情及排卵。

（3）母猪隐性发情　个别后备母猪尽管达到性成熟，且卵泡发育和卵巢活动完全正常，但依旧没有表现发情特征，这往往是人们难以发现其已经发情。这种情况多见于引进的外来品种，我们平时应多加注意。

（4）过早配种　母猪过早配种，导致其在妊娠期缺乏营养。特别是在哺乳阶段，需要承担自身生长和泌乳的双重生理负担，对其发情机能的发挥产生严重影响。

预防方法：选择繁殖性能好的母猪产的仔猪品种，母猪有 6 对以上乳头，且有 3 对乳头在肚脐前面，同时所选母仔猪要健康体长，后躯丰满、四肢端正。确定供给繁殖母猪营养丰富的饲料，尤其要保证必需氨基酸、维生素以及矿物元素的供给，且钙磷比例要合理，禁止饲喂高钙饲料以及发霉变质的饲料。为确保后备母猪躯体全面发育，可在前期即体重 80 千克时，采取自由采食的方式，在后期即体重超过 80 千克时，采取定餐定量的饲养方式，避免体况过肥。还可在饲料中添加适量的维生素 E 及中草药催情剂。每栏最好喂 4 头母猪，不采取单独饲喂，也不应大群饲喂。母猪场要设置运动场，并确保场地阳光充足。避免各种应激，尤其应避免高热、高温及群体咬斗等应激，创造舒适的生活环境。母猪每周至少在运动场自由活动一天，对于 6 个月龄以上的母猪，每次在运动场活动时放入公猪刺激发情。加强对疫病的防控，定期接种猪瘟、蓝耳病、猪伪狂犬病等疫苗。

可采用催情的方式促使母猪发情，方法如下。

（1）乳房按摩催情　猪每天采食结束后，对其进行挠痒而促使躺卧，然后饲管人员用双手手掌沿乳房两侧从前向后进行多次按摩，每天 2～3 次，每次 5～10 分钟，至少连续进行 7 天，具有良好的催情效果。

（2）激素催情　不发情母猪可肌内注射 3～4 毫升三合激素，通常经过 2～4 天就能够有 90%以上的母猪发情；也可选择皮下注射孕马血清，每天 1 次，连用 2～3 次，方法是首次注射 5～10 毫升，第二次注射 10～15 毫升，第三次注射 15～20 毫升，通常注射 3～5 天以后就可出现发情。乏情母猪还可肌内注射绒毛膜促性腺激素 500～1 000 毫升，适于 100 千克左右的母猪，其既有催情作用，还有促排卵的作用。

（3）中药催情　用淫羊藿 60 克、阳起石 80 克、当归 30 克、川芎 30 克、益母草 50 克、香附 25 克，研末或水煎一次喂服，1 日 1 次，连用 5 天。

50 如何防制母猪不孕症？

母猪长期不发情，或者经过多次配种而不孕。这种情况多半是由于母猪饲养管理不当，过瘦或过肥，或者母猪有生殖道疾病，如卵巢囊肿、子宫内膜炎、阴道炎等引起。

【症状】母猪主要表现为不发情，或者发情不规律，或者发情但久配不孕。如生殖道发生病变时，表现为发情间隔延长，持续时间缩短或者延长，每次发情征象不明显，有些阴道肿胀，阴道内流血或黏液、脓液。卵巢囊肿时，由于分泌过多的卵泡激素，母猪性欲亢进，经常爬跨其他母猪，屡配不孕。

【治疗】改善猪群的饲养管理，喂以多样化饲料。瘦弱猪应增加优质饲料的喂量，如补喂胡萝卜、豆类、麸皮，可起到催情的作用；过肥的猪应减少精料喂量，增加运动、光照，尤其对一些长期圈养及笼养的猪，要十分重视运动。对多次发情而屡配不孕的猪，怀疑卵泡囊肿，可肌内注射黄体酮，每次15～25毫克，每日或者隔日1次，连用2～7天。对长期不发情的母猪，在改善饲养管理的前提下，可采取以下方法催情。

（1）换圈　将不发情的母猪转换一下圈舍，改善环境，最好调换到有发情母猪的圈内，让发情的母猪追逐、爬跨诱情。

（2）加喂红糖　取红糖250～500克，在锅内加热熬焦，加水煮沸后拌入饲料中喂猪，连用3～5天。

（3）公猪诱情　将母猪与公猪关在一起，母猪受到公猪追赶、爬跨等刺激，可诱导发情。

（4）雌激素催情　可肌内注射乙烯雌酚或雌二醇或三合激素注射液3～10毫克，或者注射求偶二醇3～10毫克。注意雌激素一般注射一次即可，而且不可超量使用，必要时隔24～48小时再注射一次，不能连续多次使用，用多了反而会抑制发情。

（5）中药催情　可内服中药催情散或者喂服中药淫阳藿、当归、益母草、川芎等。

（6）应用促排卵素　对已经发情的母猪，尤其应用了雌激素的猪，再注射一次排卵素，如促排2号，或绒毛膜注射液，或孕马血清，一般在配种前的1～2小时内注射，因为应用了雌激素只能起到催情的作用，而起不到排卵的作用。

（7）偏方催情

方一，韭菜100克，生姜15克，红糖50克，捣烂后喂猪，连喂数日。

方二，淫羊藿30克，食盐少许，食醋50毫升，红糖50克，混入饲料内喂服。

对于长期不孕治疗无效的母猪，应当改为育肥肉用。

51 如何给母猪冲洗子宫？

冲洗子宫是防治子宫内膜炎的好方法，可排出子宫内分泌物，消除炎症，促进黏膜修复，尽快恢复子宫生殖功能。在此介绍冲洗子宫的方法。

猪站立或侧卧保定，充分清洗并消毒猪外阴部及后躯部，术者手臂及子宫冲洗管也要充分清洗消毒。把子宫冲洗管握于掌心（没有子宫冲洗管可用直径1厘米左右的塑料软管或橡胶管代替，管外端可连接漏斗或大的塑料注射器），手呈圆锥形伸入阴道。然后将冲洗管插入子宫颈口，再缓慢推入子宫内，再抬高冲洗器外端的漏斗或输液瓶，冲洗液即可流入冲洗管外端。将冲洗液推入子宫，待冲洗液即将全流入（但管内还有液体时），迅速放低外管口，让子宫内的液体自动流出，如此反复冲洗2～3次，直到流出液体与流入的液体颜色基本一致为止。冲洗液可使用0.1%新洁尔灭溶液，或0.1%高锰酸钾溶液，或生理盐水，注意冲洗液应加温至30℃左右。冲洗完毕后，可在子宫内投入抗生素，如用适量生理盐水加青霉素输入子宫，不予排出。如果每日冲洗一次，连洗3～5天，对因子宫内膜炎而久配不孕的母猪有疗效。

52 母猪产后不食有哪些原因？怎样防治？

母猪产后不食是母猪养殖中最常见的病症。其主要由以下原因引起。

（1）饲养管理不当　常见的是母猪在产前饲喂精料量过大，特别是豆饼喂量过大，或者饲粮中维生素、矿物元素含量不足，导致胃肠负担加重，发生消化不良，尤其是日粮缺钙或钙磷比例不当；母猪长期运动不足，缺乏光照，导致维生素D缺乏，使血钙含量降低，继而引起胃肠蠕动迟缓，加上母猪在妊娠期大量消耗钙，使血钙易低于正常生理值。维生素B_1缺乏也是普遍存在的现象。维生素B_1是维持胃肠功能的重要物质，缺乏会导致消化不良，食欲不振，厌食。另外，母猪产前严重减料导致机体无法获得足够的能量，使机体动力不足，子宫收缩无力，生产时间过长，使产道充血、发炎，母猪疼痛不适，继而出现食欲不振的全身症状。母猪产后只重视饲喂食物，而忽视饮水，导致机体脱水，使食欲不振。

（2）疾病所致　母猪患有某些普通病，如胃溃疡、胃肠炎、寄生虫病、便秘以及一些传染病，如猪肺疫、猪丹毒、猪圆环病毒病、蓝耳病、伪狂犬病、细小病毒病等，都会致猪消化不良而不食。

（3）应激所致　母猪产后在围产期对环境变化非常敏感，温度剧变、饲料突变、惊动、噪声、因追赶而剧烈跑动等都可引起售价减少。

对于产后压食的母猪肌内注射比赛可林注射液10～12毫升，1日2次，连用2～3天。同时给予口服补液盐让患猪自由饮用，即将口服补液盐按比例加入清洁的温水中，让其饮用2～3天，待猪食欲恢复后，可喂服大黄苏打片、酵母片或山楂等。如果服药困难可给猪注射复合维生素B注射液，或注射维生素B_2、维生素B_1、维丁胶性钙，三者配合注射应用有改善食欲的作用。

病猪产后高热、感冒，可静脉注射葡萄糖生理盐水，维生素C、林可霉素、安钠咖。防止产道感染可注射青霉素、链霉素，并可注射20万～40万国际单位缩宫素，以防止产道恶露。

预防母猪产后不食，应给母猪供给全价饲粮，控制母猪膘情。母猪妊娠期要加强运动，条件允许，应常年给母猪供给青绿饲料。

母猪产前一周开始每天减料 1/7，直到产仔当天禁止采食或者只供给泡有麸皮的温水，产后不应立即增加饲喂量，应一周之内每天递增 0.5 千克饲料量，并在产后一周到断奶前，在确保食欲旺盛的基础上供给充足的饲料，断奶后开始减料。严禁饲喂发霉变质的食物。

53 胎死腹中怎么办？

妊娠母猪腹部受到打击、冲撞而损伤胎儿，有妊娠疾病及传染病（布鲁氏菌病、猪细小病毒病、乙型脑炎、伪狂犬病等）以及慢性中毒等均可引起胎儿死亡。

【症状】母猪起初不食或少食，精神不振，随后起卧不安，弓背努责，阴道流出污浊液体。在怀孕后期，用手按摩母猪腹部检查久无胎动，如果胎死时间过长，病猪呆滞，不吃。如死胎腐败，母猪常有体温升高、呼吸急促、心跳加快等全身症状，阴户流出恶露，如不及时治疗，常因急性子宫内膜炎而引起败血症死亡。

【防制】对怀孕母猪加强饲养管理，防止腹部直接受撞击，如果已诊断为死胎，肌内注射前列烯醇或垂体后叶素 10 万～50 万国际单位，或内服敌百虫片，每 4 千克体重服 1 片（0.5 克/片），每日一次，连用 2～3 次，敌百虫有促进子宫肌收缩、排出死胎的作用。敌百虫可与催产素同时应用，有条件时可进行手术取出死胎。

54 母猪发生难产怎么办？

母猪已到产期，虽出现努责，但不能顺利产出仔猪，母猪表现烦躁不安，时起时卧，痛苦呻吟，有的母猪虽能顺利产出一部分胎儿，以后由于娩力减弱而不能继续产出胎儿，这就是难产。

当发生难产时，应立即检查产道、胎儿及母猪全身状况，弄清难产的原因及性质，及时进行正确的助产。

（1）阵缩无力的难产　怀孕母猪已到产期，出现分娩征候，但努责次数少而且力量弱，以致长时间不能产出仔猪。有的母猪在产出一部分胎儿后，因过度疲劳，使产出胎儿的间隔时间大为延长，或无力产出其余胎儿。此类难产根据具体情况，可采取下列助产方法：

当子宫颈未充分开张，胎囊未破时（手伸入阴道内触摸可知），应稍等，此时应隔着腹壁按摩子宫，促进子宫肌的收缩。

子宫颈口已开张时，可向产道内注入温肥皂水或者油类润滑剂，然后术者将清洗消毒过的手伸入产道，抓住胎儿头部或两肢慢慢拉出，在接出二三个胎儿后，如果手触摸不到其余胎儿时，可等20分钟左右，等胎儿移至子宫后部再拉，也可以由助手用木棒将母猪前下腹部抬起，这样有利于拉出胎儿。

如果子宫颈已开张，并且胎儿及产道均无异常时，可应用催产素，皮下或者肌内注射，用量为10万～50万国际单位。

（2）骨盆狭窄及胎儿过大　母猪阵缩及努责正常，但产不出胎儿，检查时可发现胎儿中等大，但骨盆狭窄；或者骨盆腔无异常，只是胎儿较大，而通不过产道。为了拉出胎儿，应向产道内灌注温肥皂水或油类润滑剂，然后术者将清洗消毒过的手伸入产道，抓住胎儿头或上颌及前肢，倒生时可抓住后肢，慢慢拉出胎儿，若无拉出的可能时，可进行剖腹手术。

55 怎样抢救刚出生的假死小猪？

在生产中经常会遇到刚落地的仔猪，全身发软，张嘴抽气，甚至呼吸停止，但脐带基部仍在跳动，这样的小猪一般为假死仔猪。

造成假死的原因很多，有的是由于黏液堵塞气管，仔猪透不过气来；有的是由于母猪过肥，仔猪在产道内停留过久，或仔猪在产道内脐带受到压迫或扭转；有的是由于胎儿尚未落地还没吸到空气，脐带在产道内被拉断。

当遇到这样的小猪，应立即施行抢救，一般来说，凡脐带基部跳动明显的，大部分能救活。

（1）接产人员迅速用清洁布片将猪口鼻部的黏液擦干净，再对准仔猪鼻孔吹气。

（2）倒提仔猪后腿，使黏液从气管内排出，并用手连续拍其胸部，直至仔猪发出叫声为止。

（3）把假死仔猪仰卧在垫草上，用手拉住前后肢，令其前后伸屈，一紧一松地压迫胸部，施行人工呼吸。

如遇到个别小猪产出时羊膜尚未破裂，接产人员应立即用手撕破羊膜，放出羊水，否则小猪会窒息而死。

56 怎样防治母猪瘫痪？

母猪瘫痪是以产仔前后或者断乳前后所发生的运动能力丧失或减弱为特征的一种疾病。

【病因】母猪产后内分泌紊乱，导致血糖血钙骤然减少，饲料中缺乏钙、磷或钙、磷比例失调，均可导致母猪后肢及全身无力，严重者发生瘫痪。

【症状】本病常发生于产仔后或者断乳前后，患猪在产后不久食欲不振，粪便少而干硬，泌乳减少，后躯无力，站立不稳，继而卧地不起，再后来全身麻痹，严重的呈昏迷状态。有些猪猛然间发生瘫痪，有些猪在断乳后配种时突然发生瘫痪。

【治疗】便秘者用硫酸钠 30～80 克，加水 200～500 毫升，灌服或者喂服，用 2%小苏打水深部灌服。肌内注射比赛可灵注射液 5～10 毫升，既可以促进胃肠蠕动，治疗便秘，又可以增强四肢肌肉的收缩力，改善机体的运动。

静脉注射 10%葡萄糖酸钙或氯化钙注射液 100～150 毫升，并配合使用维生素 C 注射液。

用维丁胶性钙注射液 5～10 毫升，维生素 B_1 注射液 6～10 毫升，维生素 B_{12} 注射液 500～1 000 毫升三药混合一起肌内注射，每日一次，连用 5 天为一疗程。患猪后海穴注射硝酸士的宁注射液，一次 5～6 毫升，1 日 1 次，连用 3～5 天。

也可给予三磷腺苷注射液（ATP）以增加能量，还可以配合注射当归注射液。同时，也可静脉注射氯化钾，母猪瘫痪与缺钾也有一定的关系。给母猪喂服钙铁硒锌口服液。

在采取以上治疗的同时，应加强护理。让患猪多晒太阳，躺卧于干燥的地方，并勤翻身，勤垫草，每天牵拉活动猪的四肢，并用扫把等经常扫刷猪的全身，多给猪喂青绿多汁饲草，添加饲喂骨粉、多种维生素，并不时帮猪站立、走动。

57 如何用新斯的明类药物防治母猪产后不食症？

产后不食是母猪常见的病症，有许多猪在怀孕期间饮食都正常，但一生下仔猪就厌食不肯吃了，只吃少量适口性好的食物，所哺乳的仔猪长势很差。这是因为母猪是多胎动物，分娩时所用时间很长，分娩过程中子宫肌运动强度大，子宫肌容易发生弛缓，致使子宫内恶露排出困难，产道易形成程度不同的感染；又因分娩时体力消耗大，容易引起肠道运动弛缓，使消化功能减弱。笔者临床用注射比赛可灵类药物防治该症取得了很好的效果。

方法是在母猪产后 12～24 小时，肌内注射比赛可灵（氯化氨甲酰甲胆碱注射液）或者新斯的明注射液 5～10 毫升，隔6～12 小时再注射 1 次，注射氯化氨甲酰甲胆碱药物既可以防治母猪产后厌食，又可以预防母猪瘫痪（本品有提高四肢肌肉收缩力的作用），促进子宫内恶露排出，预防子宫内膜炎，而且还可以预防尿闭及排粪困难。

在采取以上治法的同时，在饲养管理上还应该做到，母猪产后不要喂得太早，产后 24 小时以后再喂食，其间只给饮水；产后前 3 天，喂量不能太大，每餐喂八成饱，多饮水，饲料要调制的稀薄一些；产后头几天要少喂精料，日粮中还必须保持一定量的粗饲料，并喂给较多的青饲料，以防产后便秘。做好产房消毒，防止产道感染，严防母猪吞食胎衣。

58 猪风湿症怎样诊治？

猪风湿病是潮湿、寒冷、运动不足、饲料突变等诱因引起的病，一般认为与溶血性链球菌感染有关。

【诊断】常发生肌肉及关节风湿，往往突然发病，患部肌肉或者关节疼痛，走路跛行，弓腰走小步，运动一段时间后，跛行可减轻。病猪喜卧，不愿走动，体温正常，呼吸、脉搏加快，食欲减退。

【防治】使用抗风湿药，如复方水杨酸钠注射液10～20毫升静脉注射，也可用阿司匹林内服，每日2次，连用7天。

也可以肌内注射地塞米松注射液2～5毫克，每日2次，连用数日。也可以应用安乃近片、消炎痛片内服。

59 猪发生直肠脱及脱肛怎么办？

直肠脱是直肠后段脱出于肛门之外，脱肛是直肠后段的黏膜脱出于肛门之外。

【病因】较普遍的原因是便秘和反复腹泻造成的肛门括约肌松弛，2～4月龄的猪发病较多。

【诊断】发病初期猪仅在排便后有小段直肠黏膜外翻，但仍能恢复。如果反复便秘或下痢，不断努责，则脱出的黏膜或肠段长时间不能恢复，引起水肿，最后黏膜坏死、结痂，病猪逐渐衰弱，精神不振，食欲减退，排粪困难。

【治疗】改善饲养管理，特别是对幼龄猪，注意增喂青绿饲料，饮水要充足，运动要适当，保持圈舍干燥，经常保持粪便干软适中，及时治疗消化系统疾病，已经发病的猪及早治疗。常用方法如下：

发病初期，脱出体外的直肠段很短，应用1%明矾水或者用0.5%高锰酸钾水洗净脱出的肠管及肛门周围，再提起猪的后腿，慢慢送回腹腔。脱出时间较长、水肿严重、甚至部分黏膜已经发生坏死时，可用0.1%高锰酸钾水冲洗干净，慎重剪除坏死的黏膜，注意不要损伤肠管肌层，然后轻轻整复，并在肛门左右上下分四点注射95%酒精，每点注射2～3毫升。还可以用注射针乱刺水肿的黏膜后，用纱布包扎，挤出水肿液，再按压整复，之后在肛门周围做荷包口袋状缝合，缝合后打结应松些，使猪能顺利排粪。过7～10天再拆除缝线。为了防止剧烈努责造成肠管再次脱出，可于交巢穴注射1%盐酸普鲁卡因液5～10毫升。若直肠脱出部分已经坏死、糜烂，不能整复时，则可采取直肠截除手术。

肛门口袋状缝合后，为防止猪排粪困难，可在肛门内挤入开塞露，1日1次。

60 疝怎样处理？

疝是猪腹部的内脏从自然孔道或病理性破裂孔脱至皮下或其他腔孔的一种常见病。根据发病的部位分为脐疝、腹股沟阴囊疝和腹壁疝。

（1）脐疝

【病因】脐疝多发生于幼龄猪，常因为脐孔闭锁不全或完全没有闭锁，加上腹腔内压增高（如奔跑、捕捉、按压时）而使腹腔脏器脱落于皮下，常见于先天性的。

【诊断】在脐部出现核桃大或鸡蛋大，有的甚至达拳头大的半圆形肿胀，柔软、热痛不明显，有时可触到脐带孔。在肿胀处听诊可听到肠蠕动音，当肠管嵌闭在脐孔中时，肿胀硬固、有热痛，病猪腹痛不安，有时呕吐。

【治疗】如幼龄猪脱出肠管较少，还纳腹腔后，局部用绷带压迫，脐孔可能闭锁而治愈。脐孔较大或发生肠嵌闭时，须进行疝轮闭锁术。方法是猪仰卧保定，按常规术前准备（术前应绝食1天），术前剪毛洗净，涂碘酊或0.1%新洁尔灭液，再用1%普鲁卡因液浸润麻醉。切开疝囊，不要损伤疝囊内的肠管，将肠管还纳入腹腔。如果肠管与囊壁粘连要仔细剥离。连续缝合腹膜。对于肌肉破口用较粗线做结节缝合，注意所有缝线全部穿好后再一一打结，最后撒布磺胺粉或青霉素粉，皮肤做结节缝合。注意缝合应密，缝线应结实，进线应距创口远，因为创口在腹下，腹腔内容物易下压致伤口撕开。

对于较小疝轮，可用皮外缝合法进行闭锁，即不切开皮肤，效果较好，简便易行。

（2）腹壁疝

【病因】由于外界的钝性暴力打击，如冲撞、踢打等作用于软腹壁，使皮下的肌肉、腱膜等破裂，造成肠管脱于皮下。

【诊断】受伤后在腹壁上突然发生球形或椭圆形大小不等的柔软肿胀，小的如拳，大的如小儿头，肿胀界线清楚，热痛较轻，用力按压时随着其内容物还纳入腹腔而使肿胀变小，触诊可发现腹壁肌肉的破裂口（疝轮）。

【治疗】用手术方法治疗，方法同脐疝。

（3）腹股沟阴囊疝

【病因】公猪的腹股沟阴囊疝有遗传性，若腹股沟管过大，应可发生疝，常在出生时发生（先天性腹股沟阴囊疝），也可在几个月后发生。后天性腹股沟阴囊疝主要是腹压增高所引起。

【诊断】猪的腹股沟阴囊疝症状明显，一侧或两侧阴囊增大，捕捉以及凡能使腹压增大的因素均可加重症状。触诊时硬度不一，可摸到疝的内容物（多数为小肠），也可以摸到睾丸，如将两后肢提举，常可使增大的阴囊缩小而达到自然整复的目的。少数猪可变为嵌闭性疝，此时多数阴囊与肠管发生广泛性粘连。

【治疗】猪的阴囊疝可在局部麻醉下手术，切开皮肤分离浅层与深层的筋膜，而后将总鞘膜剥离出来，从鞘膜囊的顶端沿线轴捻转，此时疝内容物逐渐回入腹腔，猪的嵌闭性疝往往有肠粘连、肠臌气，所以在钝性剥离时要求动作轻巧，稍有疏忽就有剥破的危险。在剥离时用浸以温灭菌生理盐水的纱布慢慢地分离，对肠管轻压迫，以减少对肠管的刺激，并可减少剥破肠管的危险。在确认还纳全部内容物后，在总鞘膜和精索上打一个结，然后切断，将断端缝合到腹股沟环上，若腹股沟环仍很宽大，则必须再做几针结节缝合，皮肤和筋膜分别做结节缝合。术后不宜喂得过早、过饱，适当控制运动。仔猪的阴囊疝采用皮外闭锁缝合，详见脐疝的缝合法。

61 怎样进行母猪妊娠诊断？

有些母猪配种后不再发情，但其实并未受孕，主人仍以怀孕母猪饲养，这给养猪带来的损失是特别大的。在此谈谈母猪妊娠的诊断方法。

（1）外观法　正常情况下，母猪配种后没有妊娠，在配种后18～22天都会出现前情期或发情期表现，如果妊娠则在该时间内没有前情期出现或不表现发情。因此，在母猪配种后18～22天可采取试情法或者外部观察法进行检查，如果不出现前情期或者发情表现，很有可能已妊娠。母猪妊娠后，一般还表现食欲增强，容易增膘，较平时嗜睡，行动谨慎，外阴部皱缩变小、变白。母猪妊娠后期，被毛变得光滑，腹部明显隆起。个别母猪妊娠后还会出现假发情，表现兴奋不安、外阴红肿，但基本无静立反射，这时可采取超声波诊断方法进行诊断，以免误配发生流产。

（2）B超诊断法　通过专用的妊娠诊断B超机进行诊断，其能够检查胎体、胎水、胎盘以及胎心搏动等，对妊娠与否、胎儿状态、胎儿性别以及胎儿数量进行判定。该法诊断准确率高、速度快，但成本较高，一般用于大型猪场。

（3）激素诊断法　在母猪人工授精后第16～22天，肌内注射丙酸睾酮和苯甲酸雌二醇，注射后2～3天内用公猪试情，如果母猪没有反应，拒绝公猪则说明妊娠，如果接受公猪配种则说明未妊娠；或在母猪配种后17天左右，肌内注射乙烯雌酚，经过2～4天没有发情表现，或用公猪试情无反应，则表明已妊娠。

62 母猪发生胎衣不下怎么办？

胎衣一般在胎儿产出后10～60分钟即可排出，胎衣一般分两次排出，若胎儿较少时，胎衣往往分数次排出。如果产后经2～3小时未排出胎衣，或者只排出一部分，叫胎衣不下。

【病因】胎衣不下常有两个原因，一是子宫收缩无力，由于孕期母猪的饲养管理不当，怀孕后期运动不足，饲料中缺乏钙盐等无机盐，以及营养过剩或缺乏，使孕猪过肥或者过瘦等，引起子宫弛缓。此外，胎儿过大、难产等，也可以使产后阵缩微弱而引起胎衣不下。二是当子宫内膜和胎盘有炎症时，可使胎儿胎盘与母体胎盘发生粘连，而发生胎衣不下，患布鲁氏菌病的病猪也可见到此种现象。

【诊断】猪的全部胎衣不下较少，临床上多见部分胎衣不下，为了判断胎衣是否全部排出，应检查胎衣上脐带断端的数是否与胎儿数相符。

猪发生胎衣不下后，母猪表现不安，不断努责，食欲减退或废绝，但喜饮水，体温升高，从阴门流出褐色臭味的液体。猪胎衣不下可伴发化脓性子宫内膜炎及脓毒败血症，后者常会引起母猪死亡。

【治疗】母猪发生胎衣不下，可皮下注射垂体后叶素注射液或催产素注射液，一次注射 10～50 国际单位，常能促使胎衣排出，也可皮下注射麦角浸膏 1～2 毫升，或注射前列烯醇注射液。

为了提高子宫肌的兴奋性，促使胎衣排出，可静脉注射 10%氯化钙液 20 毫升，或 10%葡萄糖酸钙液 50～150 毫升，如果应用上述方法仍不能达到目的时，可剥离胎衣。但因猪的产道较窄，两子宫角较长，有时以手剥离较困难。剥离前应先消毒母猪外阴部，然后术者将经消毒并涂油的手（有条件时可戴长臂乳胶或塑料手套）伸入母猪子宫内，剥离、拉出胎衣，最后投入金霉素或土霉素胶囊 2～4 粒，或者将金霉素或土霉素 1 克加入 50 毫升蒸馏水中，注入子宫内，一般情况下，不宜采用药液冲洗。

【预防】应从加强怀孕母猪的饲养管理入手，喂给全价饲料，每天保证有适当的运动，防止母猪过瘦、过肥。

63 母猪阴道脱出怎么办？

猪阴道壁一部分或者全部突出于阴门之外，叫做阴道脱出。此病在母猪产前或产后均可发生，尤以产后发生较多。

【病因】固定阴道的组织松弛、腹内压增高及努责过强是直接原因。

母猪饲养不当，如饲料中缺乏蛋白质及无机盐，或者饲料供应不足，造成母猪瘦弱，经产的老母猪全身肌肉弛缓无力，阴道固定组织松弛，也常有此现象。猪舍狭小、运动不足，怀孕末期经常卧地，或者发生产后瘫痪，可使腹内压增高，此时子宫和内脏共同压迫阴道，也容易发生此病。

此外，母猪剧烈腹泻引起的不断努责，产仔时及产后发生的努责过强，以及难产助产时抽拉胎儿过猛，均易造成阴道脱出。

【表现】

（1）阴道不全脱　母猪卧地后见到从阴门突出鸡蛋大或者更大些的红色球形的脱出物，而在站立后脱出物又缩回，随着脱出时间拖长，脱出部逐渐增大，可发展成阴道全脱。

（2）阴道全脱　为整个阴道呈红色大球状物脱出于阴门之外，往往母猪站立后也不能缩回。严重的可于脱出物的末端发现呈结节状的子宫颈部。有时直肠也同时脱出，如不及时治疗，常因脱出的阴道黏膜暴露于外界过久而发生淤血、水肿，甚至损伤、发炎及坏死。

【治疗】

（1）阴道不全脱　应该分析原因，改善饲养管理，加强运动，多垫褥草，尽量使猪后躯垫高。阴道脱出部受损伤和发炎时，可用0.1%高锰酸钾液或2%明矾液冲洗，一般情况下，阴道不全脱出不需要整复和固定。

（2）阴道全脱出　必须施行整复和固定。首先彻底清洗脱出部，再用0.1%高锰酸钾液或2%明矾液冲洗，冲洗后用手将脱出部还纳到原位，然后采用阴门缝合法进行固定。缝合从距阴门3～4厘米处下针，针穿入要深，针的穿出以距阴门0.5厘米为宜，并且用三道缝合，只缝合阴门上角及中部，以免影响排尿。采用袋口缝合法时，也应在距阴门3～4厘米处下针，缝合数日后，如果母猪不再努责或临近分娩时，应立即拆线。

用温热的浓明矾水洗净脱出部分，并用手轻轻揉摩，然后用70%酒精10毫升缓慢向阴道壁内注射，随后将脱出阴道还纳至原位，并不需要缝合阴门。在3～4天内喂给稀的易消化饲料，不要喂得过饱，以减轻腹压。

【预防】怀孕后期的母猪要加强饲养管理，饲料中要含有丰富的蛋白质、无机盐及维生素。值得注意的是每天要保证猪有适当的运动，以增强母猪的体质。

64 怎样防制母猪子宫内膜炎？

子宫内膜炎是子宫黏膜的黏液性或化脓性炎症，为母猪常见的一种生殖器官疾病。发生子宫内膜炎后，母猪往往发情不正常，或者发情正常但不孕，或怀孕但易发生流产。

【病因】绝大多数病猪是从外面感染病原微生物，如分娩时产道损伤、污染，胎衣不下或胎衣碎片残存，子宫弛缓时恶露滞留，助产时手术不洁，人工授精时消毒不彻底，自然交配时公猪生殖器官或者精液内有炎性分泌物。此外，母猪过度消瘦、抵抗力下降时，生殖道内的条件致病菌也能致病。

【诊断】子宫内膜炎可分为急性子宫内膜炎与慢性子宫内膜炎两种。

（1）急性子宫内膜炎　多发生于产后及流产后，全身症状明显，病猪食欲减少或废绝，体温升高，时常努责，有时随同努责从阴道内排出带臭味的恶露。

（2）慢性子宫内膜炎　多由急性子宫内膜炎治疗不及时转化而来，全身症状不明显，病猪可能周期性地从阴道内排出少量混浊的黏液，母猪即使能定期发情，也屡配不孕。

【治疗】在母猪产后急性期首先应清除积留于子宫内的炎性分泌物，选择1%盐水、0.02%新洁尔灭溶液、0.1%高锰酸钾溶液冲洗子宫。冲洗后务必将残存的溶液排出。最后可向子宫内注入20万～40万单位青霉素或金霉素1克（金霉素1克溶于20～40毫升注射用水）。母猪产后喂服益母生化散。

对慢性子宫内膜炎的病猪，可用青霉素20万～40万单位，链霉素100万单位，混于经高温消毒的植物油20毫升中，向子宫内注入，为了促使子宫蠕动，有利于子宫腔内炎性分泌物排出，亦可使用子宫收缩剂，如皮下注射缩宫素。

全身疗法可用抗生素或磺胺类药物，青霉素每次肌内注射240万～400万单位，链霉素每次肌内注射100万单位，每日2次，或用磺胺嘧啶钠每千克体重 0.05～0.1 克，每日肌内或静脉注射 2 次，或注射鱼腥草注射液。

【预防】应保持猪舍干燥，临产时地面上可铺清洁干草，发生难产后助产时应小心谨慎，取完胎儿、胎衣，应该使用消毒溶液洗涤产道，并注入抗菌药物，人工授精要严格消毒。

65 如何防制母猪乳房炎？

【病因】本病多由链球菌、葡萄球菌、大肠杆菌或绿脓杆菌等病原微生物侵入而引起，主要是通过仔猪咬破的乳管伤口感染。此外，猪舍门栏尖锐、地面不平或者过于粗糙，使乳房经常受到挤压、摩擦以及乳房受到外伤也可引起乳房炎。母猪患子宫内膜炎时，常会并发乳房炎。

【症状】可见患病乳房潮红、肿胀，触之有热感，由于乳房疼痛，母猪拒绝仔猪吮乳。

黏液性乳房炎时，乳汁最初较稀薄，以后变为乳清样，仔细观察时可看到乳中含絮状物；炎症发展成脓性时，可排出淡黄色或者黄色脓汁，如脓汁排不出时，可形成脓肿，日久往往自行破溃而排出带有臭味的脓汁。

脓性或坏疽性乳房炎，尤其波及几个乳房时，母猪可能会出现全身症状，如体温升高，食欲减退，喜卧，不愿起立。

【治疗】首先应隔离仔猪，对乳房炎症状较轻的母猪，可挤出患病乳房内的乳汁，局部涂以消炎软膏（如鱼石脂软膏，10%樟脑软膏或碘软膏）。对乳房基部封闭，用 0.25%～0.5%盐酸普鲁卡因溶液 50～100 毫升，加入 10 万～20 万单位青霉素，在乳房实质与腹壁之间的空隙，用注射器平行刺入后注入，若乳头口通透性较好，可用乳导管向乳池腔内注入青霉素 5 万～10 万单位，或者加入链霉素 5 万～10 万单位，一起溶于 0.25%～0.5%盐酸普鲁卡因溶液，或生理盐水，或蒸馏水中，一次注入。

对乳房发生脓肿的病猪，应尽早由上向下纵行切开乳房，排出脓汁，然后用 3%双氧水或 0.1%高锰酸钾液冲洗；脓肿较深时，可用注射器先抽出乳房内容物，然后向乳房腔内注入青霉素20万～40万单位。病猪有全身症状时，可用青霉素或磺胺类药物治疗。青霉素每次肌内注射160万～300万单位，每日2次；内服磺胺嘧啶，初次剂量按每千克体重200毫克，维持剂量按每千克体重100毫克，间隔8～12小时服用一次。注射双丁注射液也有很好的疗效。

【预防】母猪在分娩前3～5天，应该减少精料及多汁饲料的喂量，同时应防止给予大量发酵饲料。要保持猪舍清洁干燥，冬季产仔时应多垫柔软干草。

66 猪球虫病有何特征？如何防治？

猪球虫病是近年来广泛流行的疾病，因为是新发生的，所以未引起人们的高度认识，致使该病给养猪业造成很大的损失。

该病为艾美科球虫引起的猪的一种寄生虫病。其主要特征是仔猪腹泻、便中带血，用抗生素治疗效果不佳。

猪球虫病全年四季均可发生，以多雨季节发病率最高，以5～50日龄仔猪发病最多，在仔猪腹泻病中大约有30%是肉仔猪球虫病引起的，且超过86%的猪场不同程度的存在本病。

病猪的主要症状是腹泻，且越小的猪病情越严重。发病初期，只有少数的猪出现腹泻，排出乳白色或者棕褐色的糊状粪便，精神沉郁，食欲变差，但体温、呼吸基本正常。经过2～4天，大多数仔猪排出黄色或者乌黑色的黏性粪便，其中混杂泡沫，体表附着大量粪便。病猪体况变差，消瘦，皮肤变得苍白，被毛粗乱，眼球凹陷。至后期，仔猪排粪失禁，排出混杂黏液及血液的稀粪，并有恶臭，同时肛门周围红肿。

人们遇有腹泻的仔猪，往往首先想到是细菌、病毒的感染，而选用抗生素治疗。其实对于此类球虫引起的腹泻应用抗球虫类药物治疗，应使用氨丙啉，每头仔猪口服2毫升，每天1次，一般第2天就停止腹泻；或用氯苯胍（克球粉），每千克体重用药30毫克拌于食物中喂服，连用4天即可见效；或用百球清口服液（甲苯三嗪酮)，每千克体重灌服 0.4 毫升，如果病猪发生脱水可口服补液盐，并给予维生素 C、复合维生素 B。

预防本病应加强饲养管理，确保产房清洁干燥，并严格认真消毒。母猪进入产房前必须清洗体表，并用酚类等高效消毒剂消毒，还要进行驱虫，即从产前 2 周至产后 2 周期间在饲料中加入抗球虫药驱除球虫。避免工作人员鞋靴等携带球虫卵进入产房，鞋靴要彻底消毒并戴鞋套。严禁宠物进猪舍，以免其爪子将球卵带入产房内。经常清扫猪舍，及时清除粪便，并将粪便收集发酵处理，以杀死其中的虫卵。球虫病常发猪场，应建立预防球虫病的常规措施，在仔猪阶段喂服抗球药物进预防。

67 母猪无乳及泌乳不足该怎么办？

母猪产仔后乳量明显不足，或完全无乳的一种病态。

【病因】主要是母猪在怀孕期和哺乳期间饲喂饲料营养不全所造成的。此外，母猪患全身性严重疾病、热性传染病、乳房疾病、内分泌失调及过早交配、乳腺发育不全，均可引起无乳及泌乳不足。

【表现】仔猪吃奶次数增加但吃不饱，常追赶母猪吮乳，仔猪由于吃不到奶而饥饿嘶叫，并且很快消瘦。乳房外观一般无明显变化，有时可看到乳房松弛、乳腺不发达，用手挤乳时，挤不出乳汁或者乳量很少。

【防制措施】首先应改善母猪的饲养管理，给予全价并且容易消化的饲料，增加青饲料及多汁饲料的喂量，给母猪加喂鱼粉、鱼汤或加喂油脂。经常按摩乳房。乳头管不通时，可温敷或用乳导管接通，内服人用催乳灵片，每次 10 片，每日 2 次，连服 3～5 天。注意应在母猪产后的 10 天之内服药，10 天之后服药效果就不佳了。

另可应用以下中药方剂：

方一，王不留行、天花粉各 60 克，漏芦 40 克，猪蹄 2 对，水煮后分两次调在饲料中喂给。

方二，王不留行40克，通草、白术各15克，白芍、黄芪、党参、当归各20克，共研末调在饲料中喂给。

方三，鱼一条（1 000克左右）煎汤，母猪产后连汤带鱼喂给，每天1次，连用2～3次。有奶的母猪也可喂给，服后母猪产奶多、质量好。

68 母猪产后注射比赛可灵有什么好处？

据笔者多年临床应用得出，在母猪产仔以后，注射比赛可灵注射液，对母猪有很大益处，能有效预防母猪产后疾病，并可发挥以下效应。

（1）防止母猪产后厌食　产后厌食是母猪产后最常见的病症，该症目前尚无特效治法，而产后注射比赛可灵可有效预防该病的发生。因为，母猪是多胎动物，在分娩中要消耗大量体力，以致影响胃肠功能，而本品有兴奋胃肠神经、促进胃肠蠕动的作用，注射本品后可预防母猪胃肠功能弛缓、消化不良、厌食。

（2）促进恶露排出，预防产道感染　比赛可灵有促进子宫平滑肌收缩的作用。所以，母猪产后注射比赛可灵可促进子宫内恶露的排出（母猪产后都有恶露存在），这样能减少子宫内膜炎的发生，预防产道感染，有利于子宫的恢复，对母猪的健康以及以后的繁殖有很大的益处。

（3）预防母猪产后瘫痪　母猪往往因分娩时间太长、体力消耗过大，引起四肢无力，加之缺钙等原因常易导致瘫痪，而比赛可灵可以增强四肢肌肉的张力及收缩力，注射比赛可灵后可预防母猪产后瘫换。

（4）预防母猪胎衣不下及胎儿滞留　在母猪分娩后注射比赛可灵可以防止和减少胎衣不下以及胎儿滞留的发生。因为母猪是多胎动物，往往因分娩后期子宫收缩无力，致使部分胎儿及胎衣滞留于子宫内，比赛可灵可促进子宫收缩，使胎儿及胎衣排出。

（5）防止母猪产后尿闭　母猪产后往往因尿路遭受不良刺激以及感染，引起尿闭或排尿困难，比赛可灵有收缩膀胱平滑肌、促进排尿的作用，所以注射比赛可灵可防止母猪尿闭和排尿困难。

比赛可灵注射液即氯化氨甲酰甲胆碱注射液，有许多个商品名，比如，胃肠活注射液、胃肠力通注射液、大开胃注射液等，具有兴奋胃肠、促进胃肠蠕动、促进子宫平滑肌及膀胱肌的收缩、增强四肢肌肉张力的作用，在母猪产后 1 小时即可注射，每次 5～10 毫升，肌内或皮下注射，隔 4～5 小时注射一次，连用 1～3 次。注意在应用该剂时，不可随意加大用量，因为该品有毒性，用量加大会引起中毒。

69 怎样利用胎盘组织液、维生素 B_1、维生素 B_{12} 治疗猪病后不食？

在临床上，经常遇到一些病猪，经过治疗后体温等都恢复正常，病症已消失，可就是不采食，或者只吃少量食物，或偶尔吃。对于这种状况的猪，继续用抗生素、解热药等治疗常常无济于事，用内服健胃剂等治疗也无济于事。对此症我们可采用人胎盘组织注射液、维生素 B_1 注射液和维生素 B_{12} 注射液进行注射治疗。方法是用 2 毫升胎盘组织注射液 3～5 支，0.1 克维生素 B_1 注射液 1～3 支，0.5 毫克维生素 B_{12} 注射液 2～4 支，一次肌内注射，每日一次，连用 3 次左右。

治疗原理是，胎盘组织注射液能改善胃肠功能，改善病猪新陈代谢，起到健胃、助消化、改善食欲的作用，维生素 B_1 及维生素 B_{12} 也有助消化、改善新陈代谢、补充营养的作用，三者配合可起到协同作用。

70 后海穴注射法如何应用于猪病的治疗？

多年来，笔者在兽医临床上应用后海穴注射法治疗猪病取得了很好的效果，现介绍于下。

在治疗猪病时，许多适于肌内注射的药物改为后海穴注射，可大大提高治疗效果。同样的药物，不同的用药方法可取得截然不同的效果。

后海穴也叫交巢穴，注于猪尾根下方，肛门口上方的凹窝中。在该处注射既可使药物快速吸收，发挥药物本身的作用，又可通过针头刺激和药物刺激穴位，调节机体免疫功能，提高抗病力，后海穴注射具有以下优点：①疗效高。穴位注射疗效明显优于肌内注射法，其可调动机体的免疫系统，提高抗病力；②见效快。穴位注射法药液吸收迅速、见效快，有许多药物注射后数分钟便可见效；③注射方法简单，便于推广。该穴位部位特殊，位置显著，拉起尾巴便显而易见，即使非专业兽医人员也容易掌握；④无危险性。该部位远离脏器且无大血管及神经组织分布，一般不易发生危险；⑤可避免因肌内注射处引起的肿胀、发炎、疼痛。

注射方法：本法适于各种体格的猪，将猪采取侧卧保定或站立保定，以站立保定为佳。一个人固定住猪的头部，另一人一手持注射器，一手拉住猪的尾巴，向后拉直，使尾巴与猪的脊柱成一条直线，使该穴位充分暴露，然后将针头对准穴位迅速刺入。针头刺入的方向与脊柱方向一致，不可过高或过低，过高时针头顶在脊柱骨上，推注药液阻力很大，此时可将针头稍退后一点，压低针头方向再稍向前进针即可；过低推药液时药物从肛门口流出，这时将针头退后一点，稍抬高针头再稍向前进针即可。针头穿入深度为 3～6 厘米，选用 12～16 号针头，进针深度及型号稍大于肌内注射，一日只注射一次。大多数可肌内注射的药物都可进行后海穴注射，但一般情况下抗生素类药不可采取此注射方法，以注射活血祛淤、清热解毒、增强免疫力的中药制剂最好。多年来，笔者用后海穴注射法临床治疗了许多特殊难症，在此举数例证明。

（1）后海穴注射鱼腥草、地塞米松治疗猪痘　多年来，笔者用鱼腥草注射液配合地塞米松治疗猪痘取得了很好的效果。方法是用鱼腥草注射液 6～15 毫升，地塞米松 2～5 毫克，一次后海穴注射，每日一次，连用 3～5 次。鱼腥草注射液具有抗病毒、抗菌、清热、增强机体免疫力的功能，后海穴注射可显著增强其药理作用，配合有抗毒、抗炎、抗热的地塞米松可起到协同作用。本法治疗猪痘具有疗效高、副作用小、费用低的特点。

（2）后海穴注射维生素 B_1、维生素 B_{12}、维丁胶性钙治疗母猪瘫痪症　母猪瘫痪症是兽医临床常见的急症，后海穴配合注射维生素 B_1、维生素 B_{12}、维丁胶性钙注射液，可取得明显的疗效，大大提高治愈率。方法是用维生素 B_1 注射液 200 毫克，维生素 B_{12} 注射液1 500毫克，维丁胶性钙注射液 10 毫升，混合一次后海穴注射。最好在母猪瘫痪后的 24 小时之内注射，每日一次。

（3）后海穴注射大剂量猪瘟疫苗治疗猪瘟　猪瘟是不治之症，笔者用后海穴注射大剂量猪瘟疫苗治疗猪瘟取得了很好的效果。该治法的道理是，病猪注射大剂量猪瘟疫苗后，一部分被已产生的抗体中和，另一部分刺激机体产生新的抗体，以抵抗猪瘟病毒，起到以毒攻毒的作用。同时通过后海穴位注射，刺激机体免疫系统产生大量的免疫细胞，使机体的抵抗力大大提高。方法是，用猪瘟疫苗 10～15 头份，用盐水或黄芪多糖注射液稀释，以黄芪多糖注射液稀释效果最佳，注射于猪后海穴内，一般注射一次即可，必要时，隔 3 天后再注射一次。

另外，笔者用后海穴注射黄芪多糖注射液治疗猪高热不退，后海穴注射比塞可林治疗结症与便秘，后海穴注射硫酸镁注射液治疗动物神经痉挛症等都取得了很好的效果。

71 病猪治愈率低的原因是什么？怎样提高病猪的治愈率？

目前，各地猪病流行十分猖獗，防控及治疗难度很大，给养猪业带来了巨大的损失。猪病流行主要出现以下特点，猪瘟等老疫病呈非典型化并且多数为混合感染，临床表现日渐复杂，新的传染病日渐增多，且病毒性感染的传染病居多，个别传染病的免疫失败经常发生。猪病越来越严重，使猪的药物用量大大增加，导致药物的残留引发食物安全问题，对人类健康构成了一定的威胁。目前影响我国养猪业生产的主要问题不是品种、饲料和市场行情，而是各种疾病的威胁。呼吸道疾病、混合感染综合征等疾病的流行是制约养猪业持续发展的主要因素。

（1）猪病治愈率低的原因　养猪业疾病多发和难以治疗，已成为广大养猪户十分头疼的难题，现在养猪越来越难，猪病越来越复杂，治疗越来越困难，主要有以下几个原因。

1）防疫不当

①疫苗质量参差不齐、效价低　在养猪生产中，需要严格控制的传染病仍然主要是口蹄疫、猪瘟、链球菌病、猪丹毒、猪肺疫、仔猪副伤寒等。有的厂家生产的疫苗效价不高，免疫时需要注射多头份才能产生足够的抗体。

②免疫注射操作不规范　养猪户中大部分没有受过正规的兽医基础培训，进行免疫注射时操作不正确，进针深度不够或打飞针，造成本应肌肉或者皮下注射的却变成脂肪注射，影响免疫效果。

③疫苗运输和保管不善　经销环节和养殖户在保存疫苗时没有严格按照低温或者冷冻、避光等要求保存、运输疫苗，有些养殖户根本不懂疫苗保存常识，造成疫苗失效或效价降低。

2）免疫抑制因素影响免疫效果

①疾病引起的免疫抑制　如呼吸与繁殖综合征、伪狂犬病、圆环病毒病、血液原虫病、寄生虫病的病原携带猪成为亚健康状态，一旦有应激就要发病，这样注射疫苗达不到应有的抗体水平。虽然注射过疫苗，但猪体内免疫抗体水平低或者抗体维持的时间不长，达不到抵御病毒或细菌入侵的目的。

②饲料引起的免疫抑制　霉菌毒素、重金属（如汞、铅等）、工业化学物质（如过量的氟）等能毒害和干扰机体免疫系统正常机能，过多摄入会使免疫组织器官活性降低，导致猪不能产生正常的免疫应答，抗体生成减少。

③药物引起的免疫抑制　长期把多种抗生素药物加入饲料中，不但容易造成产品污染，使病原微生物产生抗药性，还会使胃肠道内正常菌群受到抑制，导致消化功能紊乱，B族维生素缺乏，免疫系统抑制。有些药物，如地塞米松等糖皮质激素药物、四环素类药物，即使在治疗量水平也对免疫系统有抑制。

④营养性因素　某些维生素（如复合维生素B、维生素C等）

和微量元素（如铜、铁、硒等）是免疫器官发育，淋巴细胞分化、增殖，受体表达、活化及合成抗体和补体的必需物质，若缺乏或者各成分间搭配不当，会导致机体发生免疫缺陷。

⑤理化因素　大量放射线辐射动物（如长时间的紫外线灯照射）可杀伤骨髓干细胞而破坏其骨髓功能，结果导致造血功能和免疫功能丧失。

⑥不良应激　在过冷、过热、拥挤、断奶、混群、运输等应激状态下，畜禽体内会产生热应激代谢产物，同时某些激素（如类固醇）水平也会大幅提高，它们会影响淋巴细胞活性，引起明显的免疫抑制。

3）超大剂量用药和盲目联合用药，导致耐药菌株产生

①长期超大剂量使用抗菌药物和随意使用激素类药物　许多人没有畜牧兽医基础知识，缺乏科学养殖技术，为了控制疫病，长期在饲料或饮水中添加抗生素，或者在猪患病后，盲目大量应用抗生素和激素类药物，常常有超出正常用量几倍到几十倍的现象，对于不敏感的病原菌，过量使用抗生素，不但不能杀死或抑制该病原菌，相反还会使大量耐药病原菌存活下来，导致抗药性的产生，使猪传染病越防越难治疗。地塞米松是激素类药物，适量应用可产生抗炎、抗过敏、抗毒素、抗休克作用，但长期过量使用，会扰乱猪体内激素分泌，降低机体免疫力，不利于疾病的恢复。

②给药疗程不足，治疗不彻底　任何一种药物在体内维持疗效都是有一定时间的，当血液中药物浓度降低时就必须及时补充，否则，病原微生物就有可能在机体内顽强繁殖，产生耐药菌株，甚至发生变异，给今后的治疗造成较大困难。由于疗程不够，造成疫病的复发，给彻底治疗带来更大困难。

4）随意引种，流通领域疏于管理

①流通管理不善　当前畜禽及其产品交易市场开放，畜禽及产品流动频繁，若各个环节没有严格的检疫、检验，尤其是长途贩运仔猪、商品猪，经过长途贩运，猪产生应激，抗病力下降，亚健康

猪便会暴发疾病，造成很大的损失。

②随意引种，导致新的疫病不断发生和传播　我国有许多原有的畜禽疫病没有得到有效控制，近二十年来，又新出现了近20种畜禽传染病，在临床上单一猪病的病原菌感染已不多见，非典型病例越来越多，两种或两种以上的混合感染较为多见。

（2）提高猪病治愈率的措施　针对以上情况，我们可采取以下改进措施来提高猪病的治愈率。

1）采取自繁自养的原则　养猪户尽可能地采取自繁自养，不从外地购猪；若从外地购回仔猪，应隔离一周后开始免疫接种，严格按本地的免疫程序进行防疫，不打飞针，一猪一针头，操作要规范。

2）采取保健养猪的方法　供给营养均衡的饲料，有效增强猪体的抗病力，利用营养调控原理饲养猪，提高猪的免疫力。在饲料中添加抗菌、抗病毒的中草药，如穿心莲、鱼腥草、板蓝根、大蒜等。

3）避免用霉败饲料喂猪　猪只长期摄入有霉菌毒素的饲料，可导致机体的免疫功能和抵抗力下降，极易发生疫病。如猪的无名高热症与饲喂霉败饲料有很大关系。

4）定期驱虫　猪蛔虫、鞭虫等内寄生虫能损害机体免疫系统，使猪群抵抗力下降，应该在断奶仔猪转入育肥舍后，即驱虫一次，以后每隔45天左右驱虫一次。

5）保持圈舍清洁卫生　猪舍要干净，并经常消毒，保持通风向阳，冬天要保暖，夏天要防暑，驱杀蚊虫、苍蝇等。

6）科学治疗　猪发病后，有条件的要尽量先做药敏试验再用药，以减少治疗成本，并有效避免滥用抗生素。一般情况下，发病猪可以试用头孢氨苄青霉素，按每千克体重20毫克用量使用，强力霉素按每千克体重10毫克用量使用，分开不同部位肌内注射，每天2～3次，连用5天。怀疑有弓形虫存在的猪场也可以使用长效磺胺类药物。同时在饮水中添加电解多维，以减少应激和配合提高抵抗力。

7）应用血清治疗　如果病猪为混合感染且不能确知病毒，治疗效果不佳，可以考虑使用痊愈或耐过猪血清进行控制。

72 治疗猪病用药常识有哪些？

养猪都离不了和药物打交道，许多养猪户都自己防治猪病，未经过系统的药物知识学习，故在这里介绍一些用药的基本常识。

（1）注意药物有效期　任何药物都有它的有效使用期限，只是药物不同，有效期也不同，药物过了有效期，就可能失去疗效或者疗效大大降低。那么怎样来看有效期呢？任何一个正规的药物都有双批号，即批准文号，一般在包装的上部，标有国家兽药字多少多少号，没有批准文号的药即可视为假药。另为批号，批号即该药的出厂日期，出厂日期由6～8个数字组成，前两个数字代表年，其后两个数字代表月，再后两个数字代表日，最后两个数字代表批次，如某药的批号为02081103，表明该药是2002年8月11日生产的第3批。另外，药品包装上标示有效期为几年，我们根据出厂日期可推算该药是否过期，已到期的和没有出厂批号的药物均不能使用。

（2）掌握药物的成分　目前，新名称兽药特别多，有些兽药厂家为了获取高的利润，将常用的一些很普通的药物，制成新的制剂，起一个很古怪的名字，或者在药品上不标明惯用的名字，而用人们不常用的名字，如地塞米松叫氟美松、安乃近叫诺瓦精、青霉素叫西林、庆大霉素叫正泰霉素、雌二醇叫乙底酚、磺胺嘧啶叫大安，用这些人们不清楚的药名，来提高药价。所以，我们选用新药品时，应首先看清它的成分，不要迷信新药而盲目使用。因为所谓的新药，可能是一种很普通的药，也可能与我们所用的某药重复。

（3）不随意搭配　在治疗猪病时常须同时应用两种或几种药物，这样疗效才好，但是不能随意将两种或两种以上的药物搭配。因为，两种药物兑在一起，有的使疗效加强，而有的使疗效降低，有的甚至失去疗效。所以，只有知道所用两种药能够一起使用才可以合用，否则不能合用。若是必须使用两种不同的药物，应该分别在两侧注射。一般应避免以下药物相配，维生素 C 和磺胺嘧啶、维生素 C 和青霉素、青霉素和庆大霉素、链霉素和氨基比林、氯丙嗪和磺胺嘧啶、卡那霉素和青霉素等。

（4）药品的保存　药品的保存方法对药品的质量有很大的影响，药品保存应做到避光，阳光照射对任何药物都是不利的。其次，应保持干燥，药品存放于潮湿处会加快失效。再次，应该避热，药品受热会变性和失效，所以尽量使药品存放于低温处。另外，药品应在原包装盒或者包装瓶内保存，离开原包装或者无包装的药品是难以辨认的。同时，不论什么药品都应密封保存，不密封包装的药物既容易使药物成分散发，又容易吸收空气中的水分而失效。

（5）关于怀孕猪的用药　许多人认为，怀孕的母猪不能用药，一用药就会流产，致使许多怀孕母猪有了病也不敢用药治疗。其实，母猪怀孕后不能用的药物是极少数的，绝大多数药物还是可以应用的，母猪患病后照样可以用药治疗。临床上常用的怀孕母猪不可以使用的药物有地塞米松、氯化氨甲酰甲胆碱（比赛可灵）、敌百虫、新斯的明及各类驱虫药、马钱丁、剧烈性泻下药、部分疫苗等。

应该注意的是，在给母猪用药时，应该避免剧烈追赶捕逮母猪，保定猪时也不要用力按压及推挤母猪腹部。

（6）给药途径　给猪用药常用以下几种途径。

1）内服　即口服，可分为灌服和喂服。对于有食欲的猪，可将药物拌入适口性好的饲料中让猪食入，对于废食的猪应灌服。内服给药的优点是不需要特殊器械，对胃肠道疾病（如痢疾、消化不良）可以直接作用，药效显著、效率高，维持时间长。缺点是，作用较慢，对急、重症病猪抢救不利。

2）注射　注射法对猪最为实用，因为短时间内可以把药液用完，可以避免灌服药物出现呛药的事故，是使用最多的一种用药方法。本法生效快，对难以灌服的病猪和不宜口服的药物（如青霉素）最适宜。缺点是要求较严，需要器械，常用的方法有肌内注射、皮下注射、静脉注射、腹腔内注射、乳池内注射等，具体操作方法前面已述。

3）外用　用于体表皮肤、黏膜给药，将药涂擦在相应的皮肤表面位置上，或给病猪用药液洗浴（如猪患疥癣），通过皮肤黏膜的吸收达到治疗局部病变的目的。多用于皮肤和肌肉的疾患。

4）直肠给药　也叫灌肠。由肛门将药液灌入直肠，通过直肠吸收治疗疾病，如灌肥皂水、填塞开塞露治疗结症，灌盐水补充体液、纠正脱水，灌水合氯醛用于麻醉，灌黄连素注射液治疗痢疾等。

5）阴道给药　从阴门将药液灌入阴道，治疗母猪生殖道疾病，如用0.1%高锰酸钾液或生理盐水（最好加入青霉素）冲洗阴道，治疗阴道炎、子宫内膜炎。

各种给药法各有各的剂型，注意不要将只能静脉注射的药品肌内注射，如葡萄糖酸钙；也不能将只宜肌内注射的药物，注入皮下，如板蓝根注射液、磺胺嘧啶钠注射液等。所以使用一种药必须知道它的适宜给药途径，才能正确应用。给药途径不同、发挥效果的快慢也不同，以静脉注射见效最快，所以，中毒、急症时常应用，其次是肌内注射，内服显效较迟，外用见效最慢。

73 治疗猪病常用药物有哪些？怎样正确使用？

表8中列出了治疗猪病常用药物的名称、制剂、功能、用法等，供大家参考使用。

表8　治疗猪病常用药物的用法、用量、用途及注意事项

药　名	制剂及规格	用法及用量	功能、用途及注意事项
健胃药			
人工盐	粉末，500克/袋	喂服健胃10～30克，轻泻50～100克	本品小量健胃、助消化，大量可轻泻。用于便秘，消化不良、厌食。因本品为碱性，所以忌与酸性药物同用，也忌与硫酸镁同用

（续）

药　名	制剂及规格	用法及用量	功能、用途及注意事项
龙胆（龙胆苏打片，即健胃片）	粉末，片剂0.25克/片，酊剂，毫升/瓶	内服6～15克或15～20片或5～10毫升	为苦味健胃药，刺激唾液及胃液分泌。用于消化不良，厌食及热性病的恢复期
碳酸氢钠（小苏打粉）	粉剂、片剂，0.3克/片、0.5克/片	内服5～8克	健胃，治疗胃酸偏高性消化不良，缓解酸中毒，碱化尿液，祛痰。本品忌与酸性药物同用
山楂	山楂的成熟果实	内服10～15克	消食化积，用于消化不良，食欲不振，积食。另外，还用于治疗痢疾
麦芽	大麦发芽而成，也可用酵母片代替	内服10～15克	健胃消食，用于消化不良，慢食。大量内服可回乳，故哺乳母猪忌用
神曲（建曲）	苍耳、赤小豆等发酵而成，可用酒曲代替	内服10～15克	健胃助消化。用于消化不良、肚胀、积食、便秘。山楂、麦芽、神曲统称三仙，同用效果更好
生姜	植物姜的根茎，干燥研末或制成酊剂用	内服3～5克，酊剂用10～15毫升，加水服	健胃祛风，用于四肢厥冷、消化不良、胃肠气胀、风寒感冒。另外，还有止吐、止泻作用，用于呕吐、腹泻
陈皮（橘子皮）	橘子果实的外皮，研成末或制成酊剂	内服6～12克，酊剂用20～40毫升	芳香性苦味健胃药，有健胃及祛风作用，并有祛痰作用，用于消化不良、咳嗽、多痰
食母生（干酵母）	片剂0.5克/片、0.3克/片	内服5～60克	含B族维生素，用于维生素B缺乏及消化不良的辅助治疗
泻下药			
硫酸钠（芒硝）	白色粉末或颗粒结晶	内服健胃3～10克，泻下25～50克	小量有健胃作用，大量有泻下作用，用于消化不良、便秘
硫酸镁粉（硫苦、泻盐）	颗粒结晶	内服健胃5～10克，泻下20～40克	小量有健胃作用，大量有泻下作用，用于消化不良、便秘
大黄（大黄苏打片）	大黄干燥的根茎，酊剂，片剂0.3克/片	内服健胃2～5克，片剂用5～10克，大黄酊10～20毫升，泻下5～10克	小量有健胃作用，大量有泻下作用，常用于消化不良、慢食，常配合人工盐等，泻下常配芒硝

（续）

药　名	制剂及规格	用法及用量	功能、用途及注意事项
植物油（食用油）	各种食用的植物油，如菜籽油、棉籽油、麻油	内服 50～100 毫升	润滑性泻药，用于胃积食、肠阻塞、便秘。本品安全，对怀孕的老弱猪均适用
止泻药			
药用炭（木炭、骨炭）	木材或兽骨烧制成的炭	内服 5～50 克，可用锅底灰（百草霜）代替	有吸附毒物、保护肠黏膜、止泻的作用，用于中毒、肠炎、腹泻。外用撒于创面有消炎、止血、抑菌作用
灶心土（伏龙干）	灶内久经柴烧的黄土	内服 6～10 克	止血、止泻，保护肠黏膜，用于痢疾、肠炎、胃肠道出血。注意，必须是柴烧成的灶土，烧煤的灶土有毒不可用
鞣酸蛋白	粉剂，片剂 0.25 克/片、0.5 克/片	内服 2～5 克	内服后附着于肠黏膜而起保护作用，发挥止泻效应，用于急性肠炎和非细菌性腹泻
次碳酸铋或次硝酸铋	粉剂，片剂 0.3 克/片	内服 2～6 克	内服后在肠道起保护收敛作用，减慢肠蠕动，减少分泌而止泻，用于胃肠炎及腹泻
解热退烧药			
复方氨基比林	注射剂 10 毫升/支	肌内注射 5～10 毫升	有较强的解热、镇痛及抗风湿作用，其作用缓慢而持久。用于发热、关节痛、肌肉痛和风湿病，长期应用可引起白细胞减少
安痛定	针剂 10 毫升/支	肌内注射 5～10 毫升	有较强的解热、镇痛及抗风湿作用，其作用缓慢而持久。用于发热、关节痛、肌肉痛和风湿病，长期应用可引起白细胞减少
安乃近	针剂 10 毫升/支，片剂，0.5 克/片	肌内注射 5～10 毫升，内服 2～5 克	作用同复方氨基比林，其特点是解热镇痛快而强，但持续时间短，用于发热、风湿病
柴胡	针剂 10 毫升/支	肌内注射 5～10 毫升	有解热、镇痛、抗风湿作用，其特点是作用持续时间较长，且副作用小，对血液无影响

（续）

药　名	制剂及规格	用法及用量	功能、用途及注意事项
抗生素			
青霉素	青霉素G钾（钠）粉，用前以适量注射用水或生理盐水稀释，有80万单位、160万单位等	肌内或静脉注射，每千克体重1万～1.5万单位，静脉注射用量可加倍，静脉注射应用钠盐。每隔6～8小时肌内注射一次	为最常用的抗菌药，用于治疗细菌等引起的传染病，如猪丹毒、猪肺疫、炭疽、破伤风、链球菌病、钩端螺旋体病等，内外科感染，如呼吸道感染、泌尿道感染、创伤感染、乳房炎、子宫内膜炎。青霉素可与磺胺药配合使用，增强疗效，但不能与磺胺药同时用，不宜与四环素、卡那霉素、维生素C、碳酸氢钠等混合使用，保存一定要防潮
氨苄青霉素	粉针0.5克/支	内服，每千克体重4～12毫克，2次/日，肌内或静脉注射，每千克体重2～7毫克，2次/日	广谱抗生素。用于敏感菌引起的肺部感染，肠道、泌尿道感染和败血症等，如肠炎、肺炎、子宫炎、仔猪白痢、猪丹毒等，其与卡那霉素等合用有协同作用
链霉素	注射剂1克（100万单位）/支、2克（200万单位）/支	肌内注射，每千克体重10毫克，2次/日	用于猪肺疫、仔猪黄痢和白痢、乳腺炎、子宫炎、败血症、钩端螺旋体病、传染性胸膜肺炎等。本品与青霉素合用可增强疗效。本品易产生耐药性
庆大霉素	注射剂2毫升（8万国际单位）、5毫升（20万单位）、10毫升（40万单位）	肌内或静脉滴注，每千克体重1 000～1 500单位，2次/日	为广谱抗生素，用于消化道、呼吸道、泌尿道等感染及乳房炎、败血症等。细菌易产生耐药性，对肾脏有毒性
林可霉素	粉剂、注射剂，2毫升（0.6克）、10毫升（3克）	内服每千克体重10～15毫克，3～4次/天，粉剂拌料40～60克/吨，肌内注射每千克体重10～20毫克，2次/日	用于革兰氏阳性菌感染，也可用于猪痢疾、气喘病、关节炎、弓形虫病等。对肾脏有一定毒害作用

（续）

药　名	制剂及规格	用法及用量	功能、用途及注意事项
卡那霉素	注射剂5毫升（50万单位）、10毫升（100万单位）	肌内注射每千克体重10～15毫克	主要对大肠杆菌、巴氏杆菌、沙门氏杆菌、肺炎杆菌等有效，对金黄色葡萄球菌、结核杆菌也有效。主要用于敏感菌引起的呼吸道、泌尿道感染及败血症等，对猪气喘及萎缩性鼻炎有好的疗效
先锋霉素（头孢唑林）	注射剂0.5克/支、1克/支	肌内注射每千克体重10～20毫克	广谱抗生素。用于呼吸道、消化道、泌尿道感染及乳房炎等。本品不宜与庆大霉素合用
新霉素	粉剂、针剂，1克/支	内服每千克体重100毫克/天，分2～4次，肌内注射每千克体重2～4毫克	对革兰氏阳性菌、阴性菌及放线菌、钩端螺旋体均有抑制作用。内服治疗仔猪大肠杆菌病，子宫及乳腺内注入治疗子宫炎及乳腺炎。该品与卡那霉素作用相似，但毒性不大
庆大小诺霉素	注射剂2毫升8万单位、10毫升40万单位	内服每千克体重10～20毫克，2次/日	广谱抗菌药，抗菌活性略大于庆大霉素，而毒副反应较庆大霉素低
四环素	粉剂、片剂，0.05克/片、0.125克/片、0.25克/片	内服或肌内注射每千克体重10～20毫克，2～3次/天	同土霉素
土霉素	粉剂、片剂，0.05克/片、0.125克/片、0.25克/片，注射剂0.2克/瓶、1克/瓶	内服每千克体重10～20毫克，2～3次/天；肌内注射每千克体重2.5～5毫克	广谱抗生素，对立克次氏体、支原体及弓形虫、钩端螺旋体也有作用，用于治疗猪肺炎、猪肺疫、猪气喘病、弓形虫病、猪痢疾、大肠杆菌病等。不宜与碱性药物配合
喹乙醇	粉剂、片剂，0.2克/片	粉剂拌料50～100克/吨	主要用于细菌性肠炎、痢疾及促进生长。主要用于仔猪及架子猪，体重超过55千克的猪不能用，屠宰前35天停喂

（续）

药　名	制剂及规格	用法及用量	功能、用途及注意事项
磺胺嘧啶（大安、SD）	粉剂、片剂，0.5 克/片，注射剂，2 毫升 0.4 克、5 毫升 1 克、10 毫升 1 克	内服首次量每千克体重 0.14～0.29 克，维持量每千克体重 0.07～0.1 克，肌内注射每千克体重0.07～0.1 克，2 次/天，静脉注射用量可加倍，每隔 4～6 小时注射一次	为全身性感染用药，主要用于肺炎、丹毒、败血症、脑膜炎、脊髓炎、弓形虫病、球虫病、上呼吸道感染以及化脓性疾病 一般疗程以 7 天为限，最长不超过 10 天，并同时服用碳酸氢钠，针剂不可与维生素 B、维生素 C 及碳酸氢钠合用，同时注意用量应足
磺胺二甲基嘧啶（SM2）	粉剂、片剂，0.5 克/片 针剂 5 毫升 1 克、10 毫升 1 克	内服开始量每千克体重 0.2 克，每千克体重维持量 0.1 克，肌内注射每千克体重 0.1 克，1 次/天	抗菌作用较 SD 稍弱，但在体内有效浓度维持时间长，属中效磺胺，用于治疗猪肺疫、弓形虫病、乳腺炎、子宫炎及呼吸道、消化道感染。与甲氧苄氨嘧啶合用可增强疗效，副作用较 SD 小
磺胺-6-甲氧嘧啶（SMM）	片剂 0.5 克/片，针剂 10 毫升 1 克、20 毫升 2 克	内服开始量每千克体重 0.05～0.1 克，维持量每千克体重 0.025～0.05 克，1～2 次/天，肌内注射	是体内外抗菌作用较强的磺胺药，对球虫及弓形虫也有显著作用。主要用于敏感菌引起的呼吸道、胃肠道、泌尿道感染及猪水肿病，对猪萎缩性鼻炎也有一定疗效。与甲氧苄氨嘧啶合用可增强疗效，副作用较 SD 小
磺胺-5-甲氧嘧啶（SMD）	片剂 0.5 克/片，注射剂 10 毫升 1 克、20 毫升 2 克	内服开始量每千克体重 0.05～0.1 克，维持量每千克体重 0.025～0.05 克	主要从尿中排出，排泄缓慢，对尿路感染疗效显著，对呼吸系统感染也有效，与甲氧苄氨嘧啶合用可增强疗效，副作用较 SD 小
新诺明	粉剂、片剂 0.5 克/片；注射剂 5 毫升 2 克	内服开始量每千克体重 0.05～0.1 克，维持量每千克体重 0.025～0.05 克，肌内注射每千克体重 0.07 克，2 次/天	抗菌作用与 SMM 相当，主要用于呼吸道和泌尿道感染，与 TMP 合用抗菌作用增强数倍至数十倍，疗效与四环素、氨苄青霉素近似。对肾损害大，易出现结晶尿、血尿等。内服时应配合内服等量碳酸氢钠

（续）

药　名	制剂及规格	用法及用量	功能、用途及注意事项
三甲氧苄氨嘧啶（TMP，抗菌增效剂）	粉剂、片剂 0.1 克/片，注射剂 2 毫升 0.1 克	内服按 1∶5 比例与磺胺药联合应用，每千克体重 20～25 毫克，2 次/天	抗菌谱与磺胺药相似，而作用较强。与磺胺药联合应用可使其他磺胺药的抗菌作用增加数倍至数十倍，与青霉素、庆大霉素、四环素、红霉素联合应用，也能增强抗菌作用。TMP＋SD 或 TMP＋SMI 用于呼吸道感染，TMP＋SMM 用于消化道感染，TMP＋SMD 用于泌尿生殖道感染
痢菌净（乙酰甲喹）	粉剂、注射剂 10 毫升 0.5 克	内服每千克体重 5～10 毫克，2 次/天，肌内注射每千克体重 2～5 毫克	广谱抗菌药，主要用于细菌性肠炎及痢疾等消化道感染
黄连素	片剂 0.05 克/片、0.1 克/片，针剂 10 毫升 100 毫克	内服 5～10 克，肌内注射 0.05～0.1 克	本品抗菌谱广，并有增强机体抵抗力、解热、收缩子宫和兴奋平滑肌的作用。口服可在肠道内起抗菌作用，主要用于肠道感染，如肠炎、仔猪白痢、仔猪伤寒、消化不良，外用治疗眼结膜炎、化脓性感染
穿心莲	粉剂、片剂 0.1 克/片，针剂 2 毫升 20 毫克、10 毫升 100 毫克	内服 10～20 克，肌内注射 10～20 毫升	本品有抗菌、抗病毒，解热作用。用于痢疾、肠炎、呼吸道感染，防止创伤感染及其他化脓性感染
大蒜	蒜瓣蒜酊 40% 浓度	内服 10～20 克，蒜酊 10～20 毫升	具有广谱抗菌作用。用于肠道感染（肠炎、痢疾）、呼吸道感染（肺炎、支气管炎等）、皮肤感染、原虫病（滴虫病）、结核。另外，还有防腐、制酵、健胃作用，用于肚胀、消化不良，外用治疗创伤感染和皮肤癣。忌用开水冲
鱼腥草	注射剂 10 毫升	肌内注射或静脉注射 10～30 毫升	本品具有抗菌消炎、解热、解毒、镇痛作用，并有提高机体抵抗力的作用。用于治疗高热、肺炎、支气管炎、异物性肺炎、链球菌病、尿路感染、肠炎下痢、乳腺炎等

（续）

药　名	制剂及规格	用法及用量	功能、用途及注意事项
黄芪多糖	粉剂、注射剂 10毫升（0.1克）	内服、肌内注射、静脉注射 0.2～0.5 毫升/千克	为抗病毒类药。能诱导机体产生干扰素，调节机体免疫功能，促进抗体形成。主要用于治疗各种病毒性疾病，如流行性腹泻、蓝耳病、传染性胃肠炎等
抗寄生虫类药			
敌百虫	粉剂、片剂 0.5克/片	内服 80～100 毫克/千克，总量不超过 8 克，外用配成1%溶液	用于治疗蛔虫、绦虫、钩虫等肠道寄生虫，内服给药。外用治疗螨虫（疥癣）。不可与碱性药物同用，孕畜、心脏病畜、胃肠炎病畜禁用。水溶液不稳定，应现配现用
伊维菌素	粉剂、注射剂 5毫升（0.01克）	内服、皮下注射 0.3毫克/千克	用于治疗线虫病、疥癣病及寄生性昆虫。宰前 28 天停用
阿维菌素	粉剂、注射剂 5毫升（0.05克） 50毫升（0.5克）	皮下注射 0.3 毫克/千克，以有效成分计	为广谱杀虫剂，可杀灭体内外多种寄生虫，作用与伊维菌素相同，但毒性较伊维菌素大
左旋咪唑	片剂 25 毫克/片、50毫克/片 注射针剂 2 毫升（0.1 克）、10 毫升（0.5克）	内服、皮下或肌内注射 7.5 毫克/千克	抗蠕虫药。用于肠道线虫、肺线虫和肾虫病等。还具有提高猪体免疫力的作用
除癞灵（辛硫磷浇泼剂）	针剂10毫升	外用将本品每支加水 5 千克喷浇于猪体皮肤上	有机磷杀虫剂，具有高效、低毒、广谱杀虫的特点，用于治疗表皮寄生虫如疥癣、虱等
作用于呼吸系统的药物			
甘草	甘草的根及根茎粉、复方甘草片	内服 5～15 克或片剂 20～30 片	止咳祛痰，解毒、抗炎、抗过敏，用于咳嗽、中毒等
杏仁	杏及山杏的核仁，水煮去皮炒用	内服 5～15 克	止咳，用于咳嗽、气喘。含氢氰酸，用量不可大了

（续）

药　名	制剂及规格	用法及用量	功能、用途及注意事项
氨茶碱	片剂 0.1 克/片，针剂 5 毫升 10 毫升	肌内或静脉注射 2～8 毫升	止咳、强心、利尿，用于气喘、呼吸困难、心脏衰弱及心衰引起的水肿
止咳清肺散	粉剂，中药桑白皮、知母、苦杏仁、前胡、金银花等组成的成药	内服 30～50 克	清泻肺热、化痰止咳，用于感冒、肺部感染、气喘病等引起的咳嗽、气喘
作用于循环系统的药物			
西地兰（毛花苷丙）	针剂 0.4 毫克/支	静脉或肌内注射 0.5～1 毫克	强心药，适用于急慢性心功能不全，心动过速
苯甲酸钠咖啡因（安钠咖）	针剂 1 克/10 毫升、2 克/10 毫升、2 克/20 毫升	皮下、肌内、静脉注射 0.5～2 克	兴奋呼吸、强心，用于呼吸抑制、心脏衰弱、水肿
维生素 K_3	针剂 4 毫克/1 毫升、40 毫克/10 毫升	肌内注射0.03～0.05 克，2～3 次/日	有止血作用。用于体内毛细血管出血、产后出血，防止手术出血，以及维生素 K 缺乏出血
止血敏（止血定）	针剂 2 毫升（0.25 克）	肌内或静脉注射 5～10 毫升	止血药，适用于体内各脏器出血，亦用于血管脆弱性出血和预防出血
血余炭	人发热成的灰	内服 6～12 克	有显著的止血功能，用于鼻出血、便血、尿血、子宫出血
作用于泌尿系统的药物			
双氢克尿噻	片剂 25 毫克/片、50 毫克/片	内服 0.05～0.1 克 1～2 次/日	有利尿作用。用于心、肝、肾性疾病引起的水肿
速尿（利尿磺胺）	片剂 50 毫克/片，针剂 2 毫升（20 毫克）、10 毫升（100 毫克）	肌内或静脉注射 1～2 毫克/千克，每日 2 次	有强的利尿作用。适用于各种原因引起的水肿
甘露醇	针剂 100 毫升、250 毫升	静脉注射100～250 毫升	为脱水药。用于脑水肿、颅内压升高和眼内压升高

（续）

药 名	制剂及规格	用法及用量	功能、用途及注意事项
作用于生殖系统的药物			
雌二醇	针剂2毫升（5毫克）、1毫升（2毫克）	肌内注射3～10毫克	有收缩子宫，促进发情的作用，用于催情、胎衣不下、子宫内膜炎、子宫蓄脓，与催产素合用治疗难产
催产素（缩宫素）	针剂1毫升（10万国际单位）、5毫升（50万国际单位）	肌内或皮下、静脉注射10万～50万国际单位	加强子宫收缩、止血。用于难产、子宫出血、胎衣不下、胎死不出、子宫复旧
黄体酮	针剂1毫升（10毫克）、2毫升（20毫克）	肌内注射15～25毫克	为保胎药。用于预防母猪流产，可皮下埋植本品以对抗发情，还可治疗功能性子宫出血
作用于神经系统的药物			
硫酸镁注射液	针剂10毫升（2.5克）、20毫升（5克）	肌内、静脉注射5～10克	本品有镇静和解痉作用，主要用于兴奋不安、四肢抽搐
比赛可灵（氯化氨甲酰甲胆碱）	针剂2.5毫克/1毫升、5毫克/1毫升、20毫克/10毫升	肌内、皮下注射0.5～0.8毫克/10千克	能促进胃肠蠕动，加强腺体分泌，促进排尿。用于肠弛缓、结症、便秘、消化不良、尿闭、尿少、胎衣不下
阿托品	针剂5毫升（25毫克）、10毫升（5毫克）	皮下注射2～4毫克/千克	能减慢胃肠运动，抑制腺体分泌，用于有机磷农药中毒及严重的单纯性腹泻的辅助治疗
肾上腺素	针剂1毫升、2毫升	皮下、静脉注射1～2毫升	有兴奋心脏、收缩血管、松弛胃肠道及支气管平滑肌的作用，用于过敏性疾病（荨麻疹、血清病、药物过敏），心跳停止的急救，局部出血外用，支气管喘息

（续）

药　名	制剂及规格	用法及用量	功能、用途及注意事项
激素类药物			
地塞米松磷酸钠（氟美松）	针剂、1毫升（2毫克）5毫升（5毫克）	肌内、静脉注射2～5毫克	抗炎、抗过敏、抗毒素和抗休克。用于各种细菌和病毒引起的传染病、风湿症、各种急性严重性感染（如痢疾、肾炎、胃肠炎、肺炎）、过敏性疾病（如药物过敏、支气管哮喘）、眼疾（如角膜炎、结膜炎）、中毒。这类药为辅助治疗药物，一般不单纯应用，常配合抗生素应用，长期应用应逐渐减量停药。孕畜禁用
强的松	片剂5毫克/片	内服首次量0.02～0.04，维持量5～10毫克	作用与注意事项同地塞米松
维生素及矿物元素药物			
维生素C	针剂5毫升（0.5克）、10毫升（1克），片剂0.05克/片	肌内、静脉注射0.5～1克，静注可适当加量，内服0.3～0.6克	参与体内多种反应，增强机体对感染的抵抗力和解毒机能，有抗过敏作用，并能刺激造血机能。用于各种急慢性传染病，各种中毒性疾病，风湿病及过敏性疾病，促进伤口及骨折愈合，贫血时配合铁剂应用，大剂量可治疗感冒类疾病
维丁胶性钙（维生素D_2胶性钙）	为维生素D_2与有机钙的混悬液5毫升/支、2毫升/支	皮下、肌内注射2～5毫升	能促进钙的吸收、利用并补充钙质。用于缺钙引起的佝偻病、骨软症、产后产前瘫痪、骨折
维生素B_{12}	针剂1毫升（1毫克、0.5毫克）	肌内注射0.3～0.4毫克，每日或隔日1次	本品具有广泛的生理作用，参与体内多种代谢。用于治疗维生素B_{12}缺乏所致的贫血、神经炎、神经萎缩。同时用本品促进猪的生长发育，治疗慢性消化不良及僵猪

（续）

药　名	制剂及规格	用法及用量	功能、用途及注意事项
维生素 B_1	针剂 2 毫升（25 毫克）、2 毫升（50 毫克），片剂 10 毫克/片	内服防治缺乏症每吨饲料加入 1～3 克，肌肉或皮下注射 0.25～0.05 克	参与体内糖代谢，维持神经、心脏及消化系统正常功能。用于维生素 B_1 缺乏症（运动失调、抽筋、食欲减退、心脏功能失调），胃肠疾病（辅助药物），心脏病引起的水肿
右旋糖酐铁注射液（牲血素）	注射用铁剂，复方制剂含有铁、硒 10 毫升（0.5 克）	深部肌内注射，在仔猪生后 2～4 天内注射 1～2 毫升，一般注射一次即可	能补充血液的重要成分，预防仔猪缺铁性贫血，有效防治仔猪痢疾，并促进仔猪生长
复合维生素 B	针剂由维生素 B_1、维生素 B_2、维生素 B_6、烟酰胺、右旋酸钠组成 10 毫升/2 毫升	肌内注射 2～6 毫升	用于防治维生素缺乏所致的多发性神经炎、消化障碍、癞皮病、口腔炎
亚硒酸钠	针剂 5 毫升/10 毫升	肌内注射	为微量元素硒的补充剂，用于防治仔猪白肌病及痢疾。硒有很大的毒性，中毒量和治疗量很接近，故使用时应严格控制用量
体液补充剂			
葡萄糖	500 毫升有 5%、10% 浓度，20 毫升有 25%、50% 浓度，20 毫升为高渗液	静脉注射（等渗液）100～500 毫升（高渗液）10～50 克	有供给能量、解毒作用，另外等渗液可补充体液，高渗液可脱水利尿，用于各种重症病猪和长时间未吃食衰弱病畜的能量供给。广泛用于各种中毒（包括细菌毒素中毒）、脱水症，常用等渗液。脑水肿、肺水肿及组织水肿，用高渗液
氯化钠（盐水）	注射剂 500 毫升、250 毫升有 0.9% 生理盐水，有复方氯化钠液	静脉注射500～1 000毫升	维持渗透压、补充体液及钠、氯，用于失血、失水和休克，外用可作眼、鼻、口腔和伤口的洗涤剂
葡萄糖酸钙	注射剂 10 毫升（1 克）、20 毫升（2 克）	静脉注射 10～15 克	有抗过敏、补充钙质、止血、镇静等作用。主要用于缺钙症（瘫痪、佝偻病等），各种过敏症、内脏出血，并用于预防流产、抗炎等

（续）

药　名	制剂及规格	用法及用量	功能、用途及注意事项
氯化钾	注射剂10毫升（1克）复方氯化钾注射液	静脉注射5～10毫升，复方液注射250～500毫升	补充钾。用于各种原因引起的钾缺乏症或低血钾症，多见于食欲废绝和患胃肠炎的病猪。静脉注射，应稀释为0.3%以下的浓度缓慢注射
特效解毒药			
解磷啶（碘解磷啶、氯磷啶）	注射剂10毫升（0.4克）	静脉注射15～30毫克/千克	解除有机磷农药中毒。主要用于1059、1605、乙硫磷、特普等中毒，对敌敌畏、乐果、敌百虫、马拉硫磷等中毒则疗效较差。对中毒不久的病例，解毒效果显著，但对中毒已久的病例无效。解毒应反复给药，对严重中毒应配合用阿托品
美蓝（亚甲蓝）	注射剂2毫升（0.02克）、10毫升（0.1克）	静脉注射，亚硝酸盐中毒时0.1～0.2毫升/千克，氰化物中毒时0.25～1毫升/千克	为一种氧化还原剂。主要用于亚硝酸盐中毒（猪的饱潲症，猪采食调制不当的青绿饲草中毒），还可用于氰化物中毒（苦杏仁、玉米苗、高粱苗中毒）
二巯基丙醇	针剂10毫升（1克）、5毫升（0.5克）	肌内注射2.5～5毫克/千克，治疗开始1～2天，应每4小时用药一次，症状减轻后可减少用量	为金属类中毒的解毒药。用于汞、锑、铬、钴、铜、锌等金属中毒。因属竞争性解毒药，所以必须尽早使用，且剂量应足
硫代硫酸钠	针剂10毫升（5克、1克）	用时用注射用水溶解成5%～10%溶液，静注或肌注1～3克	可解除氰化物、重金属毒性。用于氰化物、碘盐、升汞、铅中毒
消毒药和外用药			
新洁尔灭	瓶装含1%、5%、10%溶液500毫升、100毫升	冲洗、浸泡、涂擦	本品应用广泛，可用于皮肤消毒（1%）、洗手（0.1%），冲洗眼、阴道（0.01%～0.05%）、膀胱和尿道（0.005%），皮肤化脓疮、创伤可在患部敷或涂擦0.1%液，也可用于医疗器械的贮存消毒（0.1%），还可制作消毒棉球，用于注射等消毒

（续）

药　名	制剂及规格	用法及用量	功能、用途及注意事项
来苏儿（煤酚皂液）	瓶装50%、500毫升、1 000毫升	喷洒、冲洗、浸泡	用于手、皮肤、器械等的消毒（2%），冲洗疮伤和黏膜（0.2%），圈舍排泄物消毒（5%～10%）
烧碱（氢氧化钠）	晶体、液体	用2%溶液喷洒	是一种较强的环境消毒剂，用于猪舍、用具、墙壁等消毒，尤其对猪瘟病毒等有强的杀灭作用。有腐蚀性，皮肤、组织避免接触
草木灰水（柴烧成的灰）	草木灰15千克加水50千克煮沸去渣后趁热使用	喷洒地面、环境、用具	同烧碱，但作用力弱于烧碱
石灰	石灰水用10%～20%的浓度	涂刷圈舍、墙壁、畜栏和地面，或将石灰粉直接撒在潮湿的地面上消毒	同烧碱，但作用较弱，应注意选用新鲜石灰，现用现配
酒精（乙醇）	常用70%～75%浓度消毒	浸泡、涂擦	适用于皮肤、手、体温表、针头及小件医疗器械的消毒，常制成棉球使用，易挥发，应密闭保存
碘酒（碘酊）	瓶装2%、5%浓度，500毫升/瓶	制成碘酒棉球，涂擦	有强大的杀菌、杀病毒和杀霉菌的作用，是最常用的皮肤消毒药。用做注射前皮肤消毒，手术前术部消毒。有强的刺激性，大面积应用后，应随即用酒精脱碘（涂擦）
双氧水	有3%、30%浓度，500毫升/瓶	用1%～3%液，冲洗脓伤及其他外伤	用于创伤、黏膜，特别是脓创的冲洗、消毒，有消毒、排脓、止血的作用。不适于新创伤的使用
高锰酸钾（PP粉）	结晶颗粒，用时用水稀释	冲洗	用0.1%溶液（水溶液呈淡红色时浓度正好）清洗感染创面，冲洗膀胱、子宫、阴道等组织，还可用于氰化物等中毒的洗胃，应现配现用，高浓度有刺激及腐蚀性

（续）

药 名	制剂及规格	用法及用量	功能、用途及注意事项
樟脑	樟脑搽剂：樟脑20克，加食用油至100毫升，樟脑酊：樟脑10克，加酒精至100毫升	局部用力涂擦	对皮肤有温和的刺激作用和镇痛作用，用于肌肉痛、关节痛和神经痛
红霉素软膏	10克/支	涂擦外伤	用于各种外伤、脓创等，用前最好用其他消毒药冲洗。有消毒、保护创伤的作用
皮炎平软膏（复方醋酸地米软膏）	由地塞米松樟脑、薄荷脑等组成	外用	有抗过敏、抗炎、止痒的作用，用于神经性皮炎、接触性皮炎、脂溢性皮炎以及皮肤湿疹

74 为有效防制猪病平日应准备哪些药品、器械？

在养猪的过程中，猪随时都有发病的可能，而准备一个药箱，配备一些常用的药品、器械，及时处理猪出现的小毛病及紧急情况，将疫病消灭在萌芽状态，有重要的防病保健意义。在此建议您准备一个保健箱，以方便随时使用。

（1）器械

体温表：测定体温用。

镊子：夹取药品、打开药瓶用。

20毫升兽用或塑料注射器：肌内注射用。

50毫升塑料注射器：静脉注射用。

7～9号头皮静脉注射针头：静脉注射用。

5毫升塑料注射器：肌内注射用。

12号针头（长、短各有）：肌内注射用。

9号针头：小猪肌内注射用。

16号针头（短）：凶烈猪肌内注射用（不易弯折）。

人用输液器：静脉注射用。

药棉：分制成小药棉球，兑入消毒液，供注射和手、器械的消毒使用。

纱布：包扎外伤用。

喷雾器：环境消毒和猪体喷洒药液用。

猪口腔牵拉式保定器：保定用。

（2）药品

碘酒：消毒用，注射、外伤用。

酒精：消毒用，注射、外伤、手臂消毒用。

高锰酸钾：外用消毒，冲洗脓伤、烂伤。

青霉素：抗菌、消炎用。

庆大霉素：抗菌、消炎用。

磺胺嘧啶：消炎用。

头孢霉素类：消炎，抗菌。

乙酰甲喹注射液：止痢。

安乃近注射液：退烧、止痛。

复方氨基比林注射液：解热、止痛。

地塞米松：抗炎、抗过敏、抗病毒。

复合维生素 B 注射液：健胃、助消化。

黄芪多糖注射液：抗病毒，提高免疫力。

穿心莲注射液：消炎、止泻、退烧。

复方黄连素注射液：止痢。

阿托品：解除敌百虫、敌敌畏等农药中毒。

解磷啶：解除有机磷农药中毒。

缩宫素：催产、止血（产道出血）。

卡那霉素：止咳、平喘。

生理盐水：稀释粉状药物及疫苗，冲洗外伤。

人工盐：健胃、缓泻。

大黄苏打片：健胃、助消化、开胃。

硫酸镁粉：内服泻下，外敷消肿胀。

龙胆苏打粉：助消化、开胃。

伊维菌素：驱杀体内外寄生虫。
敌百虫：内服驱除肠道线虫，外涂杀螨、虱。
烧碱：环境消毒。
来苏儿：环境、衣物、用具、手等消毒。

图书在版编目（CIP）数据

养猪疑难问题精解/李兴如，史雄如，杨菊琴编著.—北京：中国农业出版社，2020.1（2025.4 重印）
（养殖致富攻略·疑难问题精解）
ISBN 978-7-109-26460-1

Ⅰ.①养… Ⅱ.①李…②史…③杨… Ⅲ.①养猪学—问题解答 Ⅳ.①S828-44

中国版本图书馆 CIP 数据核字（2020）第 020240 号

中国农业出版社出版
地址：北京市朝阳区麦子店街 18 号楼
邮编：100125
责任编辑：郭永立 王森鹤 周晓艳
版式设计：王 晨 责任校对：周丽芳
印刷：三河市国英印务有限公司
版次：2021 年 1 月第 1 版
印次：2025 年 4 月河北第 10 次印刷
发行：新华书店北京发行所
开本：880mm×1230mm 1/32
印张：8.5
字数：225 千字
定价：28.00 元

图书在版编目（CIP）数据

养猪疑难问题精解/李兴如，史雄如，杨菊琴编著
.—北京：中国农业出版社，2020.1（2025.4 重印）
（养殖致富攻略·疑难问题精解）
ISBN 978-7-109-26460-1

Ⅰ.①养… Ⅱ.①李…②史…③杨… Ⅲ.①养猪学
—问题解答 Ⅳ.①S828-44

中国版本图书馆 CIP 数据核字（2020）第 020240 号

中国农业出版社出版
地址：北京市朝阳区麦子店街 18 号楼
邮编：100125
责任编辑：郭永立　王森鹤　周晓艳
版式设计：王　晨　　责任校对：周丽芳
印刷：三河市国英印务有限公司
版次：2021 年 1 月第 1 版
印次：2025 年 4 月河北第 10 次印刷
发行：新华书店北京发行所
开本：880mm×1230mm　1/32
印张：8.5
字数：225 千字
定价：28.00 元
